ぶ人は、
変えて
ゆく人だ。

目の前にある問題はもちろん、
人生の問いや、
社会の課題を自ら見つけ、
挑み続けるために、人は学ぶ。
「学び」で、
少しずつ世界は変えてゆける。
いつでも、どこでも、誰でも、
学ぶことができる世の中へ。

旺文社

大学入試 全レベル問題集

生　　物

［生物基礎・生物］

駿台予備学校講師 橋本大樹 著

3 私大標準・国公立大レベル

改訂版

はじめに

この本を手にしているあなたは，生物を大学入試の選択科目として選んだ，あるいは選ぶことを考えているヒトですよね？　生物を選ぶ動機は，個人によって様々です。よくあるものとしては，「生物系の学部・学科に進学したいから」，「生物(生き物？)が好きだから」，そして，「物理あるいは化学が嫌だから」でしょうか。私も受験科目として生物を利用した一人です。そして，先に挙げた生物選択の動機のすべてが私にもあてはまります。また，計算問題が解けなくて，実験考察型の問題も苦手で，細かなことまで覚えられないという，情けないまでに典型的な生物選択者だったと思います。

現在は，予備校の教壇で入試生物に関してあれこれ喋ることとなり，数多くの受験生に出会い，彼らの答案などを見てきました。自分自身が，予備校でよく見かけるタイプの生物選択者であったことは，受験生の弱点を知ることに繋がり，予備校での学生指導や教材執筆の上で，大いに役立っています。

この問題集の執筆に際しては，レベル③の当該大学の近年の入試動向を踏まえながら，受験生が不得手とする出題様式，あるいは，誤った理解に陥ってしまいがちな内容を含む入試問題を積極的に採用し，さらにこれらを最も学習効果が高くなるように改変しています。また，せっかく時間をかけて問題に取り組むのですから，一題ごとになるべく多くの知識が得られるよう，設問として問うていない関連事項についても，解説で触れるようにしました。

数多く出版されている生物の問題集のうち，学習の助けとなる一冊がどれなのかは，個人によって異なります。受験科目の一つでしかない生物ですから，それほど多くの問題集に取り組むことができるわけではありません。ですから，しっかりと吟味の上で，いまのあなたにとってベストの問題集を選んでください。この問題集は，かつて受験生だった私自身が欲しかった問題集を目指し，執筆・編集されたものです。問題編では，分子や遺伝子の細かな名称なども，入試で失点しないために必要であるものはリード文中に取り入れ，ときには直接問うようにしました。解説編では，計算問題の解答プロセスは親切に，実験考察型問題での判断根拠なども明瞭に記すことを心がけました。この問題集には，「実際に入試で出たらおしまいだ」，「模試などでよく見かけるが見ないことにしてきた」というような，あなたにとって嫌な，しかし取り組む価値のある問題が並んでいるでしょう？　「典型的な生物選択者」だった私が，「典型的な生物選択者」のあなたのために書いたこの問題集をつかって，志望大学・志望学部学科の合格を掴んでもらえれば，これほど嬉しいことはありません。

最後になりますが，この本の執筆・編集にあたっては，旺文社の小平雅子さんと鈴木明香さんに多くのアイデアを頂戴し，細かいところまでご校正，きれいに編集していただきました。この場をお借りしましてお礼を申し上げます。

橋本大樹

目　次

著者紹介：**橋本　大樹**（はしもと　ひろき）

北海道札幌市に生まれる。現在，予備校での授業のほか，高校生物関係のさまざまな執筆活動を生業としている。秩序無く見え，無限の広がりを感じさせる大学入試生物の世界だから，授業や著作が真摯な受験生にとって効率良く正しい学習の一助とならんことを願い，自身が受験生であったときの気持ちを忘れぬよう心掛けている。著書に『過去問そのまま！センバツ30題生物』『共通テスト 生物基礎 集中講義』(旺文社)など多数。『全国大学入試問題正解生物』(旺文社)の解答者。

〔協力各氏・各社〕
装丁デザイン：ライトパブリシティ　　本文デザイン：イイタカデザイン

本シリーズの特長

1．自分にあったレベルを短期間で総仕上げ

本シリーズは，理系の学部を目指す受験生に対応した短期集中型の問題集です。4レベルあるので，自分にあったレベル・目標とする大学のレベルを選んで，無駄なく学習できます。また，基礎固めから入試直前の最終仕上げまで，その時々に応じたレベルを選んで学習できるのも特長です。

レベル①…「生物基礎」と「生物」で学習する**基本事項の総復習**に最適で，基礎固め・大学受験準備用としてオススメです。

レベル②…**大学入学共通テスト「生物」の受験対策用**にオススメです。共通テストでは，「生物基礎」の範囲からも出題されるので，「生物基礎」の分野も収録しています。全問マークセンス方式に対応した選択解答です。また，入試の基礎的な力を付けるのにも適しています。

レベル③…**入試の標準的な問題**に対応できる力を養います。問題を解くポイント，考え方の筋道など，一歩踏み込んだ理解を得るのにオススメです。

レベル④…考え方に磨きをかけ，**さらに上位**を目指すならこの一冊がオススメです。目標大学の過去問と合わせて，入試直前の最終仕上げにも最適です。

2．入試過去問を中心に良問を精選

本シリーズに収録されている問題は，効率よく学習できるように，過去の入試問題を中心にレベル毎に学習効果の高い問題を精選してあります。また，レベル①～③では，より一層，学習効果を高められるように入試問題を適宜改題しています。

3．解くことに集中できる別冊解答

本シリーズは問題を解くことに集中できるように，解答・解説は使いやすい別冊にまとめました。より実戦的な問題集として，考える習慣を身に付けることができます。

本書の使い方

問題編は学習しやすいように，おおよそ教科書の並び順に応じて，分野ごとに問題を配列してあります。最初から順番に解いていっても，苦手分野の問題から先に解いていってもいいので，自分にあった進め方で，どんどん入試問題にチャレンジしてみましょう。問題に記した 基 マークは，主に「生物基礎」分野で扱う内容を示しています。学習する上での参考にしてください。

問題を一通り解いてみたら，別冊解答で答え合わせをしてください。解答は問題番号に対応しているので，すぐに見つけることができます。構成は次のとおりです。

解　答…解答は答案と照合しやすいように，冒頭に掲載しました。論述問題の解答にある下線は，以下のようなルールで付してあります。

① 下線の種類数が，採点ポイントの数です。つまり，＿＿＿は1個目の，＿＿＿は2個目の，～～～は3個目の，- - - -は4個目の採点ポイントで，計4個の採点ポイントがあることを示しています。

② ★・☆付きの同じ種類の下線がついた部分は，★か☆かのいずれかが含まれていればよいことを示しています。例えば，「生物は★知的好奇心をかき立てる，非常に☆興味深い科目である」の場合，★か☆かのどちらかの要素が答案に含まれていればOKです。

解説…各設問に関しての解法に留まらず，周辺事項についての考え方などにも積極的に触れるよう心がけました。解けなかった場合はもちろん，答えがあっていた場合でも，解説は必ず読んでください。重要な考え方や受験生が誤解しやすいところを，色文字で示してあります。

Point…問題を解く際に特に重要な事項などについてまとめたものです。

志望校レベルと「全レベル問題集　生物」シリーズのレベル対応表

＊ 掲載の大学名は購入していただく際の目安です。また，大学名は刊行時のものです。

本書のレベル	各レベルの該当大学
[生物基礎・生物] ① 基礎レベル	高校基礎～大学受験準備
[生物] ② 共通テストレベル	共通テストレベル
[生物基礎・生物] ③ 私大標準・国公立大レベル	[私立大学] 東京理科大学・明治大学・青山学院大学・立教大学・法政大学・中央大学・日本大学・東海大学・名城大学・同志社大学・立命館大学・龍谷大学・関西大学・近畿大学・福岡大学　他 [国公立大学] 弘前大学・山形大学・茨城大学・新潟大学・金沢大学・信州大学・広島大学・愛媛大学・鹿児島大学　他
[生物基礎・生物] ④ 私大上位・国公立大上位レベル	[私立大学] 早稲田大学・慶應義塾大学／医科大学医学部 他 [国公立大学] 東京大学・京都大学・北海道大学・東北大学・名古屋大学・大阪大学・九州大学・筑波大学・千葉大学・横浜国立大学・神戸大学・東京都立大学・大阪公立大学／医科大学医学部　他

学習アドバイス

レベル③の大学には様々な大学が含まれ，その入試の出題様式は多岐にわたりますが，概ね，レベル②(共通テスト)よりは長い問題文の読み取り能力などが要求され，レベル④(私大上位・国公立大上位)ほどの重厚なデータ解析などは求められないといったところです。また，私大はマーク式が目立ち，国公立大は基本的に記述式です。

レベル③の大学でよく見かける大問の流れは，生物学用語(教科書の太字ゴシック部分)などをリード文中の穴埋めなどで問い，深い学習の遂行を確認するための正誤判定や計算問題が続き，国公立大ならばこれに知識論述などが混じるというものです。そして数大問のうちの１大問くらいは，図表などのデータを与えて思考させる問題になっているでしょう。ここに，生物選択者が不得手とする，パズル的なものを解決する能力を問うものが入ってくることも多いです。

1．レベル③の大学への対策

教科書の内容の完全理解とその運用で，ほとんどの入試問題は正解を導けます。受験生は，見たことがない問題に遭遇すると，「マニアックな出題だ」とか「図説(資料集)を隅々まで覚えないといけない」などと考える傾向があります。しかし，受験生の目には題材が奇異に映ってしまうだけで，要求されている知識や能力はしごく標準的なものであり，問題の本質を掴み切れていない受験生の戯言と言わざるを得ないことがほとんどです。一部の私大では，ほとんど誰にも解けない問題も見受けられますが，それは合否には関係しません。皆が正解できる問題(基礎的な用語など)を確実に解答し，いい加減な学習をしてきたヒトが取りこぼす問題(やや細かな知識や計算問題)で得点し，暗記ペンで用語を塗ってそれだけを覚え込むような表面的な学習をしてきた受験生が嫌がる設問(論述問題や思考問題)に取り組むことができれば，大丈夫です。**根底にあるものから理解し，暗記だけに頼ることのない本質的な学習を心がけてください。**

2．本書を利用した学習の進め方

個人によって，最適な学習法は異なります。以下に，その一例を紹介しますので，本**書を中心に据えた自分に合った学習法を早期に確立**してください。

① 教科書の精読

各問題のタイトルなどをもとに，囲み記事や欄外などの内容も含め，**教科書の該当分野を精読**します。また，**教科書の図版が何を意図しているものなのかも考えて**ください。**絶対にやってはいけないことは，何となくの流し読み**です。

② 問題演習と答え合わせ

次に該当問題を解き，その後に答え合わせです。このとき，自分が作成した答案が正解であったという低い次元で満足しないでください。**問題のリード文やダミーの選択肢は，よく検討してもらう価値があるものを精選してあります。**また，**解説編では，**

各設問で問われてはいないが重要な周辺事項にも触れるようにしています。解説で十分な理解が得られない場合は，再度教科書に戻る，図説の該当分野を参照するなどの作業がこの後に加わります。

③ 生物学用語の確認

教科書や問題に取り組むと，様々な生物学用語がでてきます。その用語を説明しなさいと言われたら，本当に説明できるか自分に問いかけてください。理解があやふやな用語は，生物学辞典などを利用して調べましょう。

④ ノート整理の勧め

手間は非常にかかりますが，とくに初学に近い方にはまとめノートを作成することをお勧めします。①～③までの作業で各事項のポイントが見えてきてから，教科書中の文章で表現されている内容を箇条書きにする，因果関係にある事象を矢印で繋ぐ，重要な図版を自分なりにアレンジしながら描くなど，色々工夫してみてください。雑多に見えるものを，自分の力で整理すると，その過程で理解が深まり，知識がよく定着します。生物の学習では，正しく理解して覚えることが最も重要です。

⑤ 時間をかけて丁寧に

上に挙げた学習の方法は，続けていくうちに多少の短縮化は図れるはずですが，基本的に時間のかかるものが多いです。私の経験上，雑にやって上手くいった例は見たことがありません。根気よく，丁寧に取り組んでください。

3．論述問題の解答例と解答のコツについて

レベル③の大学では国公立大を中心に，論述問題で点差が開くことが多いです。論述問題の採点は，ふつう字数は重要でなく，採点者が考える採点ポイントが入っているか否かで採点されています。字数はあくまでも目安に過ぎません。この問題集では，読者が採点基準を知り，独力で正誤を判断できるように工夫しました。

［例題］有髄神経繊維と無髄神経繊維は，どちらの伝導速度が大きいか。理由とともに80字以内で述べよ。

［解答例］有髄神経繊維に備わる髄鞘は電気的絶縁体としてはたらき，★ランビエ絞輪をとびとびに興奮が伝わる，☆跳躍伝導が起こる。そのため，有髄神経繊維のほうが伝導速度が大きい。(79字)

下線部分は，＝＝と，★――または☆――と，～～の3つ，採点者が想定しているポイントがあることを示します。この場合，★は☆の内容を説明しているものですが，一般には☆のようなその事象のキーワード的なものを盛り込んだ方が安全でしょう。なお，この問題は問うていることが大きく2つあります。「どちらの神経繊維の伝導速度が大きいか」と「その理由」です。最も端的な理由は「有髄神経繊維では跳躍伝導が起こるから」ですが，字数に余裕があるので，そこを掘り下げた解答にするべきです。論述問題の答案は，漠然と書いてはいけません。採点ポイントを意識しながら，答案を作成しましょう。

第1章　細胞と分子

1　細胞の構造とはたらき

1　細胞の構造と細胞小器官のはたらき　基

生物を形づくる最小単位は細胞であり，細胞膜とよばれるしきりで囲まれている。細胞の大きさは生物の種類によって，また同じ生物でもからだの部位によって異なっている。細胞にはさまざまな構造体がある。どの構造体が存在するかは生物によって違いがあり，例えば，ヒト・タマネギ・大腸菌では右の表1のようになる。

表1　細胞構造の比較（+：あり，−：なし）

構造体＼生物種	ヒト	タマネギ	大腸菌
細胞膜	+	+	+
ア	+	+	−
イ	−	+	+
葉緑体	−	+	−
ウ	+	−	−

問1　下線部について，ヒトの肝細胞，卵細胞，赤血球を大きい順に並べよ。

問2　表1中の［ア］にあてはまる構造体を3種類答えよ。

問3　タマネギにおける［イ］を構成する主成分を答えよ。

問4　［ウ］のはたらきを30字以内で述べよ。

〈大阪教育大〉

2　細胞分画法

生物の細胞には，さまざまな構造体が存在し，a細胞小器官とよばれている。そのはたらきを調べるために用いられる，遠心力などを利用して各構造体を大きさや密度の違いによって分離・回収する方法が細胞分画法である。

いま，ある植物の葉をはさみで細かく切りきざみ，それらをb抽出用溶液に入れ，器具(ホモジナイザー)を用いて破砕した。得られた細胞破砕液をガーゼでろ過したのちに遠沈管に入れ，遠心分離器にかけて500g(重力の500倍の遠心力)で10分間遠心し，沈殿［ア］を得た。次に，沈殿［ア］を吸わないように上澄みを別の遠沈管に移し，それを3000gで10分間遠心し，沈殿［イ］を得た。以後，図1で示した遠心力および遠心分離時間にて同様の作業を繰り返すことにより，沈殿［ウ］，沈殿［エ］および上澄み［オ］を得た。

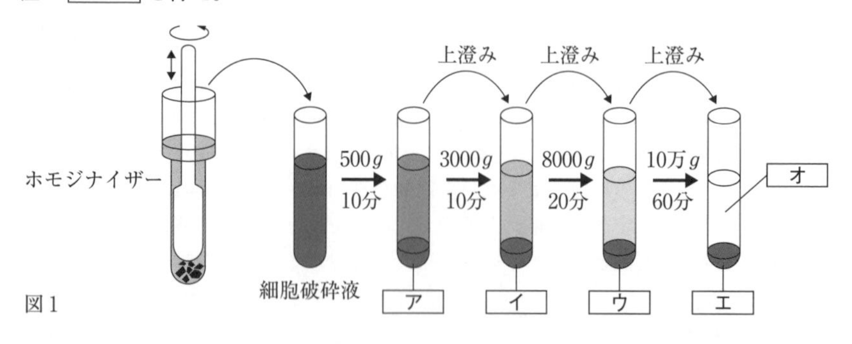

図1

問1　下線部 a について答えよ。

(1)　植物細胞では大きく発達した液胞が存在することがある。液胞中に含まれる液体の名称を答えよ。また，液胞の中に蓄えられることがある，赤や青の色素の名称を答えよ。

(2)　内部構造がわかるように，ミトコンドリアと葉緑体の断面の模式図をそれぞれ描け。なお，各部の名称を引き出し線で記すこと。

問2　下線部 b について答えよ。

(1)　抽出用溶液はスクロースなどにより等張にする必要がある。その理由を80字以内で説明せよ。

(2)　細胞を破砕する過程で，細胞小器官の1つであるリソソームなどに由来する分解酵素により，目的の細胞小器官が分解されることがある。それを防ぐためにはどのような実験上の工夫が必要か。その理由も含め，30字以内で説明せよ。

問3　不要になったタンパク質や細胞小器官を膜構造で囲み，リソソーム中の分解酵素で処理する反応系を何とよぶか。名称を答えよ。

問4　沈殿［ア］～［エ］および上澄み［オ］には，それぞれどのようなものが主に含まれるか。次からそれぞれ1つずつ選べ。

①　葉緑体　②　リボソーム・小胞体　③　核

④　細胞質基質(サイトゾル)　⑤　ミトコンドリア

〈福井県大〉

3 ミクロメーターの利用 基

オオカナダモの葉の生きている細胞を光学顕微鏡で観察すると，小さな粒子の移動である［ア］が見られる。［ア］は活発な細胞内輸送で，［イ］を分解して得られたエネルギーを用いて能動的に引き起こされる。成長した植物細胞では細胞質基質が存在する領域は［ウ］によって押し狭められ，［ア］は光学顕微鏡で容易に観察することができる。接近した2つの点を区別できる最小の距離を［エ］という。光学顕微鏡の［エ］はおよそ［オ］，電子顕微鏡では［カ］である。電子顕微鏡を用いると，真核細胞ではミトコンドリアや小胞体など細胞小器官を観察することができる。

問1　文中の空欄［ア］～［エ］に適する語句を答えよ。また，［オ］と［カ］には，次から最も適当な長さをそれぞれ1つずつ選べ。

①　0.2nm　②　2nm　③　0.2μm　④　2μm　⑤　0.2mm　⑥　2mm

問2　光学顕微鏡で試料の大きさを知るためには，ミクロメーターを用いる。

(1)　対物ミクロメーターは1mmを100等分した目盛りをスライドガラスに貼り付けたものである。ある倍率の対物レンズを用いたとき，接眼ミクロメーターと対物ミクロメーターは図1のように見えた。このときの接眼ミクロメーター1目盛りが示す長さ(μm)を求めよ。

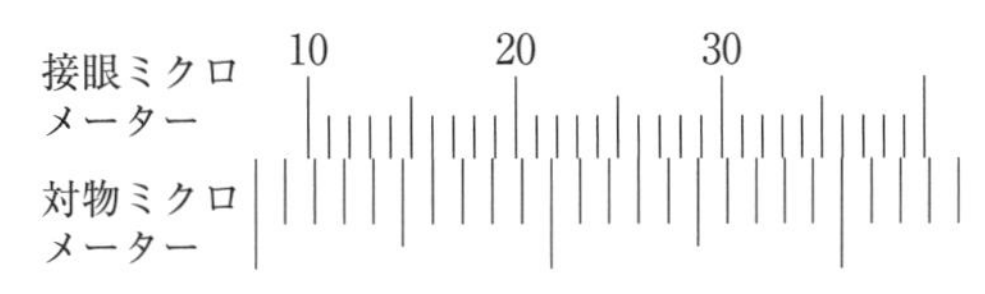

図1　接眼ミクロメーターと対物ミクロメーターの目盛り

(2) (1)の顕微鏡で［ ア ］を観察した。ある粒子に着目すると，10秒間に接眼ミクロメーターで25目盛り移動した。この粒子の移動速度(μm/秒)を求めよ。

2 生体を構成する物質

4 生体を構成する分子とその構成元素

生物のからだに含まれる元素には，a水素，炭素，窒素，酸素，ナトリウム，リン，硫黄，塩素，カリウム，カルシウムなどがある。生体内には，これらの原子が結合したbアミノ酸，c単糖，ヌクレオチド，脂肪酸などのさまざまな分子が存在する。さらに，これらの分子が結合してつくられる比較的大きな分子は，細胞の構造や機能に深くかかわっている。生体を構成する4種類の代表的な有機物［ ア ］～［ エ ］に含まれる主な元素を表1に示す。また，その有機物などの，異なる生物の細胞中の構成成分量のおおよその割合(%)を表2に示す。

表1　代表的な有機物に含まれる主な元素

有機物	主な元素
［ ア ］	水素，炭素，酸素
［ イ ］	水素，炭素，酸素，リン
［ ウ ］	水素，炭素，酸素，窒素，［ A ］
［ エ ］	水素，炭素，酸素，窒素，［ B ］

表2　細胞の構成成分量のおおよその割合[%]

成分＼細胞	X	Y	Z
［ エ ］	16	2	15
［ ア ］	1	18	4
［ イ ］	10	1	3
［ ウ ］	1以下	1以下	7
無機塩類	1	1	1
［ オ ］	71	77	70

問1　表1および表2の空欄［ ア ］～［ エ ］に入る適切な有機物の名称を答えよ。

問2　表1の空欄［ A ］と［ B ］に入る適切な元素を，下線部aからそれぞれ1つずつ選べ。

問3　表2のX，Y，Zにあてはまる細胞を，①大腸菌，②植物細胞，③哺乳類の細胞，からそれぞれ1つずつ選べ。

問4　下線部bに関して，2分子のアミノ酸が結合した分子の構造式を示せ。ただし，結合前の2分子のアミノ酸の側鎖をそれぞれR1，R2とする。

問5　下線部cに関して，単糖の一種であるグルコースが多数結合してつくられる有機物の例を1つ答えよ。

問6　表2の空欄［ オ ］が細胞中に多量に含まれていることは，生体にとってどのような意義をもつか。それぞれ20字程度で，3点あげよ。

問7　生体膜に含まれる［ イ ］の多くはリン酸を含む。そのことが生体膜の構築にとってどのように役立っているかを，80字以内で説明せよ。

〈早稲田大〉

5 細胞骨格とモータータンパク質

細胞の運動には，タンパク質が繊維状に重合した細胞骨格とそれに作用する a モータータンパク質がかかわる。例えば，筋運動は b アクチンフィラメントとミオシンからなるフィラメントの間で滑り運動が起きることで生じる。また，c 精子の鞭毛運動は，チューブリンが重合して形成された微小管にダイニンが作用して，微小管が周期的に屈曲することにより生じる。細胞骨格は，細胞内の物質輸送においても重要な役割を担う。

神経細胞(ニューロン)は，複雑に枝分かれした樹状突起と細長い軸索が，核を含む細胞体から突き出した形状をとる。ニューロンによっては，d 軸索の長さが1メートルにも達するものがある。ニューロンにおいてリボソームは細胞体にあり，軸索や神経終末にはない。軸索内には，微小管が軸索の長軸方向に平行に分布しており，この上をミトコンドリアや e リソソームなどの細胞小器官や小胞膜，およびタンパク質などの生体分子が運搬される。これを軸索輸送という。細胞体から神経終末に向かう軸索輸送を順行輸送，それと反対方向の軸索輸送を逆行輸送とよび，どちらもニューロンの細胞機能を発現・維持するために欠かせない。これらの軸索輸送には，ダイニンやキネシンがはたらく。キネシンによる微小管上の輸送方向は，ダイニンによる輸送方向と逆である。軸索輸送にはたらくモータータンパク質と輸送される細胞小器官の関係を調べるために，以下の実験を行った。

実験：マウスのニューロンの軸索を，図1に示すように太い矢印の部分において糸で縛り，物質輸送を抑制した。数時間後，この部分に近接する細胞体側(A)と神経終末側(B)，およびそれらと離れた領域(CとD)において，細胞小器官とモータータンパク質の存在量について調べた。

結果：ミトコンドリアはCやDと比べてAとBの両方に多く蓄積していた。リソソームはA，C，Dと比べてBに最も多く蓄積していた。このとき，キネシンはAに最も多く蓄積していたが，ダイニンはAとBの両方に多く蓄積していた。これらの関係を不等号で比較したものを表1に示す。

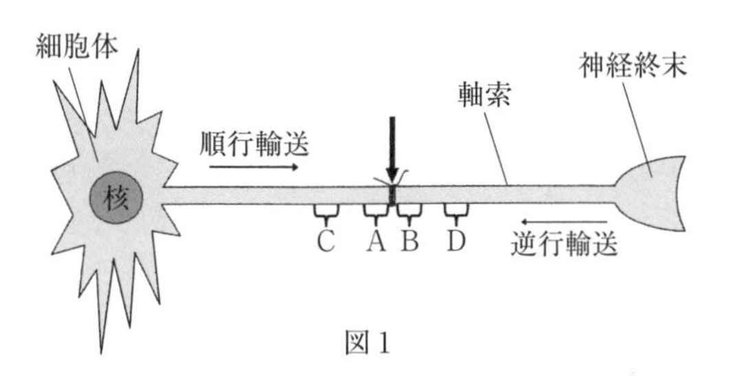

図1

表1　軸索の各領域にみられる細胞小器官とモータータンパク質の存在量

名　称	存在量の比較
ミトコンドリア	(A，B)>(C，D)
リソソーム	B>(A，C，D)
キネシン	A>(B，C，D)
ダイニン	(A，B)>(C，D)

(　)の中については，その存在量はおおむね等しい

問1　下線部aについて，モータータンパク質が運動エネルギーを獲得するために加水分解する物質の名称を答えよ。

問2　下線部bに関連して，アクチンフィラメントとミオシンが中心的にはたらく現象を次から2つ選べ。

①　ヒト培養細胞の染色体分配

② シャジクモの原形質流動(細胞質流動)
③ ウニ胚の卵割
④ ゾウリムシの繊毛運動
⑤ ミドリムシの鞭毛運動

問3 下線部cに関連して，ウニなどの動物の受精では，雄性前核(精核)と雌性前核(卵核)が接近するために，細胞骨格がはたらく。精子から卵にもち込まれる，この細胞骨格の形成に重要な細胞小器官の名称を答えよ。

問4 ニューロンの物質輸送について，この実験から導かれる考察として最も適切なものを，次から１つ選べ。
① ミトコンドリアを軸索輸送するのはダイニンであり，キネシンではない。
② ミトコンドリアを軸索輸送するのはキネシンであり，ダイニンではない。
③ キネシンは細胞体で合成され，順行輸送にはたらく。
④ ダイニンは細胞体で合成され，順行輸送にはたらく。
⑤ ダイニンは神経終末で合成され，逆行輸送にはたらく。

問5 下線部eに関連して，問題文および実験の結果とリソソームの性質に基づいて，ニューロンにおけるリソソームのはたらきと輸送のしくみについて考えられることを，80字以内で記せ。 〈筑波大〉

3 生体膜と物質輸送

6 生体膜の構造と膜タンパク質のはたらき

細胞膜や多くの細胞小器官を構成する膜構造を生体膜とよぶ。$_a$生体膜はリン脂質とタンパク質を構成成分とし，細胞や細胞小器官の内外を仕切るはたらきをしている。生体膜は特定の物質のみを通す［ ア ］性という性質をもっている。生体膜を隔てた溶液中のイオンの濃度が異なる場合，イオンは膜を介して濃度の高い側から低い側に，［ イ ］とよばれる膜タンパク質を連続的に通過して［ ウ ］輸送されることがある。この過程はエネルギーの供給を必要としない。一方，特定のイオンや糖などは，［ イ ］とは性質の異なる膜タンパク質により$_b$エネルギーの消費を伴って膜の両側の濃度差に逆らって［ エ ］輸送される場合がある。また，生体膜は，細胞や細胞小器官が機能するためにその構造を動的に変化させている。例えば，分泌が活発な細胞で発達している［ オ ］では，その周辺部の膜がちぎれて小胞となり細胞膜まで輸送され，タンパク質などの内容物を［ カ ］によって細胞外へ分泌する。

問1 文中の空欄に適語を入れよ。

問2 文中の下線部aに関連して次の実験を行った。まず，細胞Xおよび細胞Yの細胞膜を構成する成分を調べたところ，両者の間で主要な脂質の組成に違いがあることがわかった。これらの細胞を用いて図１に示す実験を行ったところ，図２のような結果が観察された。この実験結果から考えられる，細胞XとYの細胞膜の特徴を60字以内で述べよ。

実験：(i) 細胞膜を構成する脂質やタンパク質に結合する蛍光色素により，細胞膜の外側を均一に標識した。

(ⅱ) 細胞表面の一部の領域にレーザー光線を照射して，蛍光色素を不可逆的に退色させた(蛍光色素が蛍光を発することができないように処理した)。

(ⅲ) 蛍光色素を退色させた細胞表面の領域における蛍光の強さの時間変化を測定した。

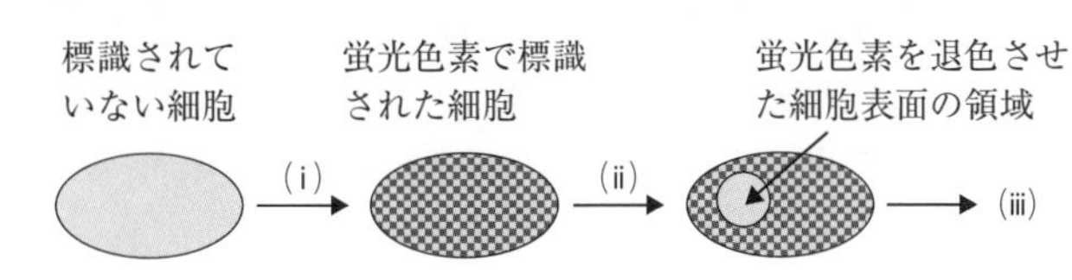

図1 レーザー光線照射部位における蛍光の測定実験手順

結果：下の図2参照。

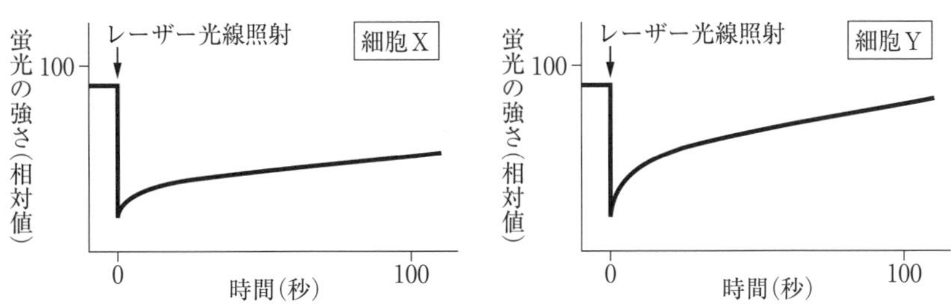

図2 細胞Xおよび細胞Yを用いたレーザー光線照射領域における蛍光の回復実験結果
(蛍光の強さの測定は，レーザー光線を照射する10秒前から行った。)

問3 文中の下線部bに関連して，ヒト赤血球の細胞膜上には，Na^+とK^+の輸送にはたらく膜タンパク質が存在する。この膜タンパク質のはたらきについて，30字以内で述べよ。

問4 ムラサキタマネギの表皮細胞を濃度の異なる3種類のスクロース溶液に浸したところ，図3の(ⅳ)～(ⅵ)のような状態になった。

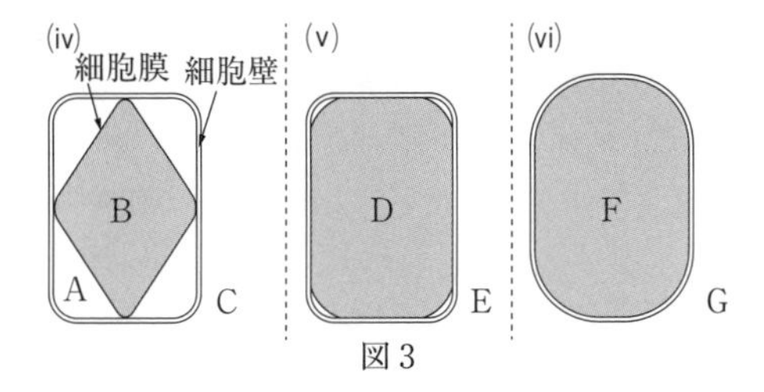

図3

(1) この表皮細胞の状態が変化することに深く関係しているタンパク質の名称を答えよ。

(2) このときのA～Gの部分を占める液についての記述として適切なものを，次からすべて選べ。なお，細胞を浸したスクロース溶液は十分多量とする。

① A, B, Cの液はすべて互いに等張である
② Aの液はEの液より高張である
③ Aの液はEの液より低張である
④ Dの液はGの液より高張である
⑤ Dの液はGの液より低張である
⑥ Fの液とGの液は等張である
⑦ Fの液はGの液より高張である
⑧ Fの液はGの液より低張である

〈立命館大・上智大〉

第2章 進化と系統分類

4 生命の起源と生物の変遷

7 生命の誕生・代謝系の進化

図1は地球の大気組成の地史的な変化を表したものである。縦棒(点線)は生物進化に関係する大きなイベントの時期を示している。

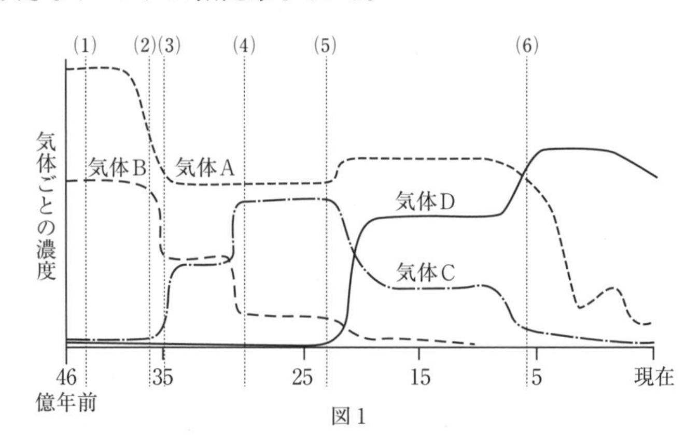

図1

イベント(1)：約46億年前に誕生した原始地球の大気は気体Aと気体Bで占められていた。高濃度の気体Aが初期太陽の弱い活動から地球の凍結を防いだ。

イベント(2)：a最初の生命(微生物)が誕生した。この微生物のなかから生まれた生物(あ)が以下のように気体Cをつくったと考えられる。気体Cは最も単純な炭化水素である。

気体A ＋ 気体B ⟶ 気体C ＋ H_2O

イベント(3)：生物(あ)は気体Bを消費し，生産した気体Cは地球をさらに温暖化させた。

イベント(4)：一方，新たに誕生した生物(い)は，多量に存在した水と気体Aを原料とし，光エネルギーを使い，以下のように有機物を合成した。この結果，気体Dが発生した。

気体A ＋ H_2O ⟶ $C_6H_{12}O_6$ ＋ 気体D ＋ H_2O

b気体Dは最初，鉄などに取り込まれたが，徐々に大気中に出現し，増加していった。この気体Dは紫外線と反応して気体E(図1には示されていない)を生成し，c気体Eは地球大気の上層を覆うようになった。

イベント(5)：生物(い)のうちいくつかは1つの細胞内で共生するように進化した(共生説)と考えられ，細胞小器官をもつ生物(う)が誕生した。

イベント(6)：この生物(う)は，高濃度の気体Dのもとで，やがて集合し，さまざまな役割の細胞をもつ生物(え)が誕生した。

問1 (1) 生物(あ)のなかまの特徴のうち，あてはまらないものを1つ選べ。

① 原核生物である。

② 独立栄養生物である。

③ 嫌気性である。

④ 高熱や高圧など厳しい環境条件に生息する。
⑤ 原生生物界に属する。
⑥ アーキア(古細菌)ドメインに属する。

(2) 生物(あ)の生物名は何か，最も適切なものを１つ選べ。
① 接合菌　② シアノバクテリア　③ メタン菌
④ 変形菌　⑤ 硝酸菌

問２ (1) 生物(い)のなかまの特徴のうち，あてはまらないものを１つ選べ。
① 原核生物である。　② 独立栄養で鞭毛をもつ種がいる。
③ クロロフィルをもつ。　④ 温泉や強塩湖などの極限環境で優占する種がいる。
⑤ 細菌(バクテリア)ドメインに属する。
⑥ ストロマトライトをつくる。

(2) 生物(い)の生物名は何か，最も適切なものを１つ選べ。
① ユーグレナ　② 変形菌　③ シアノバクテリア
④ メタン菌　⑤ 脱窒素細胞

問３ 生物(う)は細胞小器官の共生によって生まれたと考えられる。これを「共生説」という。この証拠にあてはまらないものを１つ選べ。
① 細胞小器官が複数の膜で包まれている。
② 細胞小器官の DNA は，核の DNA とは異なり，しかも小さい。
③ ミトコンドリア DNA の遺伝子はある種の細菌のものと近縁である。
④ 葉緑体 DNA の遺伝子はある種の細菌のものと近縁である。
⑤ 生物(う)のリボソーム RNA の塩基配列はすべて同じである。

問４ 気体Ｂと気体Ｅは何か，それぞれ最も適切なものを１つ選べ。
① 二酸化炭素　② 酸素　③ 水素　④ メタン
⑤ オゾン　⑥ 硫化水素

問５ (1) 下線部ａについて，最初の生物が誕生する以前，無機物から単純な有機物を経て，複雑な有機物が生成されていった過程があったと考えられている。その過程は何とよばれるか。またその過程が進行し，原始生命が誕生した場と考えられる深海底に存在した環境について，簡潔に説明せよ。

(2) 下線部ｂについて，鉄は気体Ｄを取り込んで堆積し，現在人類に利用される鉱床を形成した。この鉱床は何とよばれるか。

(3) 下線部ｃについて，気体Ｅが地球大気の上層を覆うようになることは，生活の場が水中に限られていた生物の陸上進出を可能にした。その理由を40字以内で述べよ。

問６ 生物が陸上に進出した後，その生活の場を拡大していく過程で，さまざまな困難があったと考えられる。
(1) 植物の乾燥適応の例を，40字以内で具体的に述べよ。
(2) は虫類以上では陸上での胚発生が可能である。陸上での胚発生を可能にした，胚を発生上の困難から守るしくみについて，50字以内で述べよ。

〈早稲田大・千葉大〉

8 ヒトの進化

霊長類の中で，ヒトは［ア］歩行を行い，道具を使う動物である。ヒトには，霊長類に共通する特徴に加えて，［ア］歩行などから生じる特徴がある。ヒトでは，［イ］はゆるやかなS字を描いている。a現生人類(新人)は，b類人猿や猿人と比較すると，頭骨が［イ］に結合する部分にある［ウ］は，頭骨の中央真下に位置している。そして，［エ］の幅が広く，内臓を下から支えるようになっている。歯は，歯列が放物線状で，［オ］が他の霊長類と比べて小さい。また，眉間より左右の眼窩の上方に走る［カ］はあまり発達せず，下顎前端下部が少し前方に突出した［キ］が認められる。足は，親指がほかの4本の指と平行し，足の裏には［ク］がある。

動物の前肢では，外見や機能はさまざまであるが，その骨を比較すると基本的な配列は共通している場合がある。このようにc外見や機能が異なっていても，基本構造が同じで，発生上の起源も同じ器官を［ケ］という。一方，d発生上起源は異なるが，機能や外見が似ている器官を［コ］という。また，進化の過程で不要になり，すでにその機能を失った器官を［サ］という。

問1 文中の空欄に適語を入れよ。

問2 下線部aについて答えよ。

(1) 現生人類(新人)の出現や移動についての記述として，最も適当なものを次から1つ選べ。

① 約200万年前にアフリカで出現した原人(ホモ・エレクトゥス)が，ユーラシア大陸の各地に拡散し，それぞれの地域で並行的に新人へと進化した。

② 約20万年前にアフリカで新人(ホモ・サピエンス)が出現し，この新人が約10万年前にアフリカを出て，全世界へ広がった。

③ 約150万年前まで生存していた猿人(アウストラロピテクス)が，ユーラシア大陸の各地からアフリカへ移動した旧人(ネアンデルタール人)と交雑することで，新人が出現した。

④ 約700万年前にアフリカで出現した猿人(サヘラントロプス・チャデンシス)が世界各地へと拡散し，それぞれの地域で原人，旧人を経て新人へと進化した。

(2) 現生人類の直系の祖先を探る研究に利用された分子を含む，細胞小器官の名称を答えよ。

問3 下線部bについて，現生の類人猿を4種類あげよ。

問4 下線部cについて，［ケ］の例を，動物と植物でそれぞれ1組ずつあげよ。

問5 下線部dについて，［コ］の例を，動物と植物でそれぞれ1組ずつあげよ。

問6 現生の霊長類の多くは樹上生活をしている。ヒトの祖先も樹上生活していたと考えられているが，その根拠となる身体的特徴を3点，それぞれ40字以内で説明せよ。

〈弘前大〉

9 進化学説

生物はどのようにして進化してきたのか。1809年，ラマルクは著書『動物哲学』の中で「環境に対する適応のために，よくつかう器官は発達し，つかわない器官は退化する。

その形質が子孫に伝えられて進化が起こる」とする用不用説を提唱した。この説によれば，キリンが長い首をもつ理由は，高いところの葉を食べるために，キリンの祖先が首を伸ばしてきた結果，キリンの首がしだいに長くなっていった，と説明される。一方，ラマルクの説から50年後，［ア］は著書『［イ］』において「生物には世代ごとに多くの個体変異が生じる。その中で，環境によく適応する変異を起こしたものだけが生き残り，子孫を残すことによって進化が起こる」とする自然選択説を発表した。イギリスの調査船ビーグル号に乗って世界各地を旅し，その際に訪れたガラパゴス諸島でフィンチやゾウガメを観察したことが，この説のヒントになったとされている。

問1　文中の空欄に適語を入れよ。

問2　下線部について，自然選択説に基づいた場合，キリンが長い首をもつ理由はどのように説明されるか。100字以内で述べよ。

問3　進化の要因として，自然選択以外に重要と考えられるものを2つあげよ。

〈中央大〉

10 集団遺伝

新しい種が生まれる過程では，さまざまなものが複合的に作用し，祖先種とは異なる対立遺伝子(アレル)が集団内に広がっていると考えられている。オーストラリア大陸の有袋類のように，a共通の祖先種から多様な環境に応じて複数の種が進化した事例は特に有名である。一方で，bいくつかの条件を満たす集団では，集団内の対立遺伝子や遺伝子型の頻度は一定であることが理論的に確かめられており，ハーディ・ワインベルグの法則とよばれている。つまり，新しい種が生まれる過程は，ハーディ・ワインベルグの法則が成り立たない条件下において，集団内の対立遺伝子頻度が変化していく過程と考えることもできる。

問1　下線部aのような現象を何とよぶか。

問2　下線部bについて，ハーディ・ワインベルグの法則が成り立つためには，5つの条件がある。これらの条件のうち3つを，それぞれ25字以内で答えよ。

問3　ある植物において，花の色は対立遺伝子 R と対立遺伝子 r で決まり，遺伝子型 RR は赤色花，遺伝子型 Rr は桃色花，遺伝子型 rr は白色花になる。この植物のある世代の個体数は2000個体で，このうち赤色花の個体数が320個体を占めている。なお，この集団ではハーディ・ワインベルグの法則が成立しているものとし，必要があれば小数第三位を四捨五入し，小数第二位まで求めよ。

(1)　この集団から白色花の個体をすべて取り除いた。このとき，取り除き後の集団における桃色花の個体の頻度はいくらか。

(2)　(1)の世代において自由交配が起こったとき，次の世代の集団における白色花の個体の頻度はいくらか。

〈東京農業大・福島大〉

5 系統分類

11 分子進化と分子系統樹

ある生物群における特定の遺伝子の塩基配列，あるいはタンパク質のアミノ酸配列を比較すると，種間で部分的な違いがみられる。このような差異は種の分岐後の経過時間に比例して増加する傾向がある。これは進化の時間を測る指標として使えることから，［ア］とよばれる。化石から推定されている一部の祖先種の生息年代と［ア］の概念を用いることにより，解析対象の系統樹におけるそれぞれの分岐が起きた年代を推定することができる。

一方，個々の遺伝子あるいはタンパク質が変化する速度について，以下の3つの傾向が認められている。(1)重要な機能をもつ遺伝子あるいはタンパク質が変化する速度は［i］。(2)ₐスプライシングの結果，翻訳されないDNAの領域では，塩基配列の変化する速度は［ii］。(3)_b mRNAのコドンにおける3番目の塩基は1番目と2番目の塩基と比べ，変化する速度が［iii］ことが多い。

木村資生が提唱した_c中立説では，遺伝子に起こる突然変異の多くは［イ］を通じて集団内に固定され，その結果，分子進化が起こると考えられている。

問1　文中の［ア］，［イ］に適語を入れよ。

問2　文中の［i］～［iii］には「大きい」か「小さい」のどちらかが入る。それぞれについて適切な語を答えよ。

問3　下線部aの名称を答えよ。

問4　下線部bについて，理由を80字以内で説明せよ。

問5　下線部cについて答えよ。

(1)　中立説をもとにすると，次のような突然変異が生じ，さらにその遺伝子が集団内に固定される頻度が最も高いと考えられるものはどれか。1つ選べ。

① 生存に有利な突然変異
② 生存に不利な突然変異
③ 生存に有利でも不利でもない突然変異

(2)　(1)で答えた理由について，200字以内で説明せよ。

問6　現存する生物種A～Gのあるタンパク質間のアミノ酸置換数について調べたところ，表1のようになった。その系統関係を示す分子系統樹を図1に示した。分子系統樹の右端

表1

	A	B	C	D	E	F	G
A	—	10	10	12	10	10	6
B	—	—	2	13	8	4	10
C	—	—	—	12	8	4	10
D	—	—	—	—	12	12	11
E	—	—	—	—	—	8	10
F	—	—	—	—	—	—	10
G	—	—	—	—	—	—	—

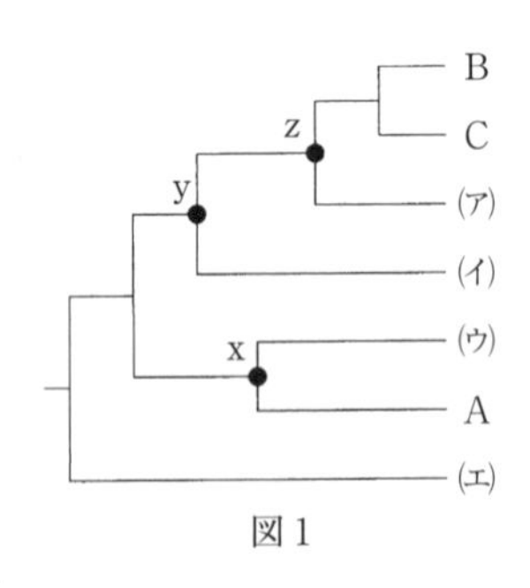

図1

を現在(0万年前)，xを900万年前の分岐点とする。ただし，各生物種間のアミノ酸置換数と分岐後の年数は比例関係にあると仮定し，図1中の線分の長さはそれを反映したものであるとする。

(1) 生物種(ア)～(エ)は何か，D～Gの記号で答えよ。

(2) yの分岐年代を推定せよ。

(3) yからzまでのアミノ酸置換数を推定せよ。

〈静岡大〉

12 生物の分類

すべての生物には「細胞膜をもつこと」や「遺伝情報を担うDNAをもつこと」，さらには「リボソームをもつこと」など，いくつかの共通な特徴が認められる。その一方で，ある限られた生物にのみ認められる特徴もある。例えば，a細胞内に核をもつという特徴は一部の生物にのみ認められる。また，b細胞壁をもつという特徴も限られた生物にのみ認められる。「核をもつ」という特徴については次のように考えられる。c現存するすべての生物には，共通祖先が存在した。その祖先にはじまる系統は，真核生物，アーキア(古細菌)，細菌(真正細菌)の3つに分かれた後，さらに細かく分岐して現在の多様な生物を生じた。この3系統の分岐はd3系統の共通祖先の系統から，最初に［ア］の系統と［イ］・［ウ］の共通祖先の系統に分かれ，次に［イ］の系統と［ウ］の系統が分かれるという順番であった。この過程で，細胞内に核をもつという特徴は，［イ］の系統と［ウ］の系統との分岐後に［ウ］の系統にのみ生じた。その後の系統分岐による多様化後も祖先由来のこの特徴を子孫が引き継いだ結果，［ウ］にのみ核をもつという特徴が認められるようになった。これに対し，すべての生物に認められる特徴とは，これら前述の3系統(真核生物，アーキア，細菌)が分岐する前の共通祖先がすでにもっていた特徴であり，その後に現れたすべての子孫が引き継いだものである。

問1 文中の空欄に，「真核生物」，「アーキア」，「細菌」のいずれかの用語を答えよ。

問2 (1) ここで述べられているような生物の分類体系が提唱される以前に，ホイッタカーやマーグリスによって提唱された分類体系を何というか，その名称を答えよ。

(2) (1)の分類体系に示された生物グループのうちで，下線部aの特徴を有するグループの名称を，すべて答えよ。

問3 次の生物のうち，下線部bで示す特徴をもつ生物はどれか。

① ミジンコ　② 大腸菌　③ 担子菌類

④ シアノバクテリア　⑤ 子のう菌類

問4 下線部cの根拠を，遺伝子発現または代謝の側面から，それぞれ30字以内で2点説明せよ。

問5 下線部dについて答えよ。

(1) このような考え方の名称と提唱者の名前を答えよ。

(2) この考え方の提唱にあたり，遠縁な種も含んだ広い範囲の生物群の系統関係を明らかにするため，ある分子が利用された。この分子が用いられた有用性はどのような点にあると考えられるか，分子の名称も含めて70字以内で説明せよ。

問6 植物は緑藻類と共通な祖先をもつ。

(1) 次の生物の中から，植物と緑藻類をそれぞれすべて選べ。

① アオサ	② ツノモ	③ アサクサノリ
④ ゼニゴケ	⑤ アオミドロ	⑥ ワカメ
⑦ ワラビ	⑧ コンブ	

(2) 緑藻類と植物の共通祖先がもっていて，紅藻類，ケイ藻類，褐藻類がもっていないクロロフィルの名称を答えよ。

問7 図1は，多細胞動物の系統を示している。ここで，［1］～［4］は，それより上位の動物が共通にもつ特徴である。例えば，［1］は，海綿動物以外の動物が共通にもつ特徴を示している。

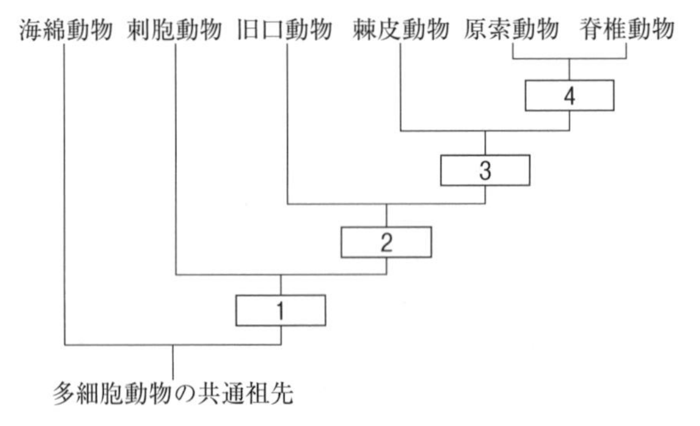

図1 多細胞動物の系統

(1) ［1］～［4］には次に述べるどの特徴が入るか，それぞれ1つずつ選べ。

① 新口動物に分類される
② 体腔を形成する
③ 脊索を形成する
④ 内胚葉と外胚葉を形成する

(2) 近年，旧口動物は，分子レベルの相同性から，トロコフォア幼生を経るものを含む［X］動物と，成長時に外殻を脱ぎ捨てて成長する［Y］動物に2大別されるようになっている。［X］と［Y］に相当する語は何か。また，［X］動物と［Y］動物の例を，下からそれぞれすべて選べ。

① ワムシ	② プラナリア	③ センチュウ
④ フジツボ	⑤ ゴカイ	⑥ イガイ

(3) 旧口動物と新口動物の口のでき方の違いを30字以内で述べよ。

〈茨城大・京都府大・筑波大〉

13 植物と脊椎動物の分類

Ⅰ. 下図は主に植物の系統を示したものである。

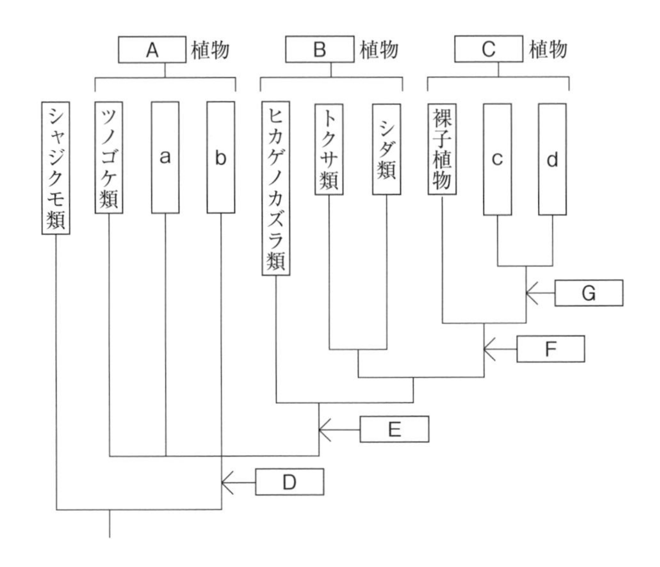

問1 図中の空欄A～Cに適する名称をそれぞれ答えよ。

問2 以下は，図中のA～C植物の一般的な特徴を述べたものである。(1)～(4)の説明に最もふさわしい植物は何か，A～Cの記号で答えよ。

(1) 胞子は発芽して前葉体とよばれる配偶体に成長する。

(2) 通常目にする植物体は胞子体である。受精には外界の水を必要としない。

(3) 通常目にする植物体は配偶体である。

(4) 配偶体は一般に雌雄同体である。受精には水が必要である。

問3 以下のa～dは，それぞれ図中の a ～ d の植物群を説明したものである。それぞれ，最も適する植物群の名称を答えよ。

a. ゼニゴケのなかまで，根，茎，葉の区別がない。

b. スギゴケのなかまで，葉に柵状組織や海綿状組織がない。

c. 根は主根と側根をもち，葉脈は網状脈である。

d. 根はひげ根で，葉脈は平行脈である。

問4 図中の D ～ G は，矢印で示す進化の段階で植物が獲得したと考えられている構造である。それぞれ最も適切な語句を答えよ。

Ⅱ. 脊椎動物は，脊椎をもつ動物の総称であり，魚類，両生類，は虫類，鳥類，哺乳類の5つの動物群からなる。

問5 文中の下線部について，哺乳「類」などは正確な分類段階の名称ではない。この場合，どのように改めればよいか。最も適当な分類段階を表す漢字を答えよ。

問6　次のア～ケの記述は5つの動物群のうちどれにあてはまるか。あてはまる動物群に○を入れると，下の表のようになる。例題1と例題2にならって，答を表の(a)～(h)より1つずつ選べ。同じ記号を何度使用してもよいが，表中に答が見つからない場合は×と答えること。

〔例題1〕脊椎をもつ動物である：答(a)
〔例題2〕成体はえら呼吸である：答×

ア．心臓の構成は1心房1心室である。
イ．管状神経系をもつ。
ウ．胚は羊膜に保護され羊水中で発生する。
エ．体温を維持するしくみが備わった恒温動物である。
オ．成体の排出する窒素化合物は尿酸が主である。
カ．四足動物とよばれる。
キ．単孔類とよばれる一群を含む。
ク．開放血管系をもつ。
ケ．卵は極端な端黄卵であり卵割の様式は盤割とよばれる。

	魚　類	両生類	は虫類	鳥　類	哺乳類
(a)	○	○	○	○	○
(b)	○		○	○	
(c)		○			○
(d)			○	○	○
(e)				○	○
(f)		○	○	○	○
(g)			○	○	
(h)					○

〈法政大・愛知医大〉

第3章　代　謝

6　酵素と代謝

14 酵素反応の特徴

タンパク質は細胞内で行われる多くの過程に関与し，極めて多様な機能をもっている。タンパク質は多数のアミノ酸が［ア］結合により鎖状につながった分子からなる。多くのタンパク質を構成するアミノ酸は，［イ］種類あり，アミノ酸の種類と数，およびその配列によりタンパク質の形や性質は大きく異なったものになる。このアミノ酸の配列を［ウ］構造という。タンパク質は，屏風のように折れ曲がった［エ］という構造やらせん構造が組み合わさって，複雑な立体構造をとる。タンパク質の立体構造により特殊な機能をもっているものの例として，酵素があげられる。

酵素は，特定の物質とのみ反応する［オ］とよばれる性質をもっている。この性質は，特定の物質の立体構造と酵素の［カ］の立体構造が「かぎ」と「かぎあな」のようにぴたりと合う形をしていることから生じている。酵素は，みずからは変化せずに化学反応を進行させるので，酸化マンガン(Ⅳ)などの無機触媒と比較されて［キ］ともよばれる。一部の酵素では，化学反応を進行させる上で低分子量の有機化合物である［ク］を必要とする。ａ<u>酵素による化学反応(酵素反応)の進行は，さまざまな要因によって影響される</u>。特定の条件下では，この酵素反応が阻害される場合もある。ｂ<u>競争的阻害はその１つである</u>。また酵素のなかには［ケ］部位とよばれる部位をもつものがあり，［ケ］酵素とよばれる。このような酵素では，阻害物質が酵素の［カ］以外のところに結合して酵素の立体構造を変化させ，その結果，酵素反応が阻害される場合もある。

問１　文中の空欄に適切な数字や用語を入れよ。

問２　下線部ａに関連して，以下の問いに答えよ。

(1)　酵素反応の速度は温度の上昇とともにどのように変化するか。横軸に温度，縦軸に酵素反応の速度をとったときの関係を，右のグラフに示せ。

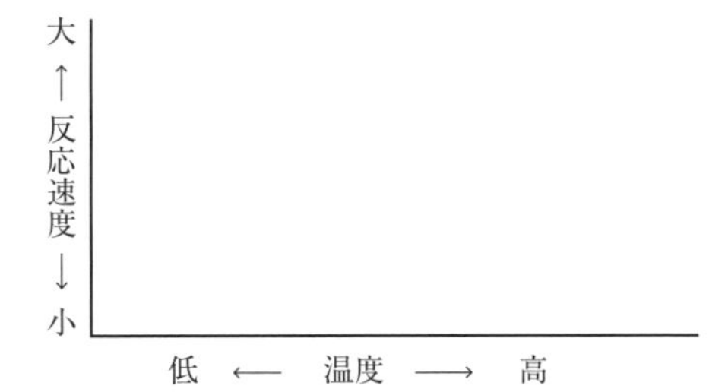

(2)　反応速度の温度依存性が，無機触媒と比較して大きく異なる原因を60字以内で述べよ。

(3)　温度と阻害物質の存在以外で，酵素反応の速度に影響する，酵素そのものの性質以外の要因を３つあげよ。

問３　下線部ｂに関連して，競争的阻害とはどういうことか，60字以内で説明せよ。

〈横浜国大〉

15 酵素反応のグラフ

図1は，一定量の酵素をさまざまな濃度の基質と反応させたときの，基質濃度と反応速度の関係を点線で示したものである。

問1　酵素反応速度は，基質濃度が高くなるにつれてしだいに一定値に近づいていく。その理由を60字以内で説明せよ。

問2　図1と同様の実験を酵素の濃度を半分にして行ったとき，基質濃度と反応速度の関係はどのようになるか。図1に実線で図示せよ。

〈京都工繊大〉

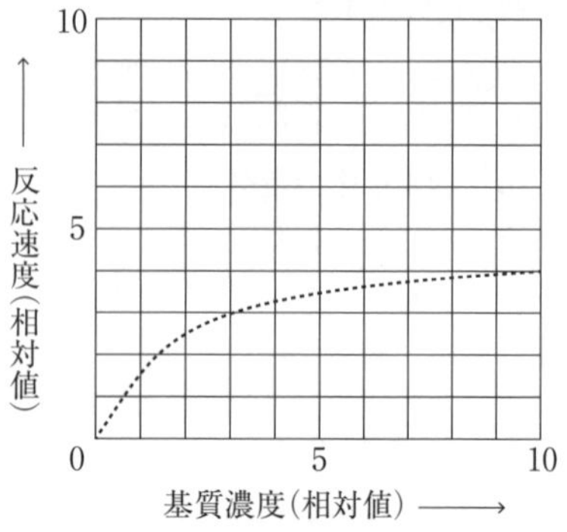

図1　基質濃度と酵素反応速度の関係

7 異　化

16 呼吸と発酵

呼吸は［ア］を必要とし，二酸化炭素と水が生じる点で有機物の燃焼の反応とよく似ている。しかし，燃焼では反応が一度に進行するのに対し，呼吸ではグルコースなどが解糖系，［イ］，［ウ］の3つの過程によって段階的に分解されるため，エネルギーの一部をATPとして取り出すことができる。

解糖系では1分子のグルコースが切断されて2分子のピルビン酸が生じる。この反応は，細胞内の［エ］に存在する酵素によって進められる。グルコースは，ATPをつかってホスホフルクトキナーゼ1(PFK1)などの酵素によりフルクトースビスリン酸につくりかえられる。次に，フルクトースビスリン酸は2種類のC_3化合物に分解される。そして，このC_3化合物が酸化されると同時にNAD^+が［オ］に還元される反応が起こり，最終的にピルビン酸を生じる。このような解糖系でのATP合成を［カ］のリン酸化という。

解糖系で合成されたピルビン酸はミトコンドリア内の［キ］に入り，［ク］とアセチルCoAとになる。その際，［オ］が生じる。その後，アセチルCoAは［イ］のオキサロ酢酸と結合して［ケ］になる。［ケ］は酵素によってさまざまな有機物に変換されると同時に，段階的に［ク］を放出し，還元型補酵素である［オ］と［コ］がつくられる。

解糖系と［イ］で生じた［オ］と［コ］によって運ばれた電子は，ミトコンドリアの［サ］にある［ウ］に渡される。［ウ］内を電子が移動するにともなって，水素イオンが［キ］から［シ］に能動的に輸送され，［シ］の水素イオン濃度が高くなり［サ］をはさんで水素イオンの濃度勾配が形成される。そして，水素イオンがその濃度勾配に従って［ス］を通り抜ける際に，ADPとリン酸からATPが合成される。この一連の反応を［ス］リン酸化という。

真核生物で単細胞である酵母では，酸素が豊富にある環境(好気的環境)では，上述したように解糖系からさらに［　イ　］と［　ウ　］がはたらくが，酸素が欠乏している環境（嫌気的環境）では，［　セ　］を行う。好気的環境で生育していた酵母を嫌気的環境に移したときには，図1に示すように，グルコースが積極的に消費され，エタノールが生成されるようになる。また，嫌気的環境に移って早い時期には細胞内のATP濃度が減少し，AMP（アデニン，リボースとリン酸からなるヌクレオチド）濃度が増加する（図2）。

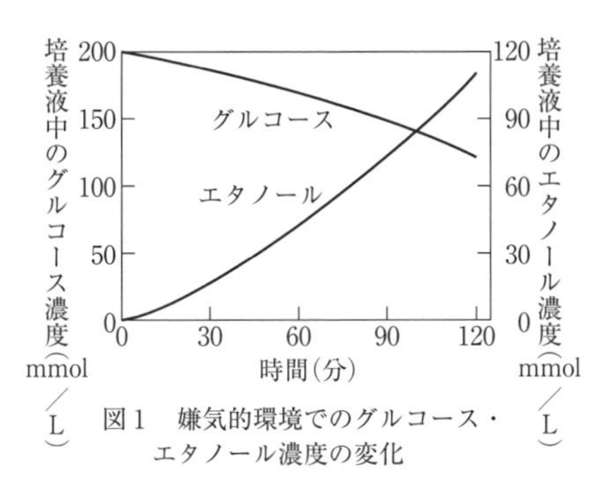

図1　嫌気的環境でのグルコース・エタノール濃度の変化

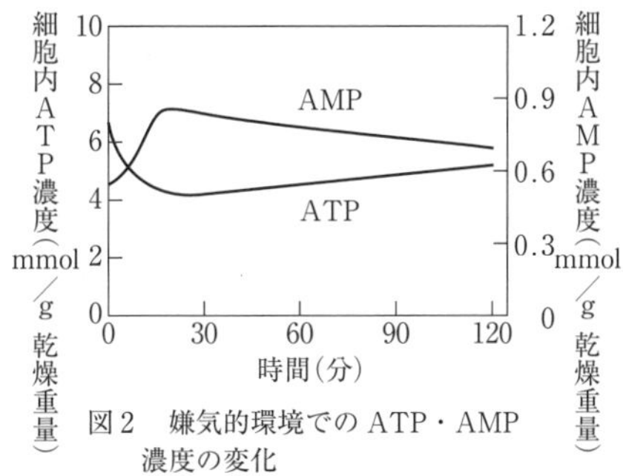

図2　嫌気的環境でのATP・AMP濃度の変化

問1　文中の空欄に適語を入れよ。

問2　解糖系では，グルコース1分子あたり差し引き何分子のATPと［　オ　］がそれぞれつくられるか。また，［　イ　］では，アセチルCoA 1分子あたり何分子の［　オ　］と［　ク　］がそれぞれつくられるか，答えよ。

問3　下線部に関連して，嫌気的環境で生育していた酵母を好気的環境に移すとグルコースの消費量が抑えられる。発見した細菌学者の名にちなんだこの現象名を答えよ。

問4　図3は酵素PFK1の活性に対する基質濃度依存性を示している。PFK1は問題本文で述べたように，解糖系の前半部分ではたらき，フルクトース6-リン酸とATPを基質としてフルクトースビスリン酸とADPを生成する反応を触媒する。0.01mmol/L ATP共存下と1mmol/L ATP共存下での，基質濃度依存性関係を実線で示す。嫌気的環境で生育していた酵母を好気的環境に移すとグルコースの消費量が抑えられる理由を，図1～図3の結果をあわせて考え，「フィードバック調節」と「アロステリック酵素」の語句を用いて150字以内で説明せよ。

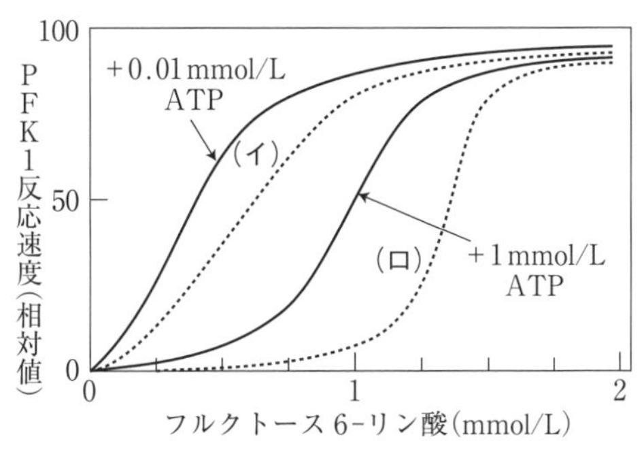

図3　酵素PFK1の活性に対するフルクトース6-リン酸の濃度依存性

問5　図3において，1mmol/L ATPにさらに0.1mmol/L AMPを加えて，PFK1の反応速度に対するフルクトース6-リン酸の濃度依存性を調べるとすると，図中の（イ）あるいは（ロ）のどちらの曲線に変化すると予想されるか。その理由もあわせて80字以内で答えよ。

〈福岡女大〉

17 いろいろな呼吸基質

生物は，その種や細胞によって，あるいは生育環境によって，さまざまな物質を呼吸基質として利用する。また，状況に応じて進行させる代謝経路も異なったものとなる。例えば，酒類に含まれるエタノールは，主に嫌気的な条件におかれた酵母の行うアルコール発酵の結果，グルコースより生じる。しかし，酵母はミトコンドリアをもち，好気的な条件では呼吸も行うことができる。

問1 脂肪の分解に関する次の文中の空欄に適語を入れよ。

脂肪は，すい液中のリパーゼによって［ 1 ］と［ 2 ］に分解された後，吸収され呼吸基質としてつかわれる。［ 1 ］は，いくつかの反応を経てグリセルアルデヒドリン酸となり解糖系に入る。一方で，［ 2 ］は，［ 3 ］とよばれる反応によってアセチル CoA にまで分解された後，クエン酸回路に入る。

問2 下記の化学反応式は，脂肪(トリステアリン)が最終的に二酸化炭素と水に分解される反応を表したものである。

$$[\ ア\ ]C_{57}H_{110}O_6 + [\ イ\ ]O_2 \longrightarrow [\ ウ\ ]CO_2 + [\ エ\ ]H_2O$$

(1) 上の化学反応式を完成させるために，［ ア ］～［ エ ］にあてはまる数値(整数)を入れよ。

(2) 完成した化学反応式から，脂肪(トリステアリン)が呼吸基質となるときの呼吸商を求めよ。ただし，小数点以下第3位を四捨五入して答えよ。

問3 アミノ酸の分解に関する次の文中の空欄に適語を入れよ。

呼吸基質としてタンパク質がつかわれた場合，タンパク質の分解によって生じたアミノ酸，例えばグルタミン酸は，まず有機酸と［ 4 ］に分解される。この反応は［ 5 ］とよばれる。その後，有機酸はさまざまな有機酸が脱水素反応と脱炭酸反応を受ける［ 6 ］に入る。哺乳類の場合，生じた有害な［ 4 ］は血液によって［ 7 ］に運ばれ，そこで ATP を消費する尿素回路(オルニチン回路)に入り，毒性の弱い尿素となる。

問4 下線部の酵母の行う代謝に関して次の(1)～(3)に答えよ。

(1) 電子伝達系では電子の最終受容体が酸素であるために，酸素がないとはたらかない。一方，クエン酸回路は，直接酸素を必要とする反応はないが，酸素がないと反応が進行しない。この理由について，60字以内で説明せよ。

(2) ビールを製造するためには，オオムギ種子を発芽させた麦芽に酵母を加える。ここで，オオムギ種子を発芽させる理由について60字以内で説明せよ。

(3) 酵母を培養したところ，96 mg の酸素を吸収し，220 mg の二酸化炭素を放出したとする。なお，これらの反応に関与する化学物質の分子量はグルコース($C_6H_{12}O_6$)：180，二酸化炭素(CO_2)：44，酸素(O_2)：32 を用いよ。

(i) このとき消費したグルコースは何 mg か。

(ii) 酵母が 96 mg の酸素を吸収し，(i)で消費したグルコースの2倍の量のグルコースを消費したとすると，放出した二酸化炭素は何 mg か。

〈東京農業大・群馬大・成蹊大・京都産業大〉

8　植物の光合成

18　光合成のしくみ

　葉緑体中の［ア］膜には光化学系Ⅰ，光化学系Ⅱという2種類の色素タンパク質複合体が存在する(図1)。まず，光化学系Ⅱが光を吸収すると，反応中心の［イ］が活性化されて電子が放出される。電子を放出した反応中心の［イ］は他の物質から電子を引き抜きやすい状態であり，水を分解して電子を受け取る。光を吸収した光化学系Ⅱの反応中心の［イ］は還元力が強い状態となり，電子は少しずつ還元力の弱い物質に伝達されて最後には光化学系Ⅰに受け渡される。このとき，電子1個あたり2個のH^+が［ウ］側から［ア］膜で形成された袋状の構造体の内側に輸送される。光化学系Ⅰの［イ］が光エネルギーを吸収すると，光エネルギーを吸収した光化学系Ⅱの［イ］よりも還元力が強い状態になる。これを利用して［ア］膜の［ウ］側において，$NADP^+$(酸化型補酵素)とH^+を用いてNADPH(還元型補酵素)が合成される。

　光化学系Ⅱにおける水の分解によって発生するH^+と，電子が光化学系Ⅱから光化学系Ⅰに伝達される過程でのH^+の取り込みによって，［ア］膜で形成された袋状の構造体の内部は［ウ］側よりもH^+の濃度が高くなる。この濃度差を駆動力として，［ア］膜に埋め込まれている輸送タンパク質である［エ］がADPとリン酸からATPを合成する。約4個のH^+が［エ］を通過して［ウ］側に運ばれるとATPが1分子合成される。このように光によってATPが合成される反応を［オ］という。

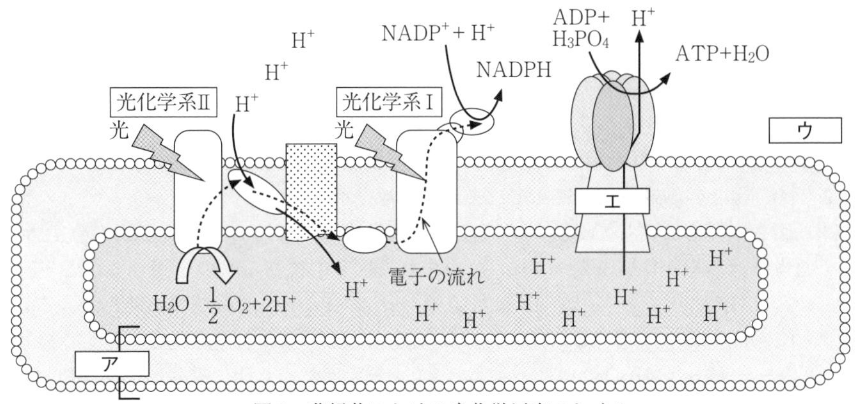

図1　葉緑体における光化学反応のしくみ

　生産されたATPとNADPHは，［ウ］でCO_2を固定する炭酸同化反応に利用される。次ページの図2に示すように，カルビン回路(カルビン・ベンソン回路)では，CO_2の1分子がルビスコという酵素によってリブロース-1,5-ビスリン酸(RuBP：C_5化合物)と結合して，ホスホグリセリン酸(PGA：C_3化合物)が2分子つくられる。PGAは，ATPからのリン酸基の転移を受けて，1,3-ビスホスホグリセリン酸(C_3化合物)，次いでNADPHによって還元されてグリセルアルデヒド-3-リン酸(GAP：C_3化合物)に変換される。合成されたGAPの一部はカルビン回路から離脱し，何段階かの反応を経て最終的に糖が合成される。一方，残りのGAPはカルビン回路を循環し，RuBPとなって再びCO_2を取り込む。

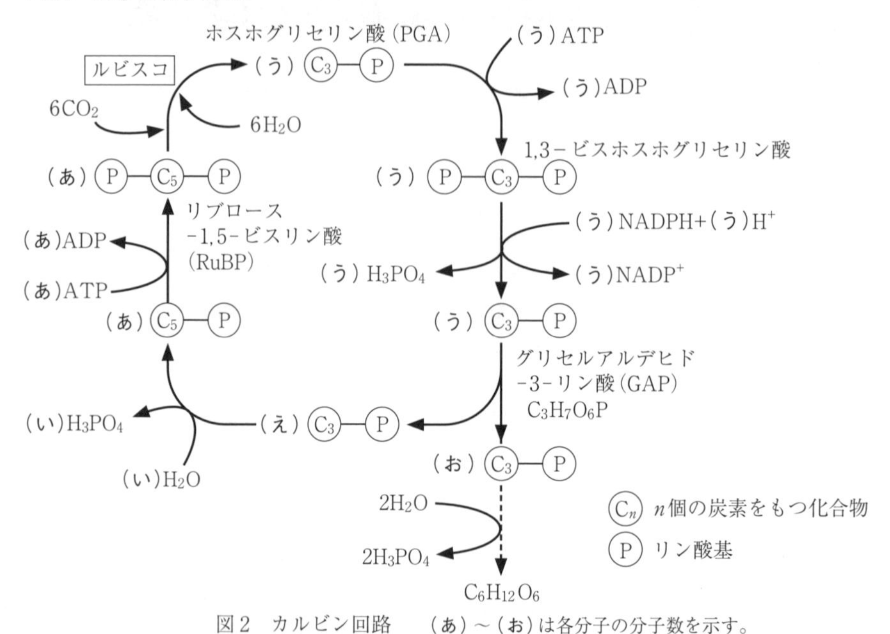

図2　カルビン回路　　(あ)～(お)は各分子の分子数を示す。

(注) GAPからグルコースが直接合成されるわけではないが，図2では合成される化合物をグルコースに換算して$C_6H_{12}O_6$で表している。

問1　文中の空欄に適語を入れよ。

問2　水1分子が光化学系Ⅱで分解され，さらにその電子が光化学系Ⅰに伝達されると，［ア］膜で形成された袋状の構造体の内側ではH^+が何個増加するか答えよ。

問3　(1)　図2の(あ)～(お)にあてはまる分子数を示せ。

(2)　図2の反応に関してCO_2から$C_6H_{12}O_6$が合成される下の化学反応式中の空所に適当な数値や化学式や物質の略称(いずれも図2中にあるものを用いること)を記せ。なお，［v］～［z］には数値，［α］～［γ］には物質の略称が入る。

$$6CO_2 + \boxed{v}\boxed{\alpha} + \boxed{w}H^+ + 18\boxed{\beta} + 12H_2O$$
$$\longrightarrow C_6H_{12}O_6 + \boxed{x}\boxed{\gamma} + \boxed{y}ADP + \boxed{z}H_3PO_4$$

(3)　カルビン回路において$C_6H_{12}O_6$を1分子合成するには，光化学系Ⅱにおいて水分子が何分子分解されるか答えよ。

問4　葉緑体の光合成系と同様に，ミトコンドリアの呼吸系も膜を介して発生するH^+の濃度差を駆動力としてATPを合成する。

(1)　ミトコンドリアにおけるH^+の濃度差は，どこに，どのようにしてつくられるか，光合成系との相違点に着目し，下記の用語をすべて用いて70字以内で説明せよ。
〔還元型補酵素，電子伝達系，呼吸基質〕

(2)　(1)のようにして形成されたH^+の濃度差を利用して，ミトコンドリアがATPを生産する反応を何とよぶか答えよ。

〈岐阜大〉

19 環境と光合成(1)

光合成では，光の吸収のためにさまざまな色素がはたらいている。光の波長と色素の光の吸収の度合いの関係を示したものを吸収スペクトルとよび，光の波長と光合成速度の関係を示したものを［ア］スペクトルとよぶ。これらを測定することにより，光合成にはたらく色素の種類や，どの波長の光が光合成にどれくらい有効かを知ることができる。

問1　文中の空欄に適語を入れよ。

問2　右図は，アオサとアサクサノリの吸収スペクトルと［ア］スペクトルを示している。これに関して，最も適当な記述を次から1つ選べ。

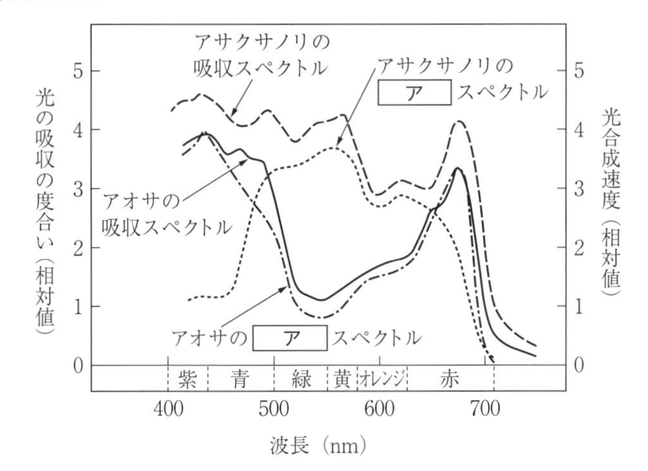

① アオサとアサクサノリでは同じ種類の色素が光合成にはたらいている。

② アサクサノリの光合成にはクロロフィルはあまり重要ではない。

③ アオサとアサクサノリは海中に生育し，ともに緑色をしている。

④ アサクサノリはアオサが利用できない波長の光を利用できるため，アオサが生育している下でも光合成ができる。

⑤ アオサとアサクサノリはワカメと同じ褐藻類の仲間であり，ともに褐色をしている。

〈立命館大〉

20 環境と光合成(2)

通常の植物は，CO_2 固定の際の最初の産物が，炭素数3の C_3 物質であるので C_3 植物とよばれる。一方，植物の中には特殊な方法で CO_2 固定能力を高めたものがある。例えば，ある種の植物は，大気中の CO_2 をカルビン回路(カルビン・ベンソン回路)に直接取り込むのではなく，まず葉肉細胞にある［ア］回路で CO_2 を取り込み，C_4 物質である［イ］として CO_2 を固定する。このことから，これらの植物は C_4 植物とよばれる。その後，［イ］に由来する物質が［ウ］細胞に輸送され，そこで C_3 物質と CO_2 に分解される。［ウ］細胞には葉緑体が多数あり，そこにあるカルビン回路で CO_2 から有機物が合成される。また，ベンケイソウやサボテンはCAM植物とよばれ，C_4 植物と同様に CO_2 をいったん C_4 物質に固定して細胞内の液胞中に［エ］を蓄える。その後，［エ］を分解して得られる CO_2 を材料にしてカルビン回路で有機物を合成する。

問1　文中の空欄に適語を入れよ。

問2　以下は，ヒル(イギリスの研究者)によって行われた実験である。

実験：葉緑体を含む葉から取り出した絞り汁に，シュウ酸鉄(Ⅲ)を加えて光を当てると，CO_2 を除いた状態でも O_2 が発生し，シュウ酸鉄(Ⅲ)がシュウ酸鉄(Ⅱ)になった。

(1)　この反応において，シュウ酸鉄(Ⅲ)が果たす役割を15字以内で記せ。なお，次の(2)の選択肢中にある語を用いてはならない。

(2)　葉に含まれる物質のうち，シュウ酸鉄(Ⅲ)と同様の役割を果たす物質として最も適当なものを，次から1つ選べ。

①　NADPH　　②　$NADP^+$　　③　ADP
④　ATP　　⑤　FAD　　⑥　クロロフィルa

問3　コムギとトウモロコシの光合成速度を光の強さと温度を変えて測定したところ，右図のような結果が得られた。

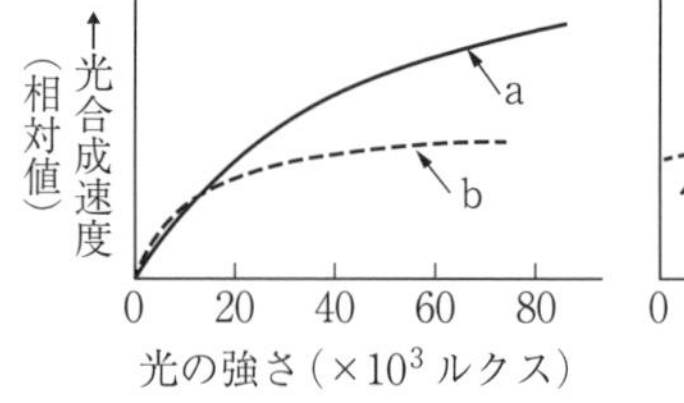

(1)　コムギとトウモロコシについての光合成速度を示すものは，上図中のa，bおよびc，dのいずれか。

(2)　C_4 植物は C_3 植物に比べ，どのような場所で生育するのに適しているか，図を参考にして15字以内で記せ。

問4　ベンケイソウやサボテンは，気孔の開閉に関して一般の植物とは異なる特徴をもっている。その特徴を15字以内で記せ。

〈宮崎大〉

21 光合成速度と物質収支

ある植物の葉(面積 25cm²)に異なる強さの光を2時間照射したときに，吸収される二酸化炭素(CO_2)量を調べたところ，下表に示す結果を得た。実験中における温度(20℃)と CO_2 濃度(0.1%)の変化はないものと仮定する。

光の強さ(ルクス)	0	400	800	1200	1600	2000	3000	5000
CO_2 吸収量(mg)	−5.0	−1.0	3.0	7.0	11.0	15.0	20.0	20.0

※ CO_2 吸収量におけるマイナスの値は CO_2 放出量を表す。

問1　この植物の光補償点はいくらか。

問2　この植物の光飽和点における光合成速度と呼吸速度はそれぞれいくらか。いずれも単位は $mgCO_2/cm^2/$ 時間とする。

問3　2000ルクスの光を8時間照射したとき，この葉の重さは何mg増加するか。必要があれば小数第一位を四捨五入し，整数値で答えよ。ただし，重さの増加はグルコースの増加のみによるものとし，原子量は C＝12，H＝1，O＝16 とする。

問4　光の強さが次の(1)および(2)の条件のときに，光合成速度を規定している環境要因

(限定要因)はそれぞれ何と考えられるか答えよ。ただし，大気中のCO_2濃度は通常0.03〜0.04%程度で，0.1%のCO_2濃度はこの条件下で十分に高いものとする。

(1) 1000ルクス

(2) 3000ルクス

問5 同様の実験を15℃で行ったところ，呼吸量が20%減少したとすると，15℃における光補償点はいくらか。

〈大阪薬大〉

9 いろいろな同化

22 窒素代謝

Ⅰ．生物体を構成する成分のうち，タンパク質や核酸，ATP，クロロフィルなどは，窒素を含んだ炭素化合物であり［あ］とよばれる。これらの［あ］は体外から取り入れた窒素化合物をもとに合成され，このようなはたらきを［い］という。

下の図に示すように，生物の遺体や排出物などに含まれる［あ］の分解によって生じた［う］の多くは，土壌中のa亜硝酸菌や硝酸菌などによって［え］に変えられ，植物は主にそれを根から吸収する。そして，b［え］は道管を通じて葉の細胞に輸送され，［お］を経て［う］に還元される。さらにc［う］と［か］は結合して［き］となる。

その後，d$-NH_2$をさまざまな有機酸に移すことで，各種のアミノ酸を生じる。これらのアミノ酸は，多数がペプチド結合してタンパク質となったり，核酸，ATP，クロロフィルなどの［あ］の合成に用いられたりする。

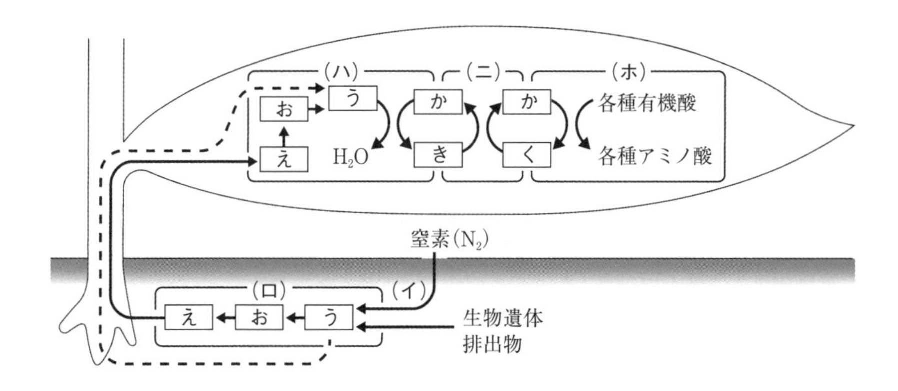

問1 Ⅰの文中と上の図中の空欄に適語を入れよ。

問2 図の(イ)の反応を何というか。

問3 図の(イ)の反応を行わない生物を，次からすべて選べ。

① アゾトバクター　② クラミドモナス　③ クロストリジウム

④ 酵母　⑤ ネンジュモ

問4　図の(ロ)の反応を行う下線部aの細菌をまとめて何というか。

問5　文中の下線部b～dの反応に関係する酵素は何か。それぞれ名称を答えよ。なお，下線部bについては，はたらく順に2つ答えよ。

問6　図の(イ)～(ホ)の反応のうち，一般に動物にも植物にも共通してみられるものを1つ選べ。

Ⅱ．多くの植物は大気中に大量に含まれている窒素を直接に利用することができない。しかし，e一部の植物は，根粒菌とよばれる細菌を介して大気中の窒素を利用することができる。根粒菌は，これらの植物の根に形成された根粒において大気中の窒素を取り込み，合成した窒素化合物を植物に提供している。一方で，これらの植物は［　け　］によって生産した有機物を根粒菌に提供する。そのため，両者は［　こ　］の関係にあるといえる。

問7　Ⅱの文中の空欄に適語を入れよ。

問8　下線部eにあてはまる植物で，日本で栽培される，もしくは自生する植物の名前を，和名で3つあげよ。

問9　野外の生育地では，根粒菌と共生する植物と共生しない植物との間に種間競争が生じることがある。その際，(1)根粒菌と共生する植物は，どのような環境条件下で有利になり，また，どのような環境条件下で不利になると考えられるか，それぞれ35字以内で答えよ。また，(2)各々の理由について，「根粒菌と共生する植物は，」に続く文章を，それぞれ35字以内で記述せよ。ただし，環境条件にかかわらず，根粒菌と共生する植物は，窒素源のほとんどを根粒菌に依存していると仮定する。

〈立命館大・帯広畜産大〉

23　いろいろな代謝

Ⅰ．5種類の細菌A～Eを用意した。これらの細菌をさまざまな培養条件で培養し，その特性を調べ，結果を以下にまとめた。

細菌A：硫化水素を与えて培養すると硫黄を生成し，炭酸同化を行った。炭酸同化は培養中に光を照射したときにのみ行われた。培地に有機物を添加しなくても細菌は増殖することができた。

細菌B：硫化水素を与えて培養すると硫黄を生成し，炭酸同化を行った。炭酸同化は培養中の光の照射の有無に関わらず行われた。培地に有機物を添加しなくても細菌は増殖することができた。

細菌C：硝酸イオンを与えて培養すると，窒素分子(N_2)を生成した。炭酸同化は培養中の光の照射の有無に関わらず行わなかった。細菌の増殖には，培地への有機物の添加が必要であった。

細菌D：どのような物質を与えて培養しても，また，培養中の光の照射の有無に関わらず炭酸同化を行わなかった。細菌の増殖には，培地への有機物の添加が必要であった。

細菌E：亜硝酸イオンを与えて培養すると硝酸イオンを生成し，炭酸同化を行った。炭酸同化は培養中の光の照射の有無に関わらず行われた。培地に有機物を添加しなくても細菌は増殖することができた。

問1　細菌A～Eのうち独立栄養生物に該当する細菌をすべて選べ。

問2　細菌A～Eのうち硝化菌に該当する細菌をすべて選べ。

問3　細菌A～Eのうち化学合成細菌に該当する細菌をすべて選べ。

問4　(1)　細菌A～Eのうち光合成を行う細菌に該当する細菌をすべて選べ。

(2)　(1)にあたる，具体的な細菌の名称を2つ答えよ。

(3)　(1)が行う光合成の反応式を書け。

Ⅱ．右図は硝化菌と脱窒素細菌を用いた下水処理装置の模式図である。脱窒とは，硝酸イオンを窒素分子(N_2)にまで変換する反応である。脱窒素細菌は酸素のない嫌気的環境で脱窒を行い，有機物を分解しつつ生育する。一方，硝化菌は酸素の多い好気的環境で硝化を行う。下水中には，有機物とアンモニウムイオンや硝酸イオンなどの窒素化合物が含まれている。下水に含まれるこれらの窒素化合物を，図の処理装置を用いて取り除きたい。処理槽2では，常に外部から空気を送り込み，撹拌することで，槽内を好気的環境に保っている。一方，処理槽1の槽内は嫌気的環境に保たれている。また，処理槽2を出た処理水の一部が処理槽1へ循環する。処理水は，沈殿槽に送られ菌体などの浮遊物を沈殿させ，上澄みを放流する。なお，硝化菌と脱窒素細菌は下水中から供給されるものとする。

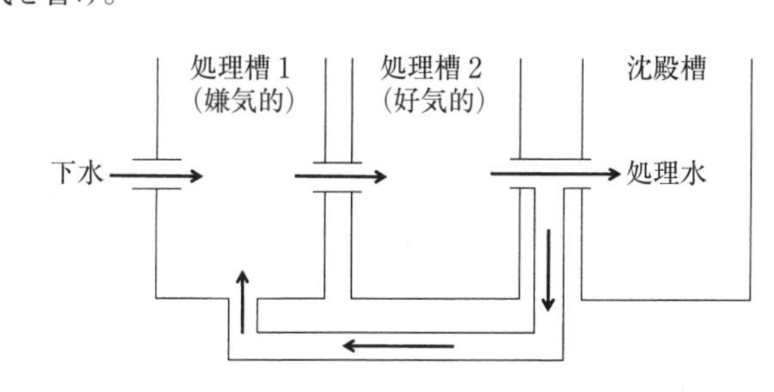

問5　図の処理装置では，下水に含まれていた硝酸イオンは，処理装置のどこでどのように処理されるか，40字以内で説明せよ。

問6　図の処理装置では，下水に含まれていたアンモニウムイオンは，処理装置のどこでどのように処理されるか，70字以内で説明せよ。

問7　この処理装置には硝酸イオンの処理において欠点がある。その欠点を補い改良を行うためにはどのような装置を追加すればよいと考えられるか，理由とともに80字以内で説明せよ。

〈金沢大〉

第4章 遺伝情報とその発現

10 DNAの構造と複製

24 DNAの構造

遺伝の法則が明らかにされ，さらに遺伝子が染色体上にあるという説が提唱されて以降，遺伝子の本体が何かという点について多くの議論がなされてきた。1940年代まで，研究者たちの多くは遺伝子の本体はタンパク質であると考えていた。しかしながら，1940年代から1950年代にかけて行われたいくつかの重要な実験により，しだいに遺伝子の本体はDNAであることが明らかにされた。DNAは二重らせん構造をもつ物質で，生体を構成するタンパク質のすべては，このDNAの情報に基づいて合成されている。

問1 重要な業績を残した科学者名とその業績の組合せとして最も適当なものはどれか。次から1つ選べ。

	科学者名	業績
①	グリフィス，エイブリー	遺伝子が染色体上に存在することを提唱
②	シャルガフ	DNAが遺伝子の本体であることの証明
③	サットン	DNAが形質転換因子であることの解明
④	ハーシー，チェイス	DNAが遺伝子の本体であることの証明
⑤	メンデル	遺伝子が染色体上に存在することを提唱
⑥	ワトソン，クリック	DNAが形質転換因子であることの解明

問2 下線部に関して，右図はDNAの二重らせん構造の一部を模式的に示したものである。

(1) 図中のア～ウの名称を答えよ。

(2) 図中XとZが，このDNAの一端であったものとする。DNAを構成する鎖の方向性を考え，W～Zは，それぞれ3′末端，あるいは5′末端のいずれかを答えよ。

問3 DNAに含まれる構成単位(塩基)には，アデニン(A)，グアニン(G)，シトシン(C)，チミン(T)の4種類がある。右表は3種類の生物のDNAに含まれる各塩基の割合を示したものである。空欄にあてはまる数値を答えよ。

生物名	アデニン(A)	グアニン(G)	シトシン(C)	チミン(T)
ヒト		19.8%	エ %	
コムギ		オ %		27.3%
大腸菌	カ %		25.9%	

問4 ヒトのゲノムDNAは，30億塩基対からなる。いま，DNAの10塩基対間の距離を3.4nm，ヒトの体細胞1個に含まれる染色体数を46本とする。このとき，ヒトの体細胞に含まれる1染色体あたりの2本鎖DNAの平均の長さは何mmと考えられるか。整数値で答えよ。

〈獨協医大〉

25 DNAの複製(1)

生体内でのDNAの複製時には2本の鎖が同時に合成されていくが，a連続的に合成される鎖と不連続に合成される鎖が存在する。不連続に合成される鎖では，一定の間隔でbプライマーが合成され，それを元に複数の短いDNA断片が合成されていく。この短いDNA断片は［ア］とよばれ，最終的に［イ］という酵素によりつながれ1本のDNA鎖となる。そのため，直鎖状のDNAの場合，DNA複製は正確に行われるが，末端部分までは完全に複製できず，DNA鎖は細胞分裂でDNA複製を繰り返すたびに短くなっていく。そこでDNAの遺伝情報を保護するため，cDNAの末端部には特定の塩基の繰り返し配列が存在する。

問1 文中の空欄に適語を入れよ。

問2 下線部aに関して次の(1)，(2)に答えよ。

(1) 連続的に合成される鎖と不連続に合成される鎖は，それぞれ何とよばれるか。

(2) DNA鎖の方向によって複製方法が異なるのは，DNA合成酵素(DNAポリメラーゼ)にどのような性質があるためか。50字以内で説明せよ。

問3 下線部bに関して次の(1)，(2)に答えよ。

(1) プライマーを構成する糖と，4種類すべての塩基の名称を記せ。

(2) プライマーはDNA複製終了時にはどのようになっているか，40字以内で述べよ。

問4 図1の①～⑧からDNA複製時のようすを正しく示しているものを1つ選べ。ただし，矢印は新しく合成されているDNAの鎖を，矢印の向きはDNAの合成方向を示している。

問5 ほとんどの生物で，DNAの複製は特定の場所(複製開始点：*ori*)から開始され，両方向に進む。図2は，複製途中のDNAの電子顕微鏡像を模式化したものである。解答例にならい，図2に複製フォーク(DNAの複製が進行する部位)の位置を○で囲み，複製フォークが移動する方向を矢印で示せ。

問6 下線部cの繰り返し配列を何というか，名称を答えよ。

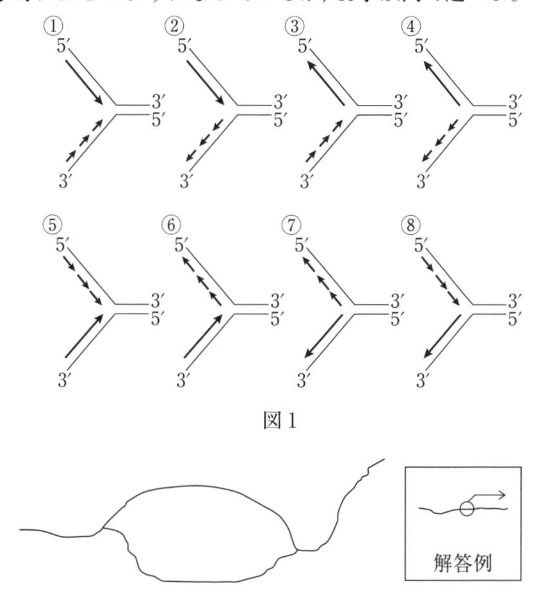

図1

図2 複製途中のDNAの電子顕微鏡像の模式図

問7 DNAが複製されるとき，10^5塩基対に1個の割合で，相補的でない塩基をもつヌクレオチドどうしが塩基対をつくるといわれている。しかし実際には，誤ったヌクレオチドが挿入された時点で【　　　】ため，複製時の間違いの頻度は大幅に下げられている。【　　　】内にあてはまる文を60字以内で述べよ。〈愛知医大・中央大・兵庫医大〉

26 DNAの複製(2)

窒素の同位体である^{14}Nと^{15}Nを用いて，DNA複製に関する以下の実験を行った。まず，質量が大きい方の^{15}Nを含む培地で大腸菌を長期間培養して，大腸菌内の窒素をすべて^{15}Nに置き換えた。その後，質量が小さい方の^{14}Nを含む培地で増殖させた。^{14}Nの培地に移して1回，2回，3回分裂させた大腸菌からそれぞれDNAを抽出し，密度勾配遠心分離法により質量の違いで分けた。この実験の結果，DNAの複製が［　　］的であることが明らかになった。

問1　図1は遠心分離したDNAの分布の模式図である。1回，2回，3回分裂させた大腸菌から抽出したDNAは，それぞれ(a)，(b)，(c)の位置にどのような量の比で現れるか。(a)：(b)：(c)の理論比として最も適切なものを答えよ。

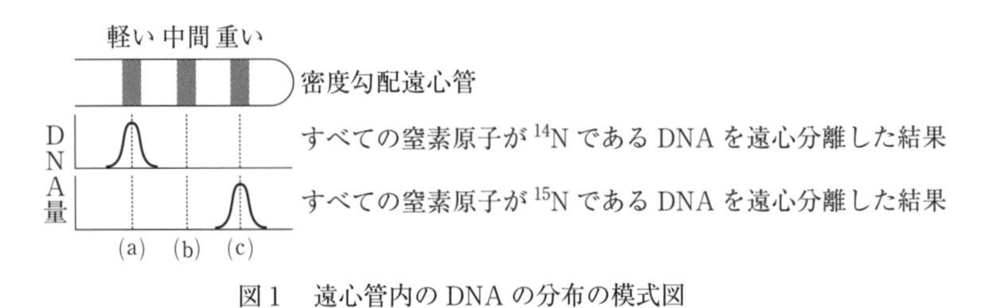

図1　遠心管内のDNAの分布の模式図

問2　(1)　文中の［　　］内に入る適切な語を答えよ。

(2)　このようなDNAの複製のしくみを［　　］内の語の意味がわかるように120字以内で説明せよ。

〈埼玉大〉

27 体細胞分裂と細胞周期 基

細胞周期を観察するために，非同調的に分裂増殖しており，ある決まった長さの細胞周期をもつヒトの培養細胞を準備し，一定時間培養した。はじめに，培養開始後の細胞数の変化を顕微鏡で計測したところ，図1のような結果が得られた。次に，培養開始後60時間の細胞を用いて，細胞1個あたりのDNAの相対量を実際に測定したところ，図2のようになった。このグラフを解析した結果，細胞1個あたりのDNAの相対量がおおよそ2であるCの部分の細胞数は，解析した全細胞数の25%であった。

ブロモデオキシウリジン(BrdU)は，チミンと構造がよく似た物質であり，培養液中にBrdUを添加しておくことで，DNA合成の過程で新しくつくられるDNAにBrdUが取り込まれ，特殊な色素で染色すると顕微鏡で観察できるようになる。培養開始後60時間の細胞の培養液中にBrdUを添加し，10分後に再びBrdUを含まない新しい培養液に交換した後，顕微鏡で一部の細胞を観察した。なお，BrdUを添加していた時間は細胞周期の各時期に比較して十分短かったものとする。その結果，20%の細胞のDNAにBrdUが取り込まれていた。次に，一定時間おきに一部の細胞を取り出して顕微鏡で観察した。その結果，［　ア　］期にBrdUを取り込んだ細胞がM期に入ったようすが，4時間後にはじめて観察された。

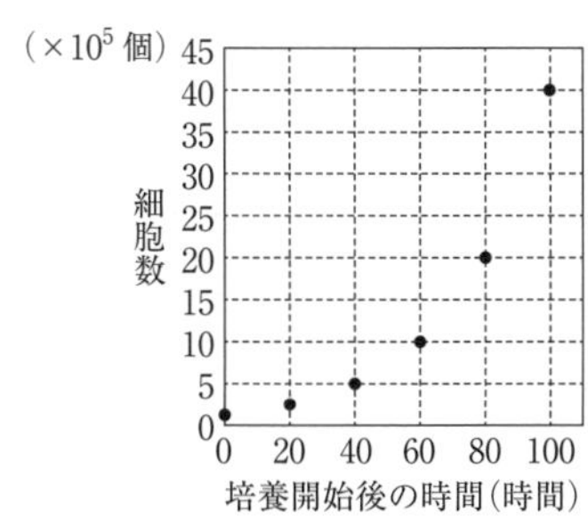

図1　培養開始後の細胞数の変化

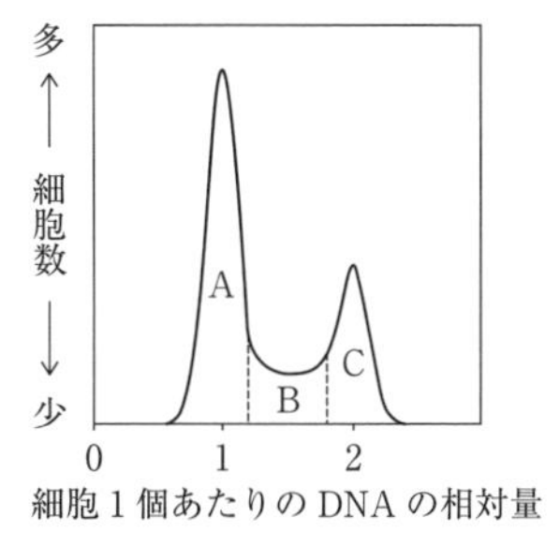

図2　細胞あたりのDNAの相対量と細胞数の関係

問1　細胞分裂中に観察された次の①～⑥の現象のうち，分裂期の前期，中期，後期および終期に観察されるものとして適当なものをそれぞれすべて選べ。

① 紡錘体の形成が始まった。

② 核膜や核小体が再び現れた。

③ 染色体が紡錘体の中央面である赤道面に並んだ。

④ 分かれた染色体が，細胞の両極に向かって移動した。

⑤ 細胞の赤道面の部分がくびれ，細胞が2つに分かれた。

⑥ ひも状の染色体が現れ，やがて核膜と核小体が見えなくなった。

問2　図1の結果から，この培養条件における細胞周期のおおよその平均時間を答えよ。

問3　図2について，G_1期，S期，G_2期，M期の大部分の細胞が，それぞれA，B，Cのどの部分に含まれるかを答えよ。

問4　文中の下線部および空欄［ア］について，次の(1)～(3)に答えよ。

(1) 文中の空欄［ア］にあてはまる最も適当な語を答えよ。

(2) 本文および図1，2を参考にしてG_2期とM期を合わせた時間を求めよ。

(3) 観察した細胞が，それぞれG_1期，S期，M期に要する時間を求めよ。

〈東邦大〉

11 遺伝子の発現

28 転写と翻訳のしくみ

図1は，ある遺伝子 *W* から転写後につくられたmRNAの正常な塩基配列の一部であり，開始コドンにあたる部分を含んでいる。遺伝子 *W* には，突然変異が知られている。

図1

個体Xでは，塩基配列の左から18番目の塩基Uが塩基Gに置換していた。個体Yでは，塩基配列の左から19番目の塩基Cが塩基Aに置換していた。しかし，個体XとYの遺伝子 *W* からつくられる翻訳産物の機能は，正常な遺伝子 *W* からつくられる翻訳産物の機能と変わらなかった。一方，個体Zでは，塩基配列の左から20番目の塩基Aが欠失しており，遺伝子 *W* からつくられる翻訳産物の機能がなくなってしまっていた。

問1　遺伝暗号表(表1)を参考にして，図1のmRNAの塩基配列によってコードされるアミノ酸配列を答えよ。

問2　図1に示されるmRNAを合成するもととなったDNAのうち，センス鎖の塩基配列を答えよ。解答には，5′，3′の鎖の方向性を示すこと。

問3　図1のmRNAを用いて翻訳が進行するとき，最初にアミノ酸をリボソームに運び込むtRNAのアンチコドンの塩基配列を答えよ。解答には，5′，3′の鎖の方向性を示すこと。

表1　遺伝暗号表

第1塩基	第2塩基 U	第2塩基 C	第2塩基 A	第2塩基 G	第3塩基
U	フェニルアラニン	セリン	チロシン	システイン	U
					C
	ロイシン		(終止)	(終止)	A
				トリプトファン	G
C	ロイシン	プロリン	ヒスチジン	アルギニン	U
					C
			グルタミン		A
					G
A	イソロイシン	トレオニン	アスパラギン	セリン	U
					C
			リシン	アルギニン	A
	メチオニン(開始)				G
G	バリン	アラニン	アスパラギン酸	グリシン	U
					C
			グルタミン酸		A
					G

問4　個体XとYの遺伝子 *W* からつくられるタンパク質は，どのような一次構造をもつか。それぞれ25字以内で説明せよ。

問5　個体Zで，下線部の現象が起きた理由として考えられることを，表1の遺伝暗号表をもとに80字以内で説明せよ。

〈京都産業大〉

12 遺伝子の発現調節

29 原核生物の遺伝子発現調節

大腸菌がグルコースを含む培地で生育しているときは，図1に示すように，ラクトース代謝酵素の遺伝子群(遺伝子 *A*，*B*，*C*)とは別の場所にある［ア］遺伝子によってつくられたリプレッサーとよばれるタンパク質がDNAの領域 *O* に結合する。このため，［イ］がプロモーターに結合できなくなり，遺伝子 *A*，*B*，*C* の転写が起こらない。しかし，グルコースがない条件で，ラクトースを含む培地に移すと，図2に示すように，リプレッサーがラクトースの代謝産物(誘導物質)と結合して立体構造が変化し，領域 *O* に結合できなくなる。これにより，［イ］がプロモーターに結合して，遺伝子 *A*，*B*，*C* の転写が起こる。このとき3つの遺伝子は1つのmRNAとして転写され，さらにこの転写は，プロモーターに隣接する領域 *O* へのリプレッサーの結合の有無によって制御されている。このように，1つのプロモーターないし領域 *O* によってまとまった制御を受ける遺伝子群を［ウ］という。このような転写調節のしくみはジャコブとモノーによって提唱され，［ウ］説とよばれる。

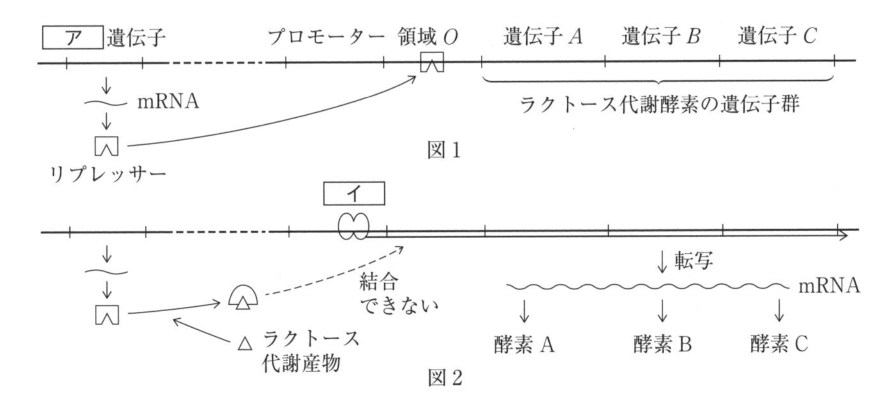

図1
図2

問1　文中の空欄に適語を入れよ。

問2　領域 O の名称を答えよ。

問3　次の(1)～(4)の変異をもつ大腸菌，および野生型(正常)の大腸菌に，グルコースを含まない培地でラクトースを与えた場合，与える前後でのラクトース分解活性はどのようになるか。下表の①～④から最も適切なものをそれぞれ1つずつ選べ。

(1)　リプレッサーが合成できない変異株
(2)　ラクトース代謝産物と結合できないリプレッサーをつくる変異株
(3)　リプレッサーが結合できない領域 O をもつ変異株
(4)　野生型(正常)

	①	②	③	④
ラクトースを与える前	＋	＋	－	－
ラクトースを与えた後	－	＋	－	＋

＋：活性が高い　－：活性が低い

問4　原核細胞の遺伝子発現のしくみが真核細胞と異なる点を，次の語をすべて用いて100字以内で説明せよ。〔転写，翻訳，スプライシング〕

〈名城大〉

30 真核生物の遺伝子発現

真核生物において，DNA はヒストンに巻きついてヌクレオソームを形成し，繊維状の染色体の構造をとる。遺伝子が発現するとき転写と翻訳が行われるが，ヒストンが修飾を受けて DNA との結合が弱くなることで，DNA の［ア］領域に転写の開始をつかさどる［イ］や RNA ポリメラーゼが結合し，さらに［ウ］に結合した調節タンパク質と共に複合体が形成されることで，転写が開始される。転写で得られた RNA からは真核生物の遺伝子の構造上，a スプライシングにより伝令 RNA(mRNA)が生成され，翻訳されるためにリボソームに移る。翻訳とは mRNA の遺伝暗号をアミノ酸に変換していくことであり，mRNA の特定の遺伝暗号と相補的に対応するアミノ酸をリボソームに運ぶ転移 RNA(tRNA)がその役割を担う。ときに，b DNA の塩基配列に突然変異が起こり，連結されるアミノ酸の種類や数に変化が生じることがある。

問1　文中の空欄に適語を入れよ。

問2　下線部aについて，スプライシングは組織や性，発生段階に応じて柔軟性をもって行われることがある。この選択的スプライシングについて，「遺伝子」と「mRNA」の語句を用いて80字以内で説明せよ。

問3　下線部bについて，DNAの塩基配列に生じる突然変異には，(i)「挿入や欠失」のほか，(ii)「置換」がある。挿入，欠失，置換した塩基は1個と考えて，次の(1)，(2)に答えよ。

(1)　一般に，個体の形質に及ぼす影響は，(i)は大きく，(ii)は小さい。その理由を，コドン表の特徴をもとに100字以内で説明せよ。

(2)　しかし，(i)でも個体の形質に変化が全く生じない場合がある。いくつかの可能性のうちの1つを40字以内で説明せよ。

〈三重大〉

13　バイオテクノロジー

31　DNAクローニング(PCR法)

目的の塩基配列のDNA鎖を短時間で大量に増幅させるにはPCR法が有効である。そこで，ある生物試料(サンプル)中のDNAをもとにしてPCR法の実験を行った。鋳型となるDNAを含むサンプル溶液，DNAの材料となる4種類のヌクレオチド，2種類の$_a$<u>短い1本鎖DNA</u>，$_b$<u>DNAを複製させる酵素</u>を混合した。それらの混合液を95℃，60℃，72℃に，その順で一定時間ずつさらし，その操作を一定の回数(サイクル数)繰り返して目的の塩基配列のDNAを増幅させた。

問1　下線部aとbについて，次の(1)～(3)に答えよ。

(1)　PCR法に用いられる下線部aの名称を答えよ。

(2)　下線部bの名称を答えよ。

(3)　PCR法で用いられる(2)は，一般的なものと比較して異なる性質をもつ必要がある。どのような性質か，30字以内で説明せよ。

問2　下図の塩基配列をもつ2本鎖DNAをPCR法で増幅させたい。ただし，2本鎖のうちの一方の鎖の5′側からの塩基配列のみを記してある。PCR法を実行するためには，2種類の短い1本鎖DNAを，次の塩基配列中に示した2カ所の2重下線部に対して，それぞれ設計する必要がある。その設計として正しいものを次の①～⑥から2つ選べ。

5′-<u>AGCAATCTCTCGATCTCG</u>GGACAGCTAGCTGGGTTTATCTTTCAATT
GGATAGCTGAAATCTAGCTAGGGAGATCATGCTAGCTAGCTATTTCGG
GCCGGTAATGCTAGCTGATCGATTGATCGTTAGCTAGCTGGTTGGGCCG
ATCGTAGGGTCGCTAT<u>CGATTCGATCCGCTCTTG</u>-3′

①　5′－AGCAATCTCTCGATCTCG－3′
②　5′－CGATTCGATCCGCTCTTG－3′
③　5′－CGAGATCGAGAGATTGCT－3′

④ 5′－CAAGAGCGGATCGAATCG－3′
⑤ 5′－TCGTTAGAGAGCTAGAGC－3′
⑥ 5′－GCTAAGCTAGGCGAGAAC－3′

問3 PCR法における温度設定は，DNA増幅の効率などに大きく影響する要素である。95℃を85℃に変更したところ，DNAは全く増幅されなくなった。その理由を30字以内で述べよ。

問4 AとBのサンプル溶液を用いて，目的のDNAが正確かつ効率的に増幅されるように調整されたPCR法を同時並行で実行した。その増幅中のDNA量を経時的に測定した結果を図1に示す。2種類のサンプル溶液には，同一生物種由来のDNAが異なる濃度で入っているが，それ以外の条件はすべて同一である。また，この調整されたPCR法では，1サイクルでDNA量が2倍になることを確認している。PCR法の実行前にBに含まれていた目的の塩基配列をもつDNAの濃度は，Aにおけるその濃度の何倍であったか答えよ。 〈長崎大〉

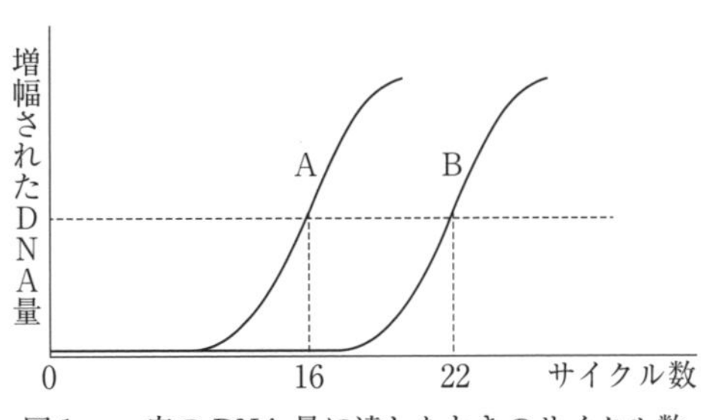

図1 一定のDNA量に達したときのサイクル数をAとBのそれぞれについて示す。

32 DNAシークエンス(サンガー法)

DNAの塩基配列を調べるための方法の1つとして，サンガー法がある。この方法では，糖の構造が異なる特殊なヌクレオチドを取り込むとDNA合成が止まることを利用する。このようにして合成されたさまざまな長さのヌクレオチド鎖を，ゲル電気泳動法により長さの順に並べて塩基配列を読み取ることができる。

あるDNAの塩基配列を調べるために，サンガー法を行った。DNA合成に用いる4つの反応液には，鋳型となるDNA鎖(Xとする)と反応を開始させるためのプライマー，DNAポリメラーゼ，DNA合成の基質となる通常の4種のヌクレオチドを加えた。さらに，A，T，G，Cのいずれか1種類の塩基を含む特殊なヌクレオチドを，それぞれ1つの反応液に加えてDNA合成を行った。それぞれの反応液で合成されたヌクレオチド鎖を試料としてゲル電気泳動法で分析した結果を図1に示す。図中のA^*はAを含む特殊なヌクレオチドを加えた反応液を電気泳動したレーン(列)を表し，他のレーンについても同様にT^*，G^*，C^*と表す。

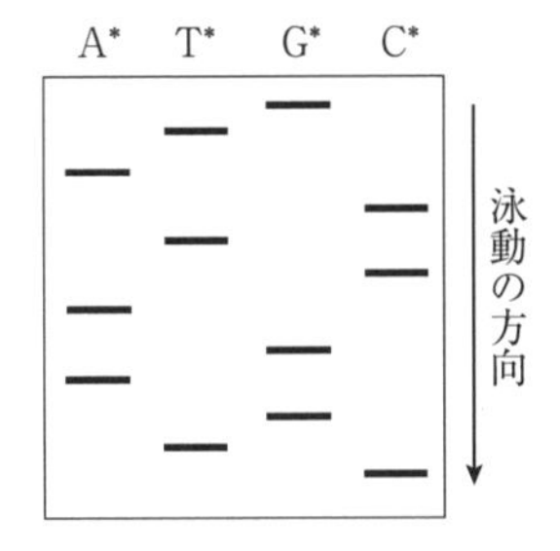

図1 ゲル電気泳動の結果

問1　DNAのゲル電気泳動についての記述として適切なものを，次からすべて選べ。
① 水溶液中ではDNAは正の電荷を帯びている。
② 水溶液中ではDNAは負の電荷を帯びている。
③ 泳動距離は鎖長の短いものほど長くなる。
④ 泳動距離は鎖長の長いものほど長くなる。
⑤ DNAは陽極から陰極に向かって泳動される。
⑥ DNAは陰極から陽極に向かって泳動される。

問2　(1)　ゲル電気泳動の結果から得られるDNA鎖Xの塩基配列として，最も適切なものを次から1つ選べ。

① 5′－GTACTCAGAGTC－3′　　② 5′－GUACUCAGAGUC－3′
③ 5′－CTGAGACTCATG－3′　　④ 5′－CUGAGACUCAUG－3′
⑤ 5′－CATGAGTCTCAG－3′　　⑥ 5′－CAUGAGUCUCAG－3′
⑦ 5′－GACTCTGAGTAC－3′　　⑧ 5′－GACUCUGAGUAC－3′

(2)　(1)での解答の根拠を，100字以内で述べよ。ただし，解答には次の語をすべて用いること。〔鋳型となる鎖，合成された鎖，方向性〕　〈北里大〉

33　遺伝子組換え

菌体内で増殖する環状2本鎖のDNAを，プラスミドという。プラスミドは塩基数にして数千から数万のもので，目的の遺伝子をつないだプラスミドを大腸菌などに入れると，プラスミドが細胞内で増殖することにより目的の遺伝子を増やせる。大腸菌には，プラスミドを取り込む性質がある。このため，プラスミドは，ベクターとして利用される。

以下の実験で使用したpUC19プラスミドは，図1に示すように，抗生物質アンピシリンの作用を抑える遺伝子(*Amp*^{r})と，ラクトース(乳糖)を分解する酵素であるβ-ガラクトシダーゼの遺伝子(*lacZ*)を含む。このプラスミドには特定の塩基配列を認識して切断する［　ア　］である*Eco*RIにより認識される部位が*lacZ*の中央付近に1つだけあり，その塩基配列を図2の中に示す。

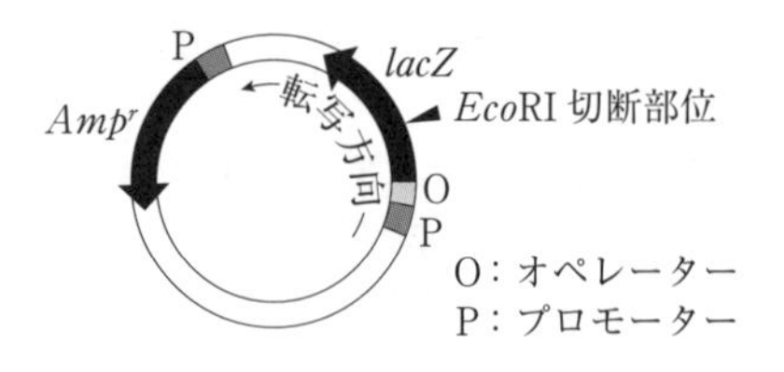

図1　pUC19プラスミド

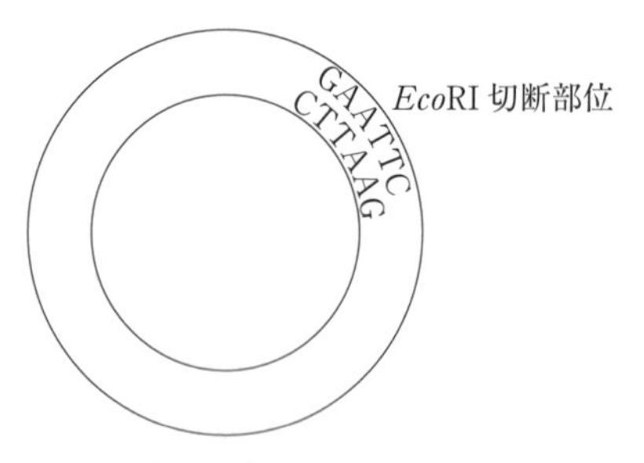

図2　制限酵素*Eco*RI切断部位の拡大

----GAATTC ----CTTAAG	遺伝子 *Y*	GAATTC---- CTTAAG----

図3　導入しようとする遺伝子 *Y*

*Eco*RIを作用させて$_a$pUC19プラスミドを切断した。また，*Eco*RIを作用させて$_b$ヒトの遺伝子 *Y* を含むDNA断片を取り出した。図3に示したように，遺伝子 *Y* の両末端付近にのみ*Eco*RI

で切断される部位がある。このプラスミドと遺伝子 Y を含む DNA 断片を混合し，両者を結合させる［　イ　］を作用させることにより，c遺伝子 Y をプラスミドの中に組み込ませる操作を行った。これを，Amp^r 遺伝子をもたない大腸菌と混ぜ，アンピシリンと IPTG(*lacZ* の発現を誘導する物質)と X-gal(無色の化学物質で，β-ガラクトシダーゼが作用すると青色の化学物質に変化する発色基質)を含む寒天培地で培養した。寒天培地上には，それぞれが1個の大腸菌から分裂・増殖によって形成されたコロニー(集落)が複数形成された。コロニーには，d青色や白色のものが混じっていた。

問1　文中の空欄に最も適する酵素の名称(総称)を入れよ。

問2　下線部aについて，*Eco*RI は，DNA 塩基配列のうち，GAATTC 配列のGとAの間を切断する。pUC19 プラスミドの *Eco*RI による切断後の模式図を，図2をもとに作製して図示せよ。

問3　下線部bの *Eco*RI を用いて取り出した遺伝子 Y の切断後の模式図を，図3をもとに作製して図示せよ。

問4　下線部cの遺伝子組換えにより，遺伝子 Y を組み込ませたプラスミドの模式図を，図2と図3をもとに作製して図示せよ。ただし，切断点をつないだ部分の塩基配列を明記すること。

問5　ここで用いたpUC19 プラスミドでは *Eco*RI について1つの切断箇所しかないが，この酵素 *Eco*RI を用いて，全長 2.96×10^4 塩基対の DNA を切断すると，切断箇所は理論上何カ所となるか。ただし，ここで切断する DNA には4種類の塩基の数にかたよりはなく，すべて同数ずつ含まれるものとする。小数第一位を四捨五入して整数値で答えよ。

問6　下線部dの青色と白色のコロニーは，それぞれどのようなプラスミドをもつ大腸菌が増殖してできたと考えられるか，その理由とともにそれぞれ80字以内で説明せよ。

問7　この実験で，アンピシリンを含まない寒天培地を用いた場合，アンピシリンを含む寒天培地を用いた場合と比べて，生じるコロニーの数に違いがあるか，その理由とともに60字以内で説明せよ。

〈秋田大・獨協医大〉

第5章 生殖と発生

14 配偶子形成

34 生殖法

生物のさまざまな生殖について説明した以下の(i)〜(vi)に関する問いに答えよ。

(i) 根，茎，葉などの一部から直接新しい個体がつくられる。

(ii) 個体が均等に分かれて新しい個体となる。

(iii) 減数分裂によって生じた配偶子2個が合体することで新しい個体が生まれる。

(iv) (iii)のうち，特に卵と精子が合体して新しい個体が生まれる。

(v) 減数分裂によって形成された胞子から，新しい個体が生じる。

(vi) からだから芽が出るようにして新しい個体が生じる。

問1 (i)〜(vi)のうち，有性生殖に相当するものをすべて選べ。

問2 無性生殖と有性生殖の利点を，それぞれ40字以内で述べよ。〈富山県大〉

35 減数分裂の過程

右図は，ある動物の細胞を同じ方向から観察し，減数分裂各期の特徴を模式的に示したものである。

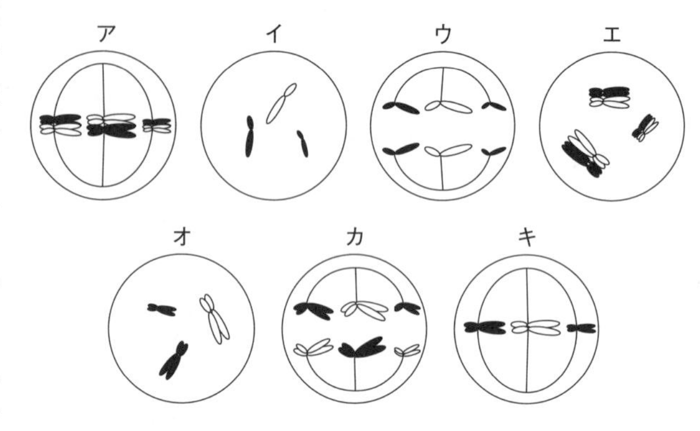

問1 第一分裂後期，第二分裂中期を示している図をそれぞれ1つずつ選べ。

問2 この動物の体細胞の染色体数は［ A ］n ＝［ B ］の形でどのように表せるか，空欄に数字を入れよ。

問3 減数分裂時には相同染色体の間で交さが起こり，染色体の一部が交換される乗換えが起こる場合がある。これが減数分裂のどの時期に起こるかを答え，その時期を示す図を上から1つ選べ。

問4 体細胞の染色体数が $2n=12$ の生物について，次の(1)と(2)に答えよ。

(1) 1個の母細胞からつくられる配偶子の染色体の組合せは何通りあるか。ただし，乗換えは起こらないものとする。

(2) 1個体がつくる多数の配偶子の染色体の組合せは何通りあるか。ただし，乗換えは起こらないものとする。

問5 体細胞のDNA量をCとすると，(a)体細胞分裂後期，(b)減数分裂第一分裂後期，(c)減数分裂第二分裂中期の細胞あたりのDNA量はそれぞれどのように表せるか。ただし，ミトコンドリアなどの細胞質中のDNAについては考えないものとする。

問6　動物では配偶子を，植物では［ C ］ないしは［ C ］に相同な細胞を形成する際に減数分裂が行われる。配偶子と［ C ］をまとめて［ D ］とよぶ。

(1)　［ C ］と［ D ］に最も適当な語句を入れよ。

(2)　配偶子を形成する際に減数分裂を行う意義を，それぞれ40字以内で2点説明せよ。

〈岩手医大〉

36 動物の配偶子形成

図1，2は，染色体数が$2n$の動物の，精子と卵の形成過程の一部における，細胞直径と核相の変化を模式的に示している。

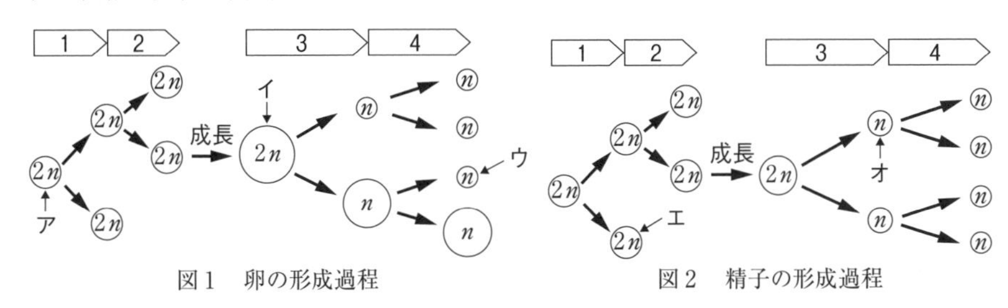

図1　卵の形成過程　　図2　精子の形成過程

問1　図1と2の上側1から4の矢印に最も適した細胞分裂の名称をそれぞれ答えよ。

問2　図1および2中の，イ，ウ，オの細胞の名称を答えよ。

問3　図1において，不均等な細胞分裂によりもたらされる利点を40字以内で説明せよ。

問4　動物精子の一般的な形態について，模式的に記せ。核，ミトコンドリア，先体，鞭毛を図示し，矢印で名称を記すこと。

問5　(1)　減数分裂における核あたりのDNA量の変化を示す折れ線グラフを，下図に描き込め。ただし，精子の核内に含まれるDNA量を1とする。

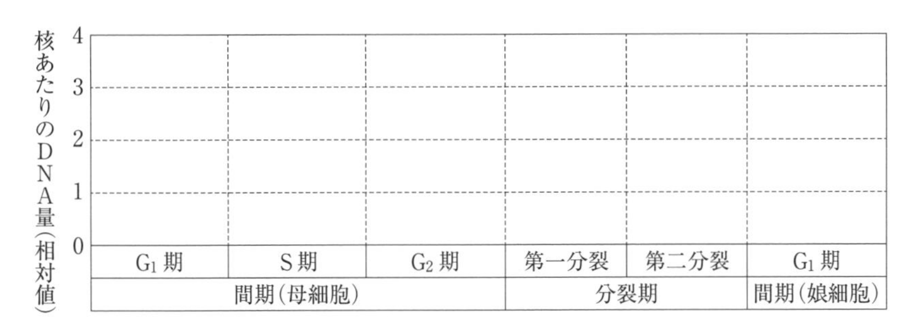

(2)　図1および2中の細胞ア〜オの核あたりのDNA量は，それぞれ作成したグラフの相対値でいくらと表すことができるか。ただし，その後に分裂する細胞については，分裂直前の状態にあるものとする。

〈秋田県大〉

15 配偶子の遺伝的多様性

37 独立と連鎖

ある生物の，遺伝子型 *AABBDD* の個体と *aabbdd* の個体を掛け合わせて F_1 を得た。さらに F_1 と *aabbdd* の個体との掛け合わせを行った。遺伝子 *A*，*B*，*D* は遺伝子 *a*，*b*，*d* に対してそれぞれ顕性(優性)であり，遺伝子 *A*(*a*)と遺伝子 *B*(*b*)は連鎖していない。また，設問文中の〔　　〕は，遺伝子型によって決まる表現型を表す。すなわち，*AABBDD* の表現型は〔ABD〕と表すことができる。

問1　F_1 の遺伝子型を答えよ。

問2　F_1 と *aabbdd* との掛け合わせで得られた子について，その表現型の分離比(〔AB〕:〔Ab〕:〔aB〕:〔ab〕)を答えよ。

問3　F_1 と *aabbdd* との掛け合わせで得られた子について，その表現型の分離比は〔AD〕:〔Ad〕:〔aD〕:〔ad〕=7：1：1：7であった。この結果からどのようなことがいえるか。次から正しいものを2つ選べ。

① 遺伝子 *A*(または *a*)と遺伝子 *D*(または *d*)は，互いに独立している。
② 遺伝子 *A*(または *a*)と遺伝子 *D*(または *d*)は，完全に連鎖している。
③ 遺伝子 *A*(または *a*)と遺伝子 *D*(または *d*)は，不完全に連鎖している。
④ 組換え価は0％である。　⑤ 組換え価は12.5％である。
⑥ 組換え価は50％である。　⑦ 組換え価は87.5％である。

問4　問1における F_1 の遺伝子構成はどのようになっているか。右のモデル図は2組の相同染色体(Ⅰ)と(Ⅱ)を表し，遺伝子 *D* の位置のみ指定してある。なお，陰がついている染色体が，遺伝子型 *AABBDD* の個体に由来する染色体である。モデル図中の(ア～オ)に相当する遺伝子をそれぞれ1つずつ答えよ。

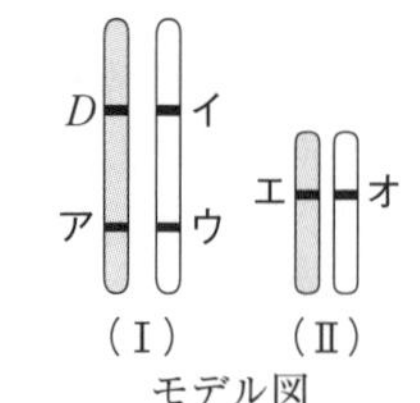

モデル図

問5　この生物の遺伝子 *E*(*e*)，*G*(*g*)（大文字は小文字に対して顕性の対立遺伝子(アレル)）に注目し，遺伝子型 *EEgg* の個体と *eeGG* の個体の掛け合わせで得られた F_1 の検定交雑を行った。その組換え価が10％であった場合，F_1 どうしの掛け合わせで得られる F_2 の表現型の分離比(〔EG〕:〔Eg〕:〔eG〕:〔eg〕)を答えよ。

〈神戸薬大〉

38 X染色体の不活性化

三毛ネコ(茶毛と黒毛と白斑)の毛色の発現には2対の対立遺伝子(アレル)が関係している。まず1対は「白斑を生じる(顕性(優性)形質)」遺伝子 *A* と「白斑を生じない(潜性(劣性)形質)」遺伝子 *a* で，これらの遺伝子は常染色体にある。もう1対は毛色を「茶色にする」遺伝子 *B* と「黒色にする」遺伝子 *b* である。これらの遺伝子はX染色体にある。ネコの性決定は，ヒトと同じ雄ヘテロのXY型で，雌はX染色体を2本もつ。例えば，AAX^BX^B は茶毛に白斑が入った茶白斑になる。さらに，胚発生初期の細胞で，どちらか一方のX染色体に不活性化(遺伝子の発現が抑制されること)が起こり，これが娘細胞にも引き継がれる。どちらのX染色体が不活性化されるかは細胞ごとに無作為に決まるため，遺伝子 B と b をもつ個体は，細胞によって異なった対立遺伝子が発現し，黒毛と茶毛のまだら模様となる。この個体に遺伝子 A の作用が加わると，いわゆる三毛になる。

問1　黒毛の母親が，(ア)三毛，(イ)黒毛，(ウ)黒白斑，および(エ)黒茶まだらの子を生んだ。これらの子(ア)～(エ)の遺伝子型として，母親と子の表現型だけから考えられるものをそれぞれすべて答えよ。

問2　**問1**で生まれた子は同一の父親をもつとする。

(1)　父親の表現型と遺伝子型として考えられるものを答えよ。

(2)　このとき可能性が消失する，**問1**で解答した遺伝子型をすべて答えよ。

問3　三毛のほとんどは雌であるが，まれに三毛の雄も生まれる。その原因のひとつにX染色体を２本もつ染色体異常があげられる。すなわち，体細胞の性染色体構成がXXYとなっている個体では，Y染色体をもつため雄であり，２本のX染色体上に遺伝子 B と遺伝子 b をあわせもつことができる。

(1)　哺乳類の場合，Y染色体上に精巣形成にはたらく遺伝子が存在している。この遺伝子の名称を答えよ。

(2)　XXYの雄が生まれる際には，母親あるいは父親の配偶子形成過程に異常があったことが考えられる。XXYの雄が生まれるしくみについて，具体的に100字以内で説明せよ。　〈東京海洋大〉

16 発生の過程

39 ウニとカエルの発生

動物の発生初期にみられる体細胞分裂を特に${}_a$卵割という。動物の卵では［ア］の生じる側を動物極，反対側の極を植物極という。ウニの卵は卵黄が比較的少なく卵全体に均一に分布する［イ］で，${}_b$受精後，第三卵割まではどの割球もほぼ同じ大きさとなる等割である。一方，カエルの卵は卵黄が植物極側にかたよって分布している［ウ］で，第三卵割がやや動物極側よりに起こるため，植物極側の割球が動物極側の割球よりも大きくなる。したがって，不等割とよばれる。

ウニでは，卵割が進むと胚はクワの実の形をした［エ］となり，その後胞胚となる。胞胚は表面に多数の［オ］を生じた後，回転運動を開始する。続いて，細胞が陥入し始めると原腸胚となる。原腸が伸びて外胚葉に接し，そこが開いて１本の管である消化管となる。その後，各胚葉から器官が形成され，プリズム幼生を経た後，プルテウス幼生となる。

カエルの卵の受精卵も卵割が進むと［エ］を経て胞胚となる。さらに発生が進むと，灰色三日月環の下の植物極側に半月状の溝ができ，この部分から陥入が始まり${}_c$原腸胚となる。原腸陥入の終わりごろ，胚の背側外胚葉が厚く平らになり，神経板が形成される。その後，神経板の周辺部がもり上がり背側の中央で融合して内部に管ができる。この管を神経管という。このように，神経管が形成される時期の胚を${}_d$神経胚という。さらに発生が進むと胚は前後に伸びて尾の形成が始まり［カ］となり，その後オタマジャクシとなる。

問1　上の文中の空欄に適語を入れよ。

問2　下線部aの卵割が，一般の体細胞分裂と異なる特徴を60字以内で説明せよ。

問3　下線部bの受精の過程について記した，次の文中の空欄に適語を入れよ。

ウニの精子が未受精卵のゼリー層に接触すると，小胞の中身が放出されると同時に［キ］が形成される。この一連の現象を［ク］とよび，精子は伸びた［キ］の先端で卵の［ケ］と融合して受精にいたる。最初の精子が融合した刺激は，卵の［ケ］に電気的な変動をもたらし，一定の時間，他の精子は卵と融合できなくなる。その間に，卵の［ケ］の直下にある［コ］の内容物が，卵の［ケ］と［サ］の間に放出される。この現象を［シ］とよぶ。その結果，［サ］は［ケ］から遊離して持ち上がり，［ス］に変化することで，他の精子の進入は完全に阻止される。

問4　ウニとカエルの発生に関する記述として，最も適当なものを次から1つ選べ。

① ウニの胞胚腔は動物極側にかたよって生じる。
② カエルでは胞胚の時期にふ化が起きる。
③ ウニの胞胚は一層の細胞からなる。
④ カエルでは原口が将来，口になる。
⑤ ウニもカエルも胞胚期に3種類の胚葉が生じる。

問5　下線部cのカエルの原腸胚について，正中断面（後の口と肛門が形成される位置を通り，背腹軸に直行する縦断面）を模式的に描け。外胚葉を斜線，内胚葉を点描，中胚葉を塗りつぶしで示すこと。

問6　下線部dの神経胚の横断面を図1に示してある。図2は，局所生体染色法により染色した両生類の胞胚の予定の胚域を示している。

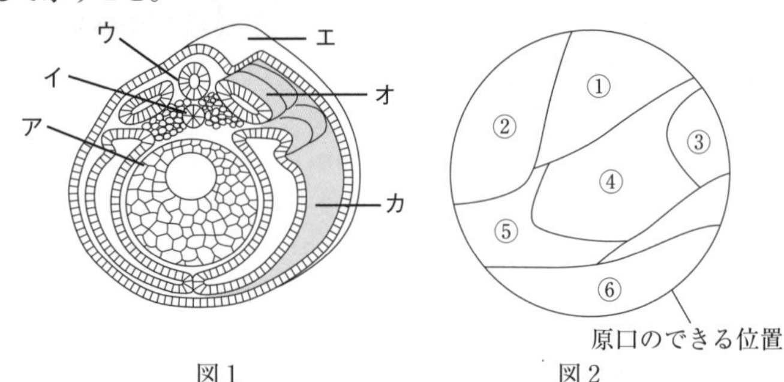

図1　　図2

(1) 図1のア～カは図2の①～⑥のどの部分に由来するか。それぞれ1つずつ選べ。

(2) 次の(i)～(iv)の器官または組織は，それぞれ図2の予定の胚域①～⑥のどれに主に由来するか。それぞれ1つずつ選べ。

(i) 血管　　(ii) 肺　　(iii) 肝臓　　(iv) 脊椎骨

(3) 脊椎動物の組織は，上皮組織，結合組織，筋組織，神経組織に大別される。これらのうち，筋組織と神経組織は，それぞれ図2の予定の胚域①～⑥のどれに主に由来するか。筋組織は2つ，神経組織は1つ選べ。

〈昭和女大・東海大・藤田保健衛生大〉

17 発生のしくみ

40 中胚葉誘導

細胞の分化に関して，下記の２つの実験を行った。

実験１：アフリカツメガエルの胞胚を図１の点線のように分離して，A～Dの異なる条件で培養し，アニマルキャップからどのような組織が分化するか観察した。その結果，図２のような結果が得られた。

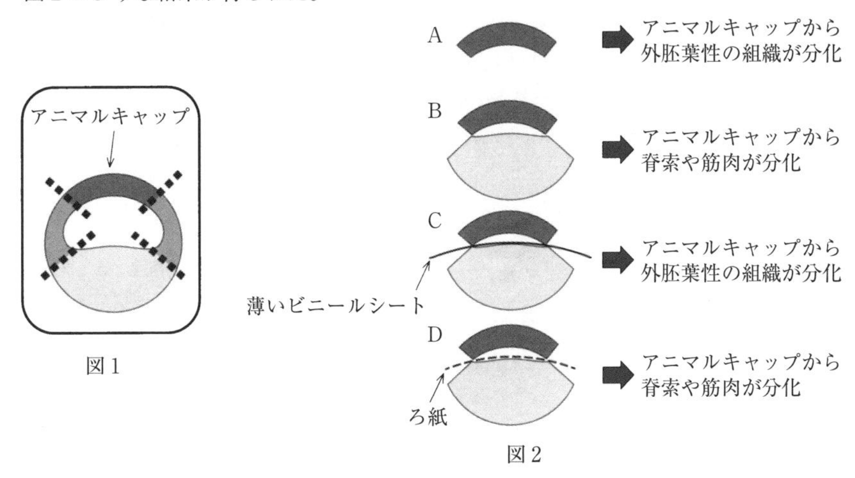

図１

図２

問１　図２のAとBの結果からわかることを，発生運命，誘導，形成体という語を入れて，100字以内で説明せよ。

問２　図２のB，C，Dの結果からわかることを，60字以内で説明せよ。

実験２：クシイモリで原口が形成されて間もない時期の胚から原口背唇(原口背唇部)を切り取り，スジイモリの同じ時期の胚の腹側に移植すると，尾芽胚期のスジイモリに二次胚が観察された。

問３　形成された二次胚を調べた結果として最も適切なものを，次から１つ選べ。

① 二次胚の内胚葉の大部分は，クシイモリの細胞からできていた。
② 二次胚の神経管と表皮の大部分は，クシイモリの細胞からできていた。
③ 二次胚の脊索は，クシイモリの細胞からできていた。
④ 二次胚のすべての領域が，クシイモリの細胞からできていた。

問４　両生類の細胞の分化に関する説明として間違っているものを，次からすべて選べ。

① 初期原腸胚の予定表皮域と予定神経域の発生運命は，決定済みである。
② 眼杯からの誘導を受けて，表皮から眼の水晶体が分化する。
③ 眼球の網膜は，眼胞の一部が分化して形成されたものである。
④ 細胞の分化の方向性は，発生が進むにつれて変更しにくくなっていく。

〈富山大〉

41 神経誘導

両生類では，受精後，卵表面が約30°回転する。この表層回転によって，精子進入点の反対側に周囲と色の濃さが異なる［ア］とよばれる領域が生じ，これが生じた側が将来の背側，反対側が腹側となる。この背腹軸の決定のしくみは次のように考えられている。表層回転に伴って，植物極側に局在するタンパク質Dが［ア］の領域に移動し，これによってさまざまな遺伝子が発現するようになり，植物極側でタンパク質Nが背側から腹側に向かって濃度勾配をつくって分布する。この結果，タンパク質Nが動物極側にはたらきかけることで，背腹軸に沿った帯域に各種の中胚葉性の組織がつくられる。続いて，原腸胚期になると，背側の中胚葉である原口背唇(原口背唇部)が陥入して外胚葉を裏打ちするようになり，裏打ちされた外胚葉から神経組織が分化する。原口背唇のように，接する細胞群の分化の方向を決めるはたらきをもつ領域を［イ］という。

図1に示すように，イモリの胞胚から動物極周辺の外胚葉域(アニマルキャップ)を切り出し，これを単独で培養すると，表皮に分化した。また，これを原口背唇と接触させて培養すると，神経に分化した。このことから，外胚葉域はもともとは①{(ア)表皮，(イ)神経}になる運命であるが，誘導を受けると②{(ア)表皮，(イ)神経}に分化すると考えられていた。ところが，外胚葉域から神経組織が分化するしくみについて，次のような実験結果が得られている。

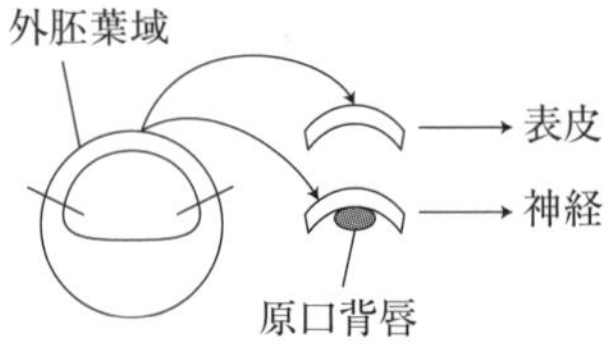

図1

実験結果1：外胚葉域を構成する細胞を培養液中でバラバラに解離すると，細胞は神経細胞に分化した。

実験結果2：実験結果1と同様に細胞を解離し，この状態でBMPとよばれるタンパク質を加えて培養すると，神経細胞への分化が抑制され，表皮細胞への分化が促進された。

実験結果3：胚の*BMP*遺伝子の発現を抑える処理を施して胚を培養すると，予定外胚葉域全域が神経組織に分化した。

実験結果4：BMPに結合して，その受容体への作用を妨げるタンパク質であるノギンとコーディンの背腹軸に沿った濃度は，背側で高く，腹側で低かった。

このような実験結果などから，外胚葉の細胞はもともと③{(ア)表皮，(イ)神経}になる運命であるが，ある因子の影響を受け④{(ア)表皮，(イ)神経}に分化すると考えられるようになった。つまり，外胚葉の各々の細胞がある因子を分泌し，それが各細胞の受容体に結合すると⑤{(ア)表皮，(イ)神経}を分化させる遺伝子が発現して，それに分化する。この因子がBMPと考えられる。

問1　文中の［ア］と［イ］に適語を入れよ。

問2　文中の①～⑤の{　　}内から適切な語を選び，記号を記せ。

問3　実験結果1～4から，通常の発生において外胚葉域から(1)神経と(2)表皮が分化するのはなぜか，その理由として考えられることをそれぞれ100字以内で記せ。ただし，いずれかの説明中で下の語句をすべて用いること。

〔陥入，背側，腹側，ノギンやコーディン，BMP，予定表皮域，予定神経域，予定脊索域〕

〈名城大〉

18 発生と遺伝子発現

42 発生と遺伝子発現

ジョン・ガードンは，aアフリカツメガエルの未受精卵に紫外線を照射し，この卵にいろいろな発生段階にある胚の細胞から取り出した核を移植した。その結果，b核移植された卵は発生を開始し，あるものは正常な幼生になった。別の研究者は，ヒツジの未受精卵から核を取り除き，これに別種のヒツジの乳腺細胞から取り出した核を移植した。その卵を仮母のヒツジの子宮へ移植したところ，c誕生したヒツジの形質は，仮母とは異なり，核を提供したヒツジと全く同じであった。

問1　下線部aで未受精卵に紫外線を照射したのは何のためか。その目的を15字以内で説明せよ。

問2　下線部bに関して答えよ。

(1)　右図に示した，胞胚にまで発生したもののうちで成体になった割合(%)と，移植する核を取り出す時期の関係として最も適当なグラフを，図中の(ア)～(エ)から1つ選べ。

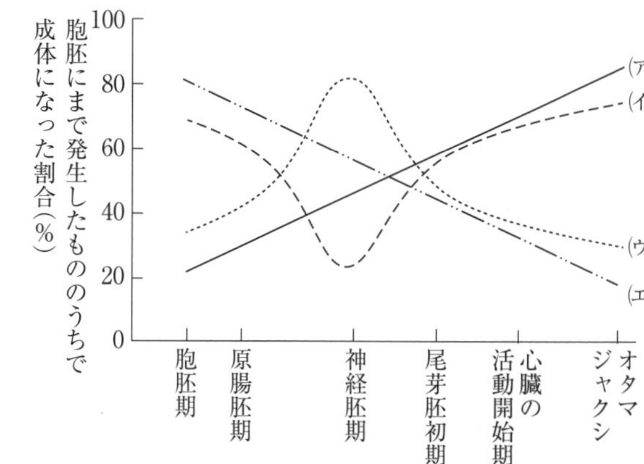

(2)　どの段階の核を移植しても成体にまで発生が進行することから，細胞分化の過程におけるゲノム内の遺伝情報と，分化した細胞の遺伝子発現はどのようになると考えられるか。50字以内で説明せよ。

(3)　移植によって核を取り囲む細胞質(細胞質基質)は，分化した細胞に含まれる核に対しどのような作用を及ぼしたと考えられるか。20字以内で説明せよ。

問3　下線部cに関して，誕生したヒツジのような生物は，一般に何とよばれているか。

〈関西大〉

43 ショウジョウバエの前後軸形成

キイロショウジョウバエの受精卵では，はじめに卵の内部で核分裂が起こる。その結果，卵は多核体になる。その後，核が卵の表面近くに移動し，そこで核が細胞膜に取り囲まれ細胞が形成される。キイロショウジョウバエの卵の前後軸の形成には，調節遺伝子の1つであるビコイド遺伝子が重要なはたらきをもつ。卵の前極には，雌親が卵形成段階で合成したビコイド遺伝子の［　ア　］が蓄積しており，受精後，［　ア　］が［　イ　］されて，ビコイドタンパク質がつくられる。合成されたビコイドタンパク質は前極から後極に向けて拡散し，このタンパク質の濃度勾配ができる。ビコイドタンパク質の濃度は，前極で最も高く，卵の後極に向かって低くなる。

問1　文中の空欄に適語を入れよ。

問2　下線部のように，卵に蓄えられた，発生過程に影響を及ぼす物質を一般に何というか。

問3　ビコイドタンパク質などのはたらきで，ショウジョウバエの胚では14個の体節が形成され，体節ごとの特有な器官形成に作用するさまざまな遺伝子が，体節ごとに特定の組み合わせで発現する。

(1)　ビコイドタンパク質などによって発現が調節され，体節形成に関係する遺伝子は分節遺伝子と総称される。分節遺伝子は大きく3つの遺伝子群に分けられるが，この遺伝子群の名称をはたらく順に答えよ。

(2)　分節遺伝子に続いてはたらく調節遺伝子が突然変異すると，触角の位置に脚が生えるなど，体の一部の器官が別の器官に置き換わるような突然変異を生じる。このような突然変異に関係する調節遺伝子は，何と総称されるか。

(3)　(2)の調節遺伝子に共通の，DNAへの結合領域のアミノ酸配列をコードする塩基配列を何というか。

問4　ビコイドタンパク質が胚の前後軸の形成にどのような役割をもつか，「濃度勾配」，「核」，「位置情報」の3つの語句を使って，60字以内で説明せよ。

問5　キイロショウジョウバエの受精卵(胚の表面が細胞に仕切られる前の受精卵)を用いて次の実験を行った。受精卵の細胞質を抜き取り，別の受精卵に移植した。その結果，移植を受けていない受精卵は，図1のような胚に発生した。これに対して，移植された受精卵は，図2のような胚に発生した。どのような移植実験が行われたと考えられるか，30字以内で説明せよ。

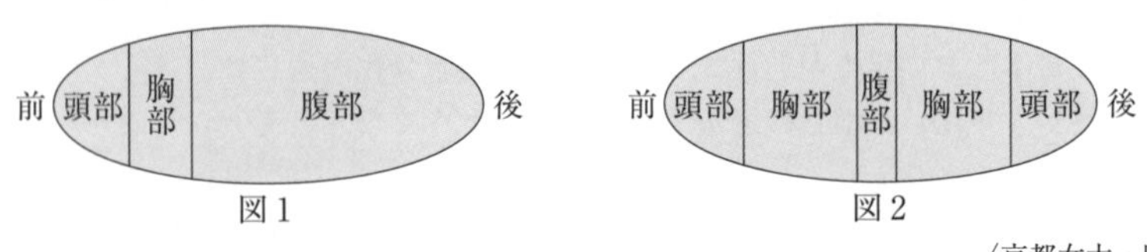

図1　　　　図2

〈京都女大・昭和大〉

44 哺乳類の発生

ヒトでは，排卵が起こった後，［ア］の中で受精が成立する。受精卵は，［ア］を移動していく間に分裂を繰り返し，図1に示すような［イ］となり，受精後6日目頃に子宮に到達する。この［イ］では，a表層に位置する細胞が栄養外胚葉(栄養芽層，栄養膜)，内部に位置する細胞が内部細胞塊とよばれる。内部の腔所は［ウ］とよばれ，ウニやカエルでの［エ］に相当する。b子宮に到達した［イ］は子宮壁にもぐり込み，ここでようやく妊娠が成立する。

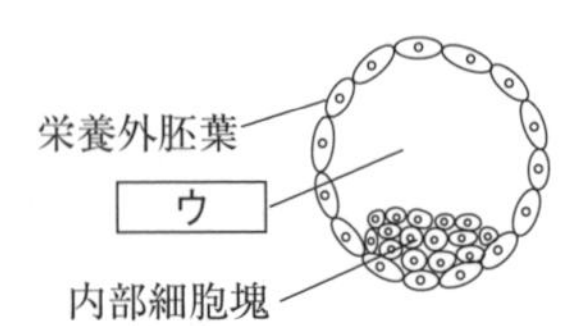

図1　ヒトの［イ］

問1　文中の空欄に適語を入れよ。

問2　下線部aに関して答えよ。

(1)　栄養外胚葉からはどのような構造が形成されるか。

1つ答えよ。

(2) 内部細胞塊は胎児のすべての組織に分化できる多能性をもっている。これを培養することによって作製され，再生医療への応用が期待できる細胞を何とよぶか答えよ。

(3) (2)で解答した細胞は，実際には再生医療にそのまま応用するにはいろいろな問題点を抱えていた。それを解決すると期待されている，遺伝子導入などによってこの細胞と同様の性質を付与された細胞を何とよぶか答えよ。

問3 下線部bに関して，この現象を何とよぶか答えよ。

〈藤田保健衛生大〉

45 ノックアウトマウスの作製

バイオテクノロジーの急速な発展により，いくつかの実験動物種では，a特定の外来性遺伝子を導入した個体や特定の遺伝子を破壊した個体を，人工的につくることができるようになった。遺伝子 X を破壊したマウス個体を得るために，次の操作1～4を行った。

操作1：遺伝子 X の DNA の一部を切り出し，その部分に遺伝子 Y の DNA を挿入した組換え遺伝子 rX を作製した。この操作によってb遺伝子 X は破壊され機能を失うが，遺伝子 Y は正常に機能する。この過程の概要を図1に示す。

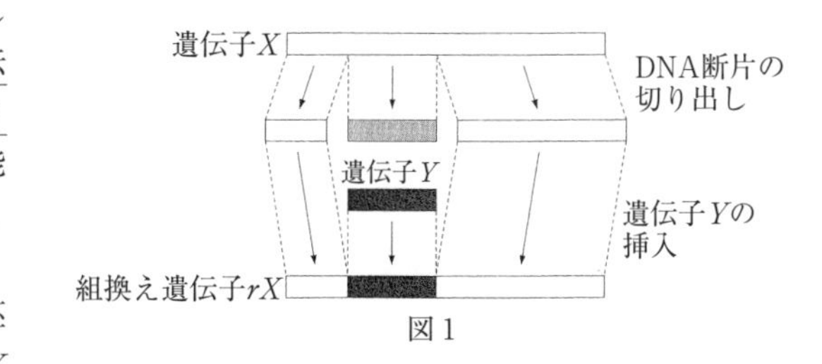

図1

操作2：黒毛の純系マウスの胚性幹細胞に組換え遺伝子 rX を取り込ませ，薬剤 y を含む培養液で培養した。薬剤 y には細胞毒性があり，遺伝子 Y をもたない細胞は増殖できない。c薬剤 y を含む培養液で一定期間培養した培養皿には，多数の細胞が集まってできたコロニー(集落)が複数観察された。コロニーに含まれる細胞の遺伝子 X を調べると，常染色体の一方の遺伝子 X が，図2に示すように組換え遺伝子 rX に置換されていた。

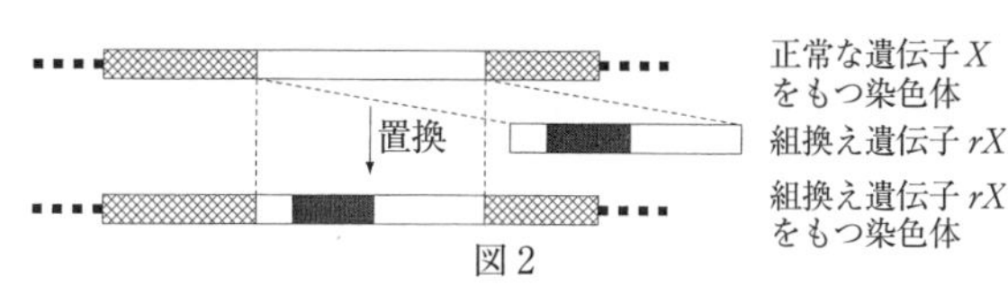

図2

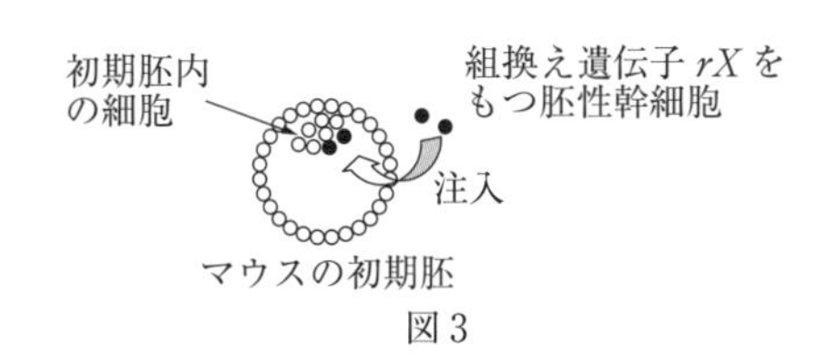

図3

操作3：操作2で得られた組換え遺伝子 rX をもつ胚性幹細胞を，図3に示すように正常な白毛の純系マウスの初期胚に注入して，仮親マウスの子宮に移植した。初期胚に注入された胚性幹細胞は，初期胚内の細胞と同様に増殖した。移植胚は正常に発生して，d初期胚由来の細胞と注入した胚性幹細胞由来の両方の細胞からなるマウス(キメラマウス)が誕生した。

操作4：操作3で得られたキメラマウスは，生殖細胞の一部が胚性幹細胞由来であった。このeキメラマウスを白毛の純系マウスと交配させて，その子の中から組換え遺伝子 rX をもつマウスを選び出した。さらにfこの選び出したマウスどうしを交配することで，組換え遺伝子 rX をホモ接合にもったマウス個体が生まれた。

問1　下線部aのような生物は一般に何とよばれるか，答えよ。

問2　下線部bで，遺伝子 X の機能が失われるのはどうしてか。その理由を50字以内で説明せよ。

問3　下線部cを行った理由として最も適切なものを，次から1つ選べ。

① 組換え遺伝子 rX を大量に細胞質へ取り込んだ細胞を選択するため。
② 組換え遺伝子 rX が染色体に取り込まれた細胞を選択するため。
③ 遺伝子 X が染色体に保持された細胞を選択するため。
④ 遺伝子 X を2つとも失った細胞を選択するため。

問4　下線部dに関して，黒毛の純系マウスの胚性幹細胞と白毛の純系マウスの初期胚を用いてキメラマウスを作製した場合，誕生した個体の毛色はどのようになるか。最も適切なものを次から1つ選べ。ただし，それぞれの毛の色は毛根部に存在する1個の色素細胞の遺伝的特性で決定される。

① すべての個体が黒毛となる。
② すべての個体が白毛となる。
③ 黒毛個体と白毛個体の比が1：1で生じる。
④ 個体ごとに黒毛と白毛の比率が異なる。

問5　下線部eに関して，キメラマウスと白毛の純系マウスとの交配で得られる，組換え遺伝子 rX をもつマウスについての記述として最も適切なものを次から1つ選べ。ただし，キメラマウスの生殖巣内で胚性幹細胞由来の細胞は半数を占め，黒毛遺伝子は白毛遺伝子に対して優性であるものとする。

① 生まれる子の50%が組換え遺伝子 rX をもち，そのすべてが黒毛である。
② 生まれる子の50%が組換え遺伝子 rX をもち，そのうちの半数が黒毛である。
③ 生まれる子の50%が黒毛で，そのうちの50%が組換え遺伝子 rX をもつ。
④ 生まれる子はすべて黒毛で，そのうちの50%が組換え遺伝子 rX をもつ。

問6　下線部fに関して，選び出した組換え遺伝子 rX をもつマウスどうしの交配で得られる子のうち，組換え遺伝子 rX をホモ接合にもった個体が占める割合〔%〕を答えよ。ただし，どの遺伝子構成でも生存率は同じものとする。〈福岡大〉

第6章 刺激の受容と反応

19 受容器

46 眼の構造とはたらき

脊椎動物の眼はカメラとよく似た構造をしており，ヒトの眼に入った光は，角膜と［ア］で屈折し，網膜の上に像を結ぶ。眼から近い距離の物体を見るときには，［ア］の周辺部にある［イ］の筋肉が収縮することで［ウ］が緩み，解放された［ア］の厚さが［エ］なり，鮮明な像が網膜上に結ばれる。その像の光を受容するのが，桿体細胞と錐体細胞である。

問1 文中の空欄に適語を入れよ。

問2 下線部について，両者のはたらきの違いを50字以内で説明せよ。

問3 明るい場所から暗い場所に入ったときに，ヒトの眼が明るさの変化に対応するために起こることについて，(1)光が角膜から網膜に至る経路で起こることと，(2)網膜で起こることを，それぞれ1つずつ，25字以内で説明せよ。

問4 夜空の暗い星を肉眼で観察する場合，観察する星から少しずらした位置に視線を向けると観察しやすくなることが多い。その理由を50字以内で説明せよ。 〈山形大〉

47 耳の構造とはたらき

図1はヒトの耳のうずまき管の横断面の模式図，図2は図1の四角に囲まれた部分の拡大図である。図3はさまざまな振動数(25ヘルツから1600ヘルツまで)の音を与えたときの基底膜の振動の変化を耳小骨側からの距離に対して描いたものである。

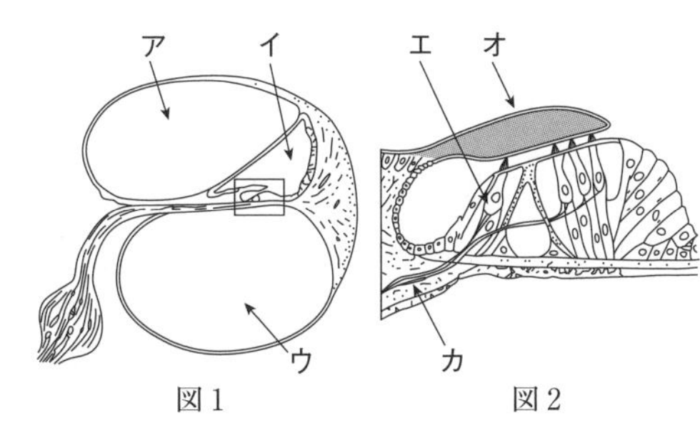

図1　図2

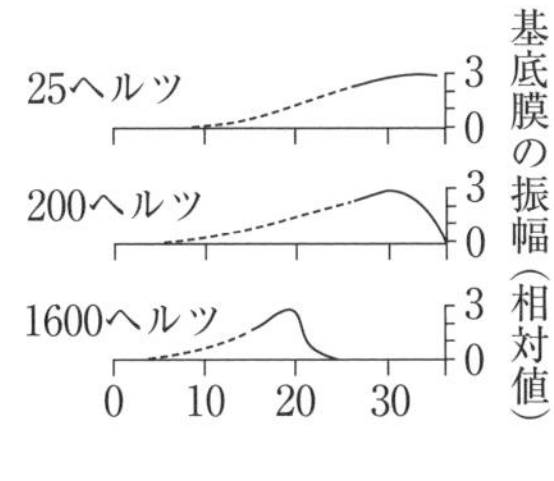

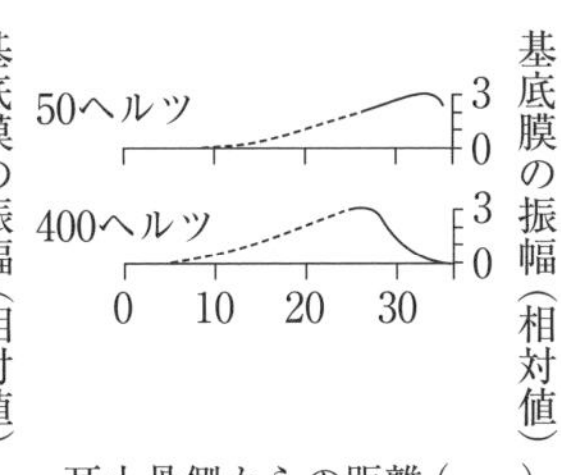

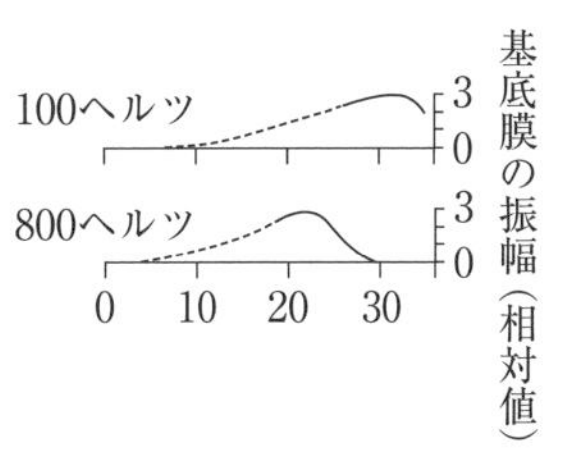

耳小骨側からの距離(mm)

図3

問1 図1，2のア～カの名称をそれぞれ答えよ。

問2 図2のカにおける電気信号は，ある一定の振動数の音の強弱をどのようにして中枢に伝えるか。30字以内で説明せよ。

問3 図3の結果をもとに，ヒトが音の高低を聞き分けることができるしくみを100字以内で説明せよ。 〈東京学芸大〉

20 ニューロンの興奮

48 興奮の伝導と伝達

A. ニューロンは核が存在する細胞体とこれから伸びた一本の長い突起である［ア］および枝分かれした多数の短い突起である［イ］からなる。脊椎動物の末梢神経系では，［ア］の多くはシュワン細胞からなる［ウ］に包まれ，神経繊維が形成される。神経繊維にはシュワン細胞が幾重にも巻き付いた［エ］をもつ［オ］と［エ］がない［カ］がある。［オ］には0.05～1.0mmごとにランビエ絞輪があり，この部位には［エ］は存在しない。ニューロンの末端部は他のニューロンの細胞体や［イ］，効果器の細胞とわずかな隙間を介して接しており，この部分をシナプスとよぶ。シナプスを構成するニューロンの末端部には多数のシナプス小胞が存在する。興奮したニューロンの末端部からはシナプス小胞に含まれていた神経伝達物質が放出され，他のニューロンや細胞の膜上の［キ］へ結合し，興奮が伝えられる。その後，放出された神経伝達物質は速やかに分解されるか，もしくは再びニューロンの末端部に回収される。

B. ニューロンでは，細胞膜上のナトリウムポンプのはたらきにより細胞内へ［ク］が取り込まれ，逆に［ケ］は細胞外へ汲み出される。また静止状態では，［ク］はある量まで細胞外へ拡散するが，細胞内が一定の負電位に達すると見かけの出入りが止まる。このときの細胞内外の電位差を静止電位とよぶ。

ニューロンに刺激が加わると刺激部位の細胞膜上に存在する［コ］が開き，細胞内へ［サ］が流入する。これにより刺激を加えた部位の細胞内外の電位は逆転して興奮が起こる。次に［シ］が開き，［ス］が細胞外へ流出して細胞内の電位は負となる。これらの一連の過程で起こる電位変化を活動電位とよぶ。その後，ナトリウムポンプのはたらきにより細胞内外のイオン分布は元の状態に戻る。自然条件下においては多くの場合，活動電位は軸索小丘(軸索の起始部)で発生し，<u>軸索の末端部に向かってだけ伝導していく</u>。

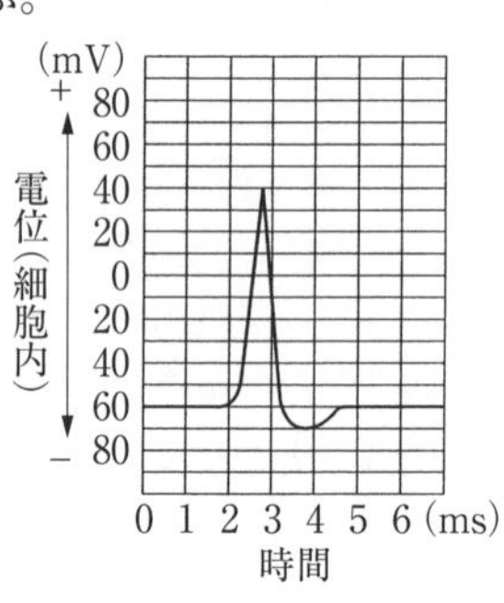

図1　刺激を加えた後の細胞内電位変化と時間との関係

問1　文中の空欄に適語を入れよ。

問2　［オ］と［カ］では興奮の伝導速度が異なり，［オ］の方が大きい。

(1)　この伝導速度を大きくするしくみを何とよぶか。

(2)　このしくみは［エ］の性質によるものである。そのはたらきについて20字以内で説明せよ。

問3　図1は，文Bでの細胞内の電位変化と時間との関係を示すものである。図1における活動電位の最大値を答えよ。

問4 下線部に関して次の(1)，(2)に答えよ。

(1) 図2に示すニューロンに，実線の矢印で示すような興奮の伝導が生じているとき，軸索の途中で破線の矢印のような逆方向に興奮は伝導しない。なぜ興奮は逆行性に伝導しないのか，30字以内で説明せよ。

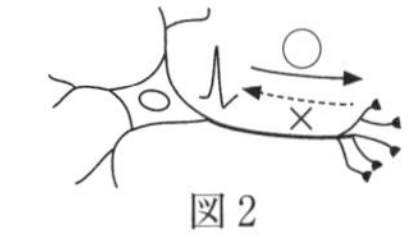

図2

(2) 図3のように，ニューロン軸索上の①と②の場所で，オシロスコープの電極を，軸索の細胞膜外側に接して取り付け，★の場所に電気刺激を与えた。このとき，①の電極(▼)を基準とすると，②の電極(▽)では，どのような電位変化が観察されるのか，最も適切なグラフを下の(a)～(f)から1つ選べ。

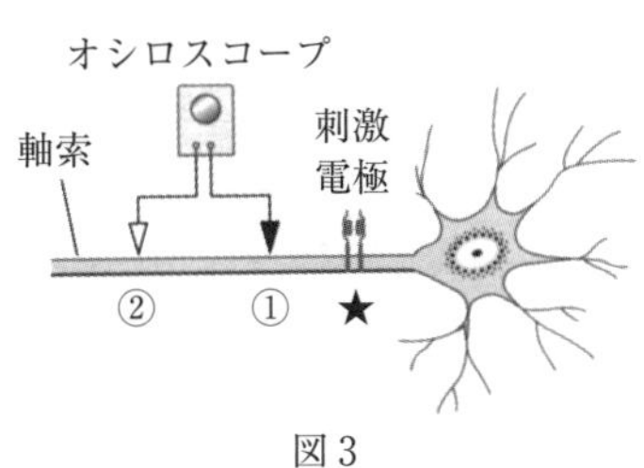

図3

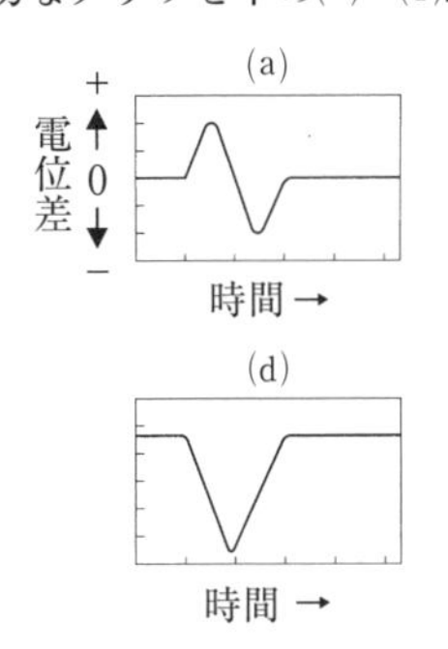

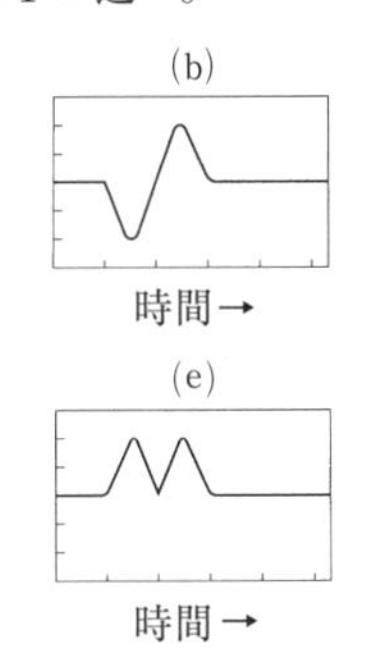

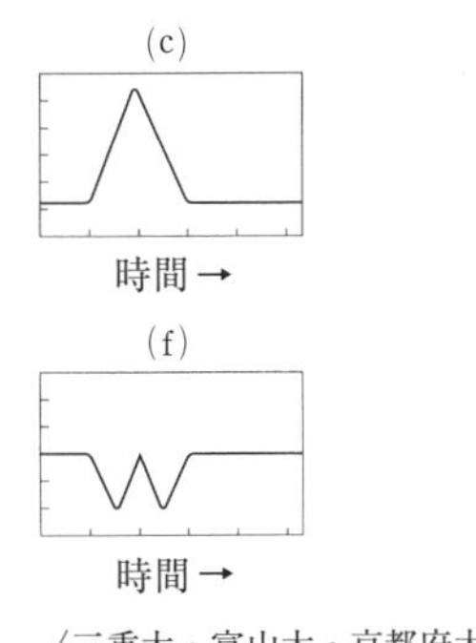

〈三重大・富山大・京都府大〉

21 効果器

49 筋収縮のしくみ(1)

筋組織は，顕微鏡で観察したときに明暗のしま模様のある［ア］としま模様のない［イ］に大別される。［ア］に属する筋組織には，からだを動かすときにつかわれる［ウ］と心臓の［エ］がある。［ウ］は，［オ］とよばれる細長い細胞が束になったもので，両端が［カ］で骨とつながっている。筋肉のうち，［ウ］だけが意思による運動に関係しており，このため［キ］筋とよばれている。［イ］は，［ク］や［ケ］の壁などをつくり，緩やかな収縮を行う。［イ］の細胞は［コ］形をしており，これが層状に集まって組織をつくっている。

カエルなどの実験動物から得られた神経筋標本の神経を1回電気刺激すると，短い［サ］期の後に小さな収縮が起こり，その後，もとの状態に弛緩する。このような収縮を［シ］という。［シ］が終わらないうちに次の刺激を与えると［シ］が重なり収縮が大きくなる。刺激を与える頻度をある程度以上に増やすと，持続的な［ス］を生じる。通常［ウ］で起こる収縮は，［ス］である。

a サルコメアの内部には，太いミオシンフィラメントと，細いアクチンフィラメントが規則正しく並んでいる。電子顕微鏡で詳しく観察すると，筋肉が収縮したときには，明帯の長さが［　セ　］なっているが，暗帯のほか，ミオシンフィラメントもアクチンフィラメントもその長さが変わっていない。b筋収縮が起こるとき，この２種のフィラメントの間では滑り込みが生じており，その調節にはCa^{2+}(カルシウムイオン)が関係している。

c筋収縮のエネルギー源はATPであるが，細胞内に蓄えられているATP量はそれほど多くない。そのため，［　オ　］はATPを枯渇させない機構をもつ。

問１　文中の空欄に適語を入れよ。

問２　下線部aについて，１つのサルコメアの構造がどのようなものか簡単に図示し，隣のサルコメアとの境界部も含め，サルコメアに含まれる構造の名称も図中に示せ。

問３　下線部bについて，筋収縮が開始する際におけるCa^{2+}のはたらきを，以下の語をすべて用いて120字以内で説明せよ。

〔トロポニン，トロポミオシン，筋小胞体，アクチン，ミオシン頭部〕

問４　下線部cについて，カエルの筋肉を取り出し，引き伸ばして割りばしに固定した。これを50%グリセリン水溶液に浸し，冷蔵庫で数日間置いてグリセリン筋を作った。グリセリン筋を生理的塩類溶液で洗浄し，長さ数cm，太さ1mm程度にほぐした。新鮮な筋肉を取り出してATP溶液をかけても収縮しないが，グリセリン筋にATP溶液をかけると収縮した。

⑴　［　オ　］の構造は，グリセリン水溶液に浸されたことでどのように変化したか，20字以内で説明せよ。

⑵　生体内でATPを枯渇させないしくみを，それぞれ35字以内で２点説明せよ。

〈奈良教育大・山口大〉

50　筋収縮のしくみ⑵

骨格筋の筋原繊維は，サルコメア(図１)とよばれる単位構造が繰り返されたもので，筋収縮を起こす基本的な構造である。図２は図１のBの各部分の長さを示したものである。

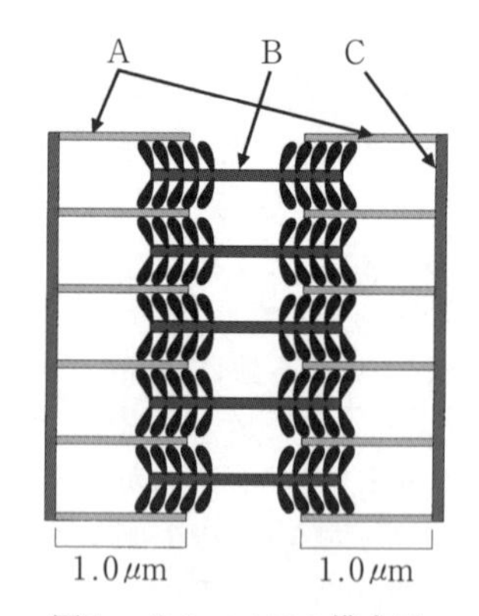

図１　サルコメアの模式図

骨格筋収縮は，筋小胞体から［　ア　］が放出されることが引き金となって起こる。筋肉が収縮する際には，Bの構成タンパク質の頭部がAに結合して，両側からAをたぐりよせて内側へ引き込む。また，この頭部にはAと結合する部位以外に，［　イ　］を結合して分解する部位もある。この分解に際し解放されるエネルギーを一連の収縮過程で使用する。

図３はサルコメアの長さと筋の発生張力(相対値)の関係を示したものである。サルコメアの長さが2.0μm以下(図３の区間①)になると両側のAどうしが衝突し発生張力は減少する。さらにサルコメアの長さが1.6μm以下では，

BとCが衝突し大きな抵抗となり発生張力は急激に減少する。

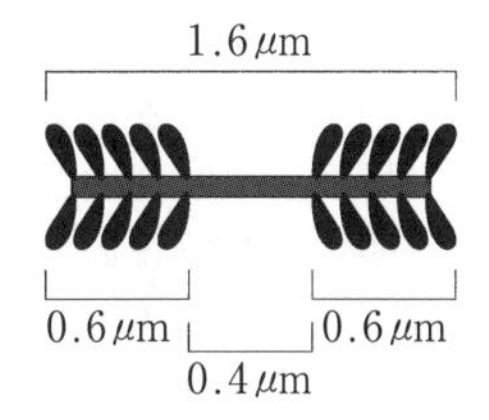

図2　Bの各部分の長さ

問1　図1のA～Cの構造の名称を答えよ。

問2　文中の空欄に適語を入れよ。

問3　下線部のような筋収縮のしくみは，何説とよばれるか。

問4　図3の区間③におけるサルコメアの長さの最小値と最大値を計算して答えよ。ただし，図3の区間③の境界位置はおおよそのめやすである。

問5　図3の区間②と③においてサルコメアの発生張力が図のようになる理由を，それぞれについて，60字以内で説明せよ。ただし，解答にA，Bの記号を使ってよい。

〈金沢大〉

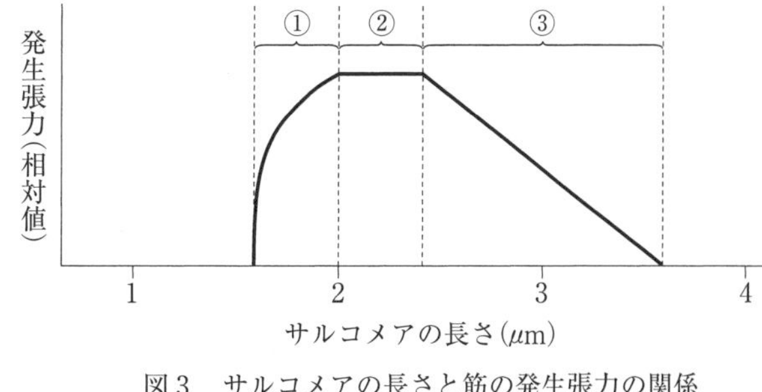

図3　サルコメアの長さと筋の発生張力の関係

22 中枢神経系と動物の行動

51 脳の構造とはたらき

フランス人医師ブローカはある患者に出会った。この患者は「タン」という言葉だけしか発語できなかったが，相手の話すことは理解できているようであった。その後この患者は亡くなり，その脳を調べると脳の左の前頭部を冒す大きな脳病変が認められた。その後ブローカは，言葉を表現できない，似たような患者を経験したが，不思議なことにみな左半球が障害されていた。左半球に病変があるときに「失語症(言葉がしゃべられないこと)」が起こるとブローカが発表したのは1865年のことである。このブローカの発見はほとんどの右利きの人であてはまることが現在では確認されている。これらの右利きの人では言語中枢が右半球ではなく，左半球に局在することが確立されている。以下このことがあてはまる，大多数の右利きの人について考える。

問1　以下(1)～(4)の文中の空欄について，最も適切な語句をそれぞれの選択肢から1つずつ選べ。

(1)　大脳新皮質にある運動中枢の神経細胞(ニューロン)からの神経繊維が［　　　］で交さし，反対側の運動神経に達して運動が行われる。

①　大脳　　②　小脳　　③　間脳　　④　中脳　　⑤　延髄　　⑥　脊髄

(2)　失語症の人には，［　　　］が伴いやすい。

①　右手足の麻痺(まひ)　　②　左手足の麻痺

(3) 大脳の白質を構成しているのは主に［　　］である。

① 神経細胞の細胞体　　② 神経繊維

(4) 大脳新皮質の連合野の役割は［ あ ］である。また，小脳の役割は［ い ］である。

① 自律機能の調節・統合　　② 呼吸運動，循環調節

③ 視覚など五感の中枢　　④ 高度な精神活動

⑤ 体の平衡の制御

問2 大脳の皮質のうち新皮質以外の古い皮質は何とよばれるか。また，その役割を30字以内で説明せよ。

問3 図1は大脳，小脳，脳幹を両側面から見た模式図である。以下の(i)〜(iv)に示す中枢に該当する領域を，図から，(i)〜(iii)は2つずつ，(iv)は1つ選び，記号A〜Jで答えよ。

(i) 随意運動中枢

(ii) 皮膚感覚中枢

(iii) 視覚中枢

(iv) 運動性言語中枢

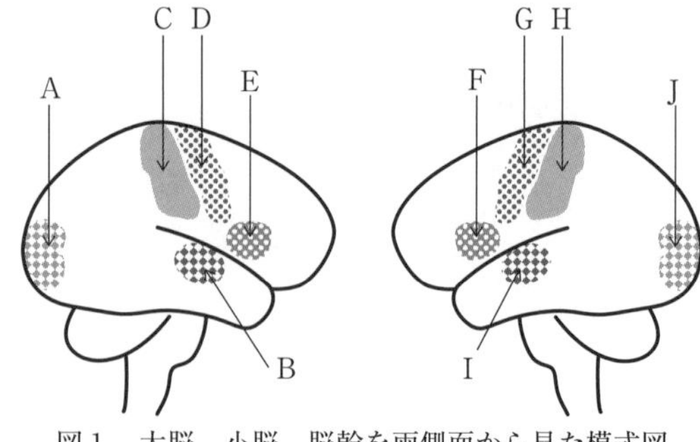

図1 大脳，小脳，脳幹を両側面から見た模式図

〈同志社大〉

52 反射と反射弓

脊椎動物の中枢神経系は脳と［ ア ］からなる。［ ア ］は脳を介さずに無意識に起こる［ イ ］の中枢としてのはたらきがある。例えば，ひざの下を叩くと足がはね上がるのは，感覚神経と運動神経が［ ア ］で直接に連絡するためである。この場合の興奮が伝わる経路である［ ウ ］について，ヒトのふくらはぎにあるヒラメ筋で実験した。図1はそのようすを示す。

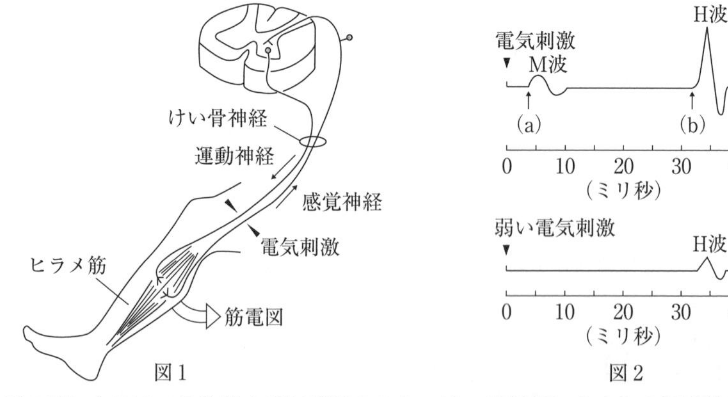

図1　　図2

ひざの裏にあるけい骨神経を電気刺激すると，けい骨神経に含まれる運動神経に活動電位が発生し，ヒラメ筋に興奮が伝わる。それを筋電図で記録したものをM波という。

一方，電気刺激によってけい骨神経に含まれる感覚神経にも活動電位が発生し，それは［ア］にまで伝わる。感覚神経からの入力をシナプスを介して受けとった運動神経に活動電位が発生し，それに由来する興奮がヒラメ筋に伝わり，H波とよばれる筋電図がM波に引き続いてみられる(図2)。なお，ここではシナプスを介して興奮が伝達する時間を0.5ミリ秒とするが，神経や筋は電気刺激後やシナプスを介した興奮伝達後は，直ちに活動電位を発生させるものと考える。

問1　文中の空欄に適語を入れよ。

問2　電気刺激した部位からヒラメ筋の筋電図の記録部位までの距離は20cmあり，M波が出現するまでの時間は4.5ミリ秒であった(図2上，矢印a)。運動神経の伝導速度(m/秒)はいくらか。

問3　H波が出現するまでの時間は，電気刺激後32.5ミリ秒であった(図2上，矢印b)。刺激部位から［ア］までの感覚神経と運動神経の長さが等しく，いずれも75cmと仮定する。感覚神経の伝導速度(m/秒)はいくらか。

問4　けい骨神経を刺激する電流をゼロから徐々に強くしていくと，弱い電気刺激で最初にH波が出現した(図2下)。刺激を強くしていくとM波が出現した(図2上)。これらの事実から判断できる，感覚神経と運動神経を構成する神経繊維の閾値の違いについて30字以内で説明せよ。

問5　刺激を徐々に強くしていくとM波は大きくなったが，一定の大きさに達した後は，刺激を強くしてもそれ以上大きくならなくなった。これらの事実から判断できる，運動神経を構成する神経繊維の性質について50字以内で説明せよ。

〈日本福祉大〉

53 アメフラシのシナプス可塑性

動物が適応し生存するためには，内外の環境からの情報を受け取り，これに適切に対応する必要がある。渡り鳥の太陽コンパスを利用した渡りや，カイコガの雄が示す，雌からの性フェロモンを感知した雌への接近では，a外部からの刺激に応じて自らの体位を特定方向に向けることが重要である。また，コウモリは超音波の鳴き声を発して，餌であるヤガを捕食するが，ヤガはそれを感知して，捕食回避行動を起こすことができる。このように，生まれながらにして備わる，特定の鍵刺激によって生じる定型的な行動を［ア］行動という。

一方，動物はさまざまな状況下で，学習によって，柔軟に行動を変化させることができる。［イ］門に属するアメフラシ(図1)は背中にえらをもつ。えらのそばにある水管への刺激の情報は，水管感覚ニューロンとえら運動ニューロンとのシナプスを介して，えらの筋細胞に伝えられ，えらを引っ込める反応が生じる(次ページの図2)。しかし，水管を刺激し続けると，やがてえらを引っ込めなくなる。これは［ウ］とよばれる，最も単純な学習の1つである。一方，尾を強く刺激すると，尾部感

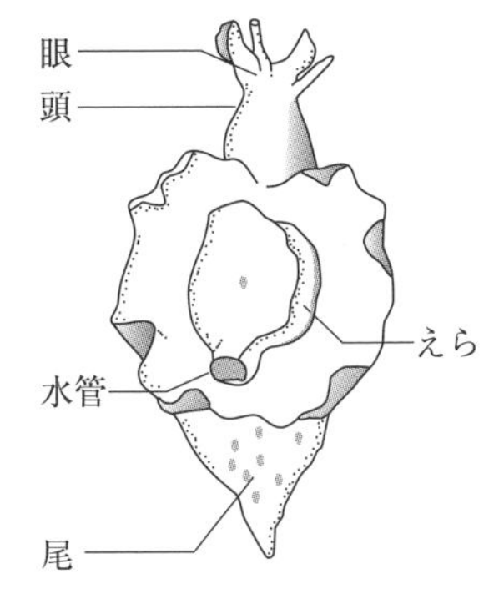

図1　アメフラシ

覚ニューロンの情報を受け取る介在ニューロンの作用により，ふつうではえらを引っ込めることのないような水管に対する弱い刺激に対しても，えらを引っ込めるようになる(図2)。このような現象を鋭敏化とよぶ。b［　ウ　］や鋭敏化は，水管感覚ニューロンとえら運動ニューロンとの間のシナプスで，伝達効率が変化することによって生じる。

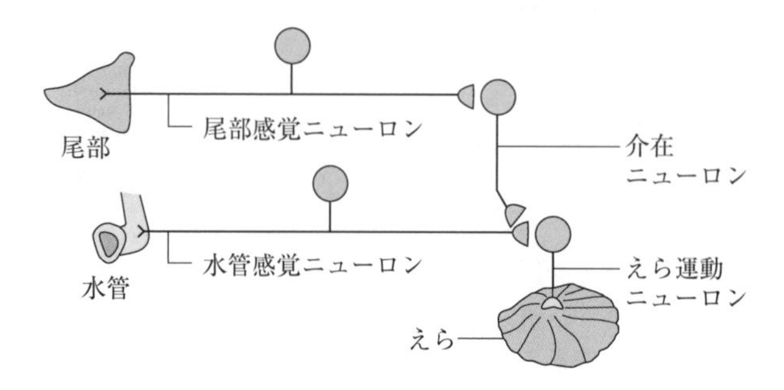

図2　水管刺激とえらを引っ込める反応に関わる神経回路

問1　文中の空欄に適語を入れよ。

問2　下線部aのように，外界からの刺激の情報を利用してからだを特定方向に向けることを何とよぶか。

問3　(1)　水管を刺激するとえらを引っ込めるような反応は，イヌに肉片を与えたときにも起こる。このときの肉片のような刺激を何とよぶか。

(2)　イヌに肉片を与える前にベルを聞かせるということを何度か繰り返すと，イヌはベルを聞いただけで，(1)と同様の反応をするようになる。このようなベルと肉片という，対になった刺激による学習を何とよぶか。

問4　下線部bについて，図2を参考にして，次の(1)～(3)に答えよ。

(1)　以下の文中の空欄に適語を入れよ。

脊椎動物では，運動ニューロンの軸索末端に興奮が到達すると，［　エ　］Ca^{2+}チャネルが開き，Ca^{2+}が軸索内に流入する。それによって［　オ　］がシナプス前膜と融合し，［　オ　］内の興奮性伝達物質が放出され，筋細胞膜の受容体に結合することで，興奮が伝達される。

(2)　鋭敏化でシナプスの伝達効率が変化するときに，水管感覚ニューロンとえら運動ニューロンの間のシナプスでは具体的にどのようなことが起きているかを，次から2つ選べ。

①　水管感覚ニューロンからの伝達物質の放出量が増加する。
②　水管感覚ニューロンからの伝達物質の放出量が減少する。
③　シナプス間隙が狭くなる。
④　シナプス間隙が広くなる。
⑤　水管感覚ニューロンの軸索末端で，活動電位の持続時間が長くなる。
⑥　えら運動ニューロンの細胞体で，活動電位の持続時間が長くなる。

(3)　鋭敏化が起こっているときには，介在ニューロンからの神経伝達物質を受容した感覚ニューロンの軸索末端でcAMPが多量につくられている。このcAMPが，(2)で解答したようなシナプスでの伝達効率の変化を引き起こす。cAMPの濃度上昇以降，水管感覚ニューロンの軸索末端内部で進行していることを，次の用語をすべて用いて100字以内で説明せよ。
〔cAMP，K^+チャネル，Ca^{2+}チャネル，Ca^{2+}の流入量，不活性化〕

〈日本女大〉

第7章 体液と恒常性

23 体液と肝臓・腎臓のはたらき

54 体液と血液循環 基

ヒトの体液には，血液，リンパ液，［ ア ］がある。体液のはたらきは，【 あ 】など多岐にわたる。そのうちの血液は，有形成分である赤血球・白血球・［ イ ］と液体成分である［ ウ ］からなる。

脊椎動物の血管には，動脈・静脈・毛細血管の３種類がある。［ エ ］循環の場合，血液は心臓から大動脈を通って送り出され，大動脈は分岐して毛細血管となる。組織を通った後に毛細血管は集合し，大静脈となって心臓に戻る。このような血管系は，【 い 】などがもつ血管系に対して，［ オ ］血管系とよばれる。心臓は，ほぼ一定のリズムで収縮と弛緩を繰り返し，全身へと血液を送り出している。

図１は心臓を中心としたヒトの血液の循環経路を模式的に示したものである。実線で囲まれた四角は器官を示しており，そのいくつかにはＡ～Ｄの記号がつけられている。四角を結ぶ実線は血管を，矢印は血液の流れの方向を示している。血管のいくつかにはａ～ｇの記号がつけられている。

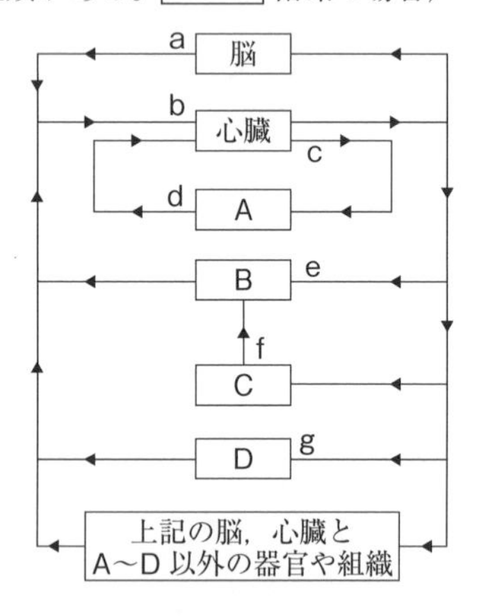

図１　血液循環経路の模式図

問１　文中の空欄［ ア ］～［ オ ］に適語を入れよ。

問２　文中の空欄【 あ 】にあてはまる短文を，10字以内で２つ答えよ。

問３　文中の空欄【 い 】にあてはまる生物として，適当なものを次からすべて選べ。

① アサリ　② カニ　③ フナ
④ カエル　⑤ ミミズ　⑥ トンボ

問４　文中の下線部の毛細血管の構造的特徴を20字以内で説明せよ。

問５　図１のＡ～Ｄの名称として最も適切なものを，次からそれぞれ１つずつ選べ。

① 肺　② 消化器官（小腸）　③ 肝臓　④ 腎臓

問６　血管ｄについて，次の(1)，(2)に答えよ。

(1)　血管ｄが直接つながっている心臓の部位を次から１つ選べ。

① 右心室　② 右心房　③ 左心室　④ 左心房

(2)　血管ｄの名称を答えよ。

問７　血管ａ～ｇの中で，動脈血が流れている血管として適切なものをすべて答えよ。

〈北里大・東京農業大〉

55 心臓の構造とはたらき 基

隣接する細胞が膜タンパク質を介して結合することは，多細胞生物にとって重要である。例えば，消化管などの内表面を覆う上皮組織では，密着結合が発達している。この結合により，消化管内容物が，消化管内から細胞間隙を通って外部に漏れることはない。また，心臓の心筋細胞間に存在する，膜タンパク質が2つの細胞間をつなげるギャップ結合は，心筋が同調して拍動することに寄与する。植物細胞の原形質連絡は，ギャップ結合の構造と類似している。心臓は一定のリズムで拍動する［ア］という性質をもっている。これは，［イ］にある［ウ］が［エ］として作用するからである。

収縮と拡張を繰り返す1周期の左心室の内圧と容積の変化を右図に示す。心室の活動は下記の4つのステージに分けられる。

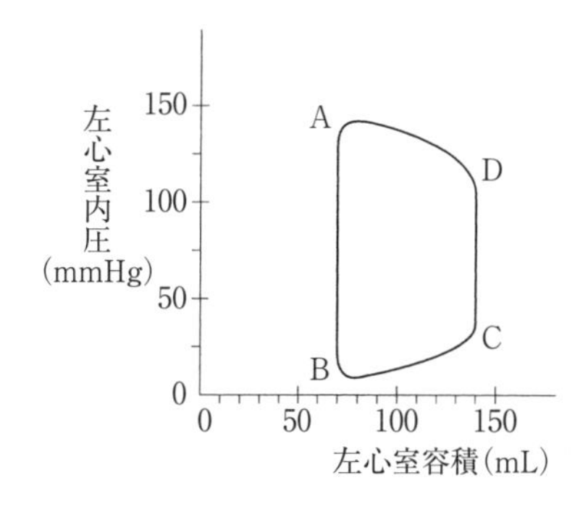

ステージ1：心室の収縮とともに心室の内圧が上昇するが弁は閉じたままであり，心室の容積は変化しない。

ステージ2：心室の筋がさらに収縮すると出口の弁が開放され，血液が動脈に送り出される。

ステージ3：心室の筋の弛緩が始まり，心室の内圧が低下してくる。

ステージ4：心室の内圧が低下し心房の内圧よりも低くなると，心房にたまっていた血液が心室内へ流れ込む。

問1　文中の空欄に適語を入れよ。

問2　図に示した収縮と拡張を繰り返す周期，A → Bとまわり再びAに戻るまでの時間が1秒のとき，1分間に送り出される血液量を求め，単位も含めて答えよ。

問3　ステージ4に相当する区間を次から1つ選べ。

①　A → B　　②　B → C　　③　C → D　　④　D → A

問4　大動脈弁が開き，左心室から大動脈に血液が流れていく。図で，大動脈弁が閉じているのはどの区間であるか。**問3**の①～④の中からすべて選べ。

〈駒沢大・熊本大〉

56 ヘモグロビンの酸素解離曲線 基

ヒトの血液中には，酸素を運ぶ細胞として特殊化した赤血球が，血液$1mm^3$あたり約［ア］個存在する。赤血球の内部にはヘモグロビンとよばれる，金属元素として［イ］を含んだタンパク質が大量に含まれる。酸素分圧が高い肺では，ヘモグロビンはより多くの酸素と結合し，酸素ヘモグロビンとなる。一方，酸素分圧が低い体組織では，酸素を離して，もとのヘモグロビンに戻る。組織では，活動によって酸素を消費し，二酸化炭素を産生する。二酸化炭素の多くは，［ウ］に溶解した状態で肺まで運ばれる。

次ページの図1は，肺と活動が盛んな体組織，それぞれの場合についての酸素分圧と酸素と結合しているヘモグロビンの割合の関係を表した，ヘモグロビンの酸素解離曲線である。点線Aは二酸化炭素分圧(P_{CO_2})が40mmHg，実線BはP_{CO_2}が70mmHgのときの酸素解離曲線である。酸素分圧(P_{O_2})が100mmHg，P_{CO_2}が40mmHgのa動脈血が，b活動している筋を通って静脈へ出てきたときのc静脈血中のヘモグロビンと結合した酸素量は血液100mLあたり4.2mLで，P_{CO_2}は70mmHgであった。

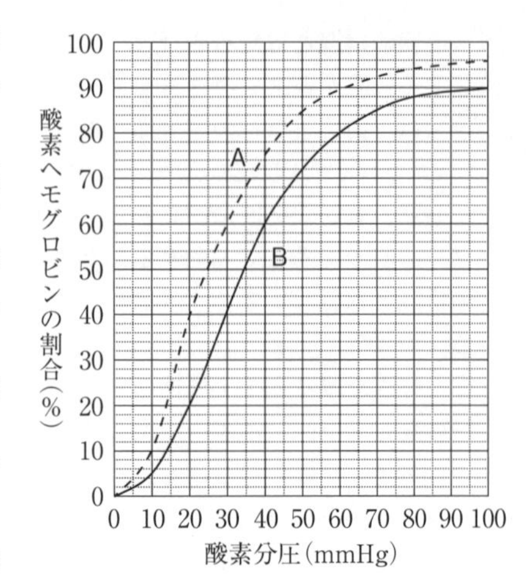

図1　酸素分圧と酸素ヘモグロビンの割合との関係

問1　文中の空欄［ア］に入る最も適切な数値を，次から1つ選べ。

① 6000～8000　② 20万～40万
③ 450万～500万
④ 4000万～6000万　⑤ 2億～4億

問2　文中の空欄［イ］に入る最も適切な元素を，元素記号で答えよ。

問3　文中の空欄［ウ］に入る語句を答えよ。

問4　図1に示された曲線のうち，肺におけるものはA，Bのどちらか。

問5　下線部aの動脈血では，全ヘモグロビンの何%が酸素と結合しているか。整数値で示せ。

問6　下線部cの静脈血での酸素分圧はどのくらいか。整数値で示せ。ただし，血液100mL中には15gのヘモグロビンが含有され，酸素ヘモグロビンの割合が100%である血液中では，1gのヘモグロビンは1.4mLの酸素と結合できるものとする。

問7　下線部bの活動している筋を通る間に血液100mLあたり何mLの酸素を放出したか。答えの数値は小数第1位を四捨五入し，整数値で示せ。なお，計算式も示せ。

問8　下線部bの活動している筋を通る間に何%の酸素ヘモグロビンが酸素を放出したか。答えの数値は小数第1位を四捨五入し，整数値で示せ。なお，計算式も示せ。

問9　ヘモグロビンの酸素解離曲線は，P_{O_2}が低い場合には傾きが大きく，P_{O_2}が高い場合には傾きが小さくなる特性がある。この特性は，肺における酸素との結合，体組織における酸素の放出の2つにおいて，どのように有利か。また，体内での酸素運搬において，どのような意義をもつか。あわせて100字以内で説明せよ。

〈福岡女大〉

57 肝臓の構造とはたらき 基

肝臓は生体内最大の臓器であり，小腸などの消化管で吸収された物質が流入している。肝臓は，それらの物質を化学反応によってつくりかえて体内の状態を一定に保つために，以下にあげる(i)～(v)の機能を果たしている。

(i)　栄養分の貯蔵と物質代謝：血液中のグルコースを［ア］として蓄える。［ア］は必要に応じてグルコースに再分解されて，血糖として供給される。グルコースは体内のさまざまな細胞がATPを合成する際に，エネルギー源として消費される。

(ii) 血液成分合成と血球の代謝：血液中には$_a$血しょう成分として，多くのタンパク質が含まれている。また，古くなった赤血球がひ臓などで分解される過程で，赤血球の主要な機能を担うタンパク質である［イ］はアミノ酸にまで分解され，それとともにビリルビンが生じる。ビリルビンは肝臓に運ばれた後に，処理・排出される。

(iii) 解毒作用：食物や細菌由来の有害な物質を酸化・還元・分解することで，無毒化・排出する。

(iv) 窒素代謝：血液中のアミノ酸は，体内のさまざまな細胞でタンパク質や核酸の材料として利用される。不要なアミノ酸が呼吸によって消費された際に，有害物質である［ウ］が生じる。ヒトなどの哺乳類では，［ウ］は肝臓内の尿素回路によって代謝され体外へ排出される。

(v) 胆汁の生成：$_b$肝細胞で合成される胆汁は，胆細管・胆管を通じて［エ］に蓄えられ，十二指腸へと放出される。

問1 文中の空欄に適語を入れよ。

問2 下線部aに関して，血液凝固に関係するタンパク質の名称を2つ答えよ。

問3 下線部bに関して，肝臓における胆汁の放出は，ビリルビンを放出し最終的に便として体外に排出する機能ともう1つ別の機能をもっている。その機能について25字以内で説明せよ。

〈東海大〉

58 腎臓の構造と尿生成のしくみ 基

図1は，ヒトの腎臓の一部分を示した模式図である。腎臓のはたらきについて調べるために，このヒトの静脈にイヌリンという物質を注射し，一定時間後に，図1のア～オの各部位から中に含まれる液体を取り出して，イヌリンと物質A～Dの濃度〔g/100mL〕を測定した。次ページの図2は，その測定結果をグラフで示したものである。なお，イヌリンはヒトの正常な血液中には含まれていない物質である。これを静脈注射すると，体内で利用されることなく腎臓でろ過され，再吸収されずに尿中に排出される。

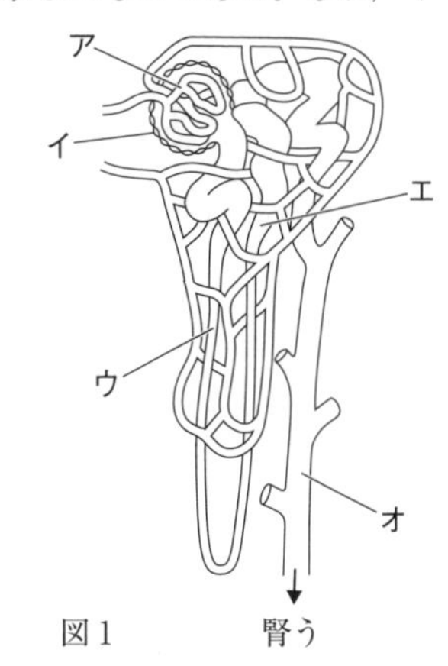

図1

問1 (1) 図1のア～ウの部位の名称をそれぞれ答えよ。

(2) アとイをあわせて何とよぶか。また，ア～エをまとめて何とよぶか。

問2 (1) 図2の物質A，C，Dは何か，次からそれぞれ1つずつ選べ。

① 水　② タンパク質
③ 尿素　④ グルコース
⑤ ナトリウムイオン
⑥ カリウムイオン
⑦ アンモニウムイオン

第7章 体液と恒常性

(2)　AとDについて，(1)での判断根拠をそれぞれ20字以内で説明せよ。

問3　このヒトが1日に排出する尿量は1.5Lであるとする。

(1)　イヌリンの，血しょう中濃度に対する尿中濃度(濃縮率)は何倍か。整数で答えよ。

(2)　1日に生成する原尿量は何Lか。

(3)　図2の物質Bが1日に原尿中から血液中に再吸収される量は何gか。なお，1mLの血しょう，原尿，尿の重さは水と同じとする。

(4)　水の原尿中量に対する再吸収量(再吸収率)は何%か。小数第二位を四捨五入し，小数第一位まで求めよ。

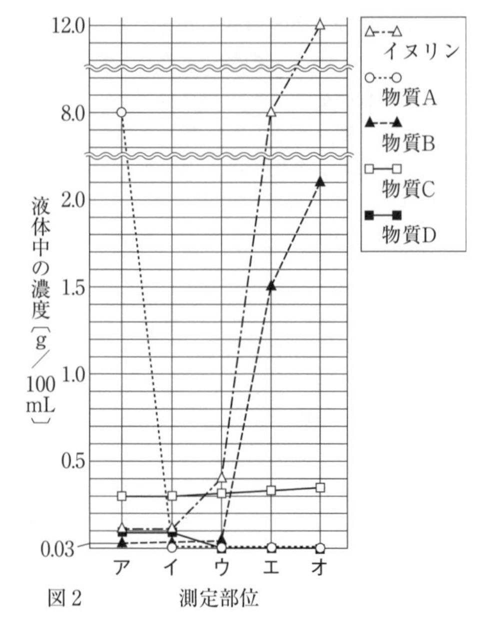

図2

問4　図1のオの部位に作用する，腎臓での水分量調節に直接はたらくホルモンについて答えよ。

(1)　このホルモンの名称は何か。

(2)　(1)で答えたホルモンは体内のどこから分泌されるか。

(3)　(1)で答えたホルモンの分泌量が増加したときの，オでの反応と尿量の変化を，下の語を用いて80字以内で説明せよ。

〔アクアポリン，受容体〕

〈名古屋学芸大・長崎大〉

24　自律神経系とホルモンのはたらき

59　自律神経系による調節　基

自律神経系は意識とは無関係に内臓のはたらきを調節している。この中枢は内分泌系の場合と同様，［　ア　］に存在している。自律神経系は交感神経と副交感神経に分けられ，互いに［　イ　］的に器官などのはたらきを調節している。交感神経の末端からは主に［　ウ　］が，副交感神経の末端からは［　エ　］が，神経伝達物質として放出されている。

問1　文中の空欄に適語を入れよ。

問2　自律神経系について述べた次の①～⑦から正しいものをすべて選べ。

①　自律神経系は，感覚器官や骨格筋を支配する体性神経系の一種である。

②　交感神経は，中脳，延髄と脊髄の下部から，副交感神経は脊髄から出る。

③　交感神経は，胃腸のぜん動運動を促進する。

④　交感神経は，排尿を促進する。

⑤　副交感神経は，瞳孔を縮小させる。

⑥　副交感神経は，気管支を収縮させる。

⑦　迷走神経は副交感神経を含んでいる。

問3　1921年にレーウィが2つの心臓を用いて，神経と器官の間の関係について次のような実験をした。2匹のカエルの心臓を取り出し，その一方の心臓Aには心臓を支配する自律神経をつけておいた。心臓AとBに図1のように生理的塩類溶液を流すと，それぞれ自律的に拍動し続けた。心臓Aの支配神経に電気刺激を与えると心臓の拍動記録に変化が生じた。

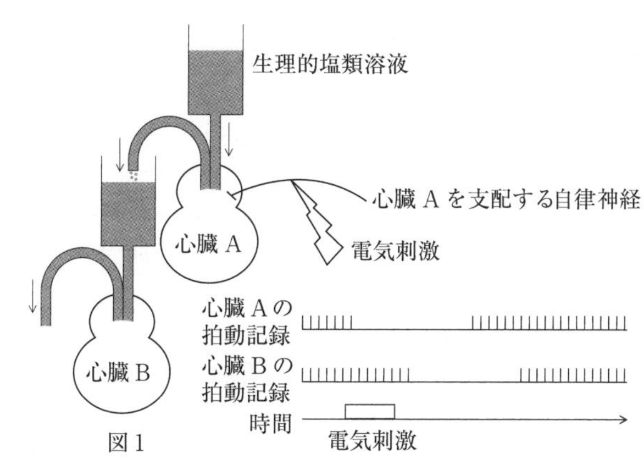

図1

(1)　心臓Aを支配するこの自律神経は何か。

(2)　心臓Aを支配する自律神経を電気刺激すると，心臓Bの拍動記録に変化がみられる。このしくみを，60字以内で説明せよ。　〈新潟大・駒沢大〉

60　ホルモンのはたらき　基

Ⅰ．ネズミの副腎を左右とも摘出すると，その多くが数日以内に死亡してしまう。これらのネズミを1～3週間程度の実験期間中生存させておくためには，給水びんの中身を水道水から生理食塩水に代えて与えなければならない。これは，正常な状態で副腎の［ア］から分泌されるはずの［イ］という$_a$ステロイドホルモンが，副腎切除によって分泌されなくなるからである。

問1　Ⅰの文中の空欄に適語を入れよ。

問2　空欄［イ］のホルモンの主な作用について，30字以内で説明せよ。

問3　下線部aのステロイドホルモンは，一般にどのような作用機序をもつか。50字以内で説明せよ。

Ⅱ．室温24℃の実験室で飼育していたネズミを，4℃に設定した低温室に移すと，甲状腺から［ウ］というホルモンが分泌され始めた。このネズミの血液を調べると，低温室に移した直後に比較して，［ウ］の分泌が活発になったときには，［エ］から分泌される刺激ホルモンや$_b$［オ］から分泌される放出ホルモンの血中濃度が［カ］していた。また，精製した［ウ］をカエルのオタマジャクシを飼っている水槽に入れたところ，オタマジャクシの［キ］が対照群に比べて促進された。

問4　Ⅱの文中の空欄に適語を入れよ。ただし，［ウ］はカタカナ5字または6字で答えること。

問5　下線部bのホルモンを合成している細胞の名称を答えよ。

問6　地球規模でみると，現在でも，海藻類などの摂取が限られている山間部で生活す

第7章　体液と恒常性

る人々のなかに，甲状腺から分泌されるホルモンの量が減少しているにもかかわらず，甲状腺が肥大する例が少なからず認められる。

(1) このホルモン［ウ］の分泌不足がもたらされる理由を，50字以内で説明せよ。

(2) 甲状腺肥大がもたらされる理由を，80字以内で説明せよ。

Ⅲ．絶食させたイヌを用いて，小腸に分布している神経をすべて切断した後，小腸の起始部である c 十二指腸内に薄い塩酸を注入したところ，十二指腸ですい液の分泌が観察された。また，d このイヌの十二指腸の上皮組織をすりつぶして得られるしぼり汁を，別のイヌの静脈に注射したところ，すい液の分泌が促進された。

問７ 下線部 c の実験操作で，塩酸が用いられた意図を30字以内で説明せよ。

問８ 下線部 d の実験操作で，上皮組織に含まれていた，すい液分泌を促した成分は何とよばれるホルモンか答えよ。 〈福井大〉

61 血糖量の調節 基

ホルモンを分泌する器官を内分泌腺という。ヒトの内分泌腺には，甲状腺，副腎などがあり，個体の［ア］の維持に重要な役割をしている。一般にホルモンはそれぞれ特定の［イ］細胞に作用する。［イ］細胞の［ウ］や細胞内には，特定のホルモンとだけ結合する受容体が存在する。

ホルモンによってコントロールされる重要な体内環境に，血糖量（血糖濃度）がある。血糖量は，血液中のグルコース濃度のことで，ほぼ一定に保たれている。生活習慣や遺伝的要因等さまざまな原因で，血糖量が異常に増加した状態が続く病気を糖尿病とよぶ。

問１ 文中の空欄に適語を入れよ。

問２ 下線部の内分泌腺の構造を，外分泌腺と比較して10字以内で説明せよ。

問３ (1)食後，および，(2)空腹時に血糖量を一定に保つしくみを，以下の語をすべて用いてそれぞれ100字以内で説明せよ。

〔インスリン，グルカゴン，すい臓，肝臓，筋肉，副腎，グリコーゲン，交感神経〕

問４ 図１のグラフは健常人１名，糖尿病患者２名の食事摂取後の血糖量とインスリン濃度の変化を示している。

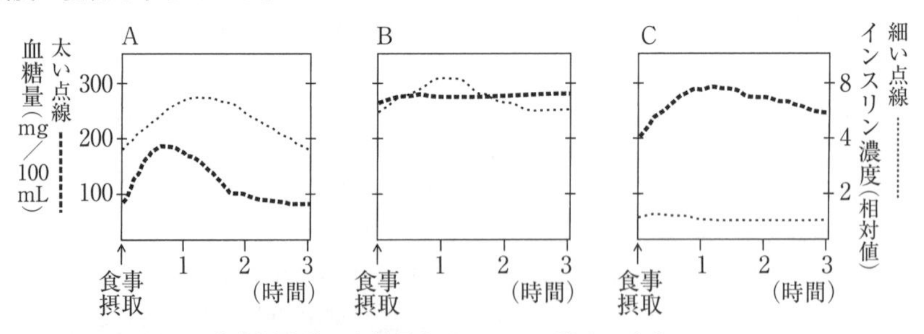

図１ 食事摂取後の血糖量とインスリン濃度の変化

(1) 健常人のグラフはA，B，Cのうちどれか。

(2) 糖尿病患者２名のうち１名は，細胞のインスリン受容やその後のシグナル伝達経路に問題はなく，ほかの１名はそれがうまくはたらいていないとする。シグナル伝達経路がはたらいていないと考えられるものはA，B，Cのうちどれか。

(3) インスリンを投与することが特に有効な患者はA，B，Cのうちどれか。

〈京都府大〉

25 生体防御

62 自然免疫と獲得免疫 基

血液細胞は，主に［ア］に存在する造血幹細胞からつくられる。血液細胞のうち，赤血球と血小板以外の細胞を白血球と総称するが，白血球には，免疫に関わる多種類の細胞が含まれる。白血球はリンパ球と食細胞に大きく分けられ，リンパ球はさらに獲得免疫(適応免疫)に関わる［イ］と［ウ］，および，自然免疫に関わるNK細胞に分けられる。

食細胞には好中球，［エ］，［オ］などの種類があり，体内に侵入した細菌などの病原体を食作用によって細胞内に取り込んで処理する。食細胞による生体防御は自然免疫に属する応答であるが，［エ］や［オ］は獲得免疫の誘導に重要な役割を果たす細胞である。すなわち，これらの細胞は，細胞内で処理した病原体由来の抗原の断片をMHCタンパク質にのせて，細胞表面に提示することができる。特に，［オ］は，［イ］のなかの1群である［カ］に抗原情報を提示して活性化させるはたらきの強い細胞である。活性化した［カ］は，共通の抗原を認識できる［ウ］を活性化させる。活性化した［ウ］は増殖して，抗原受容体を細胞外へ分泌するようになる。これが抗体である。抗体により病原体が排除された後に，活性化した［ウ］の一部は［キ］として体内に残り，次の感染に備える。

一方，細胞の内部に侵入して感染する細菌やウイルスに対しては，［イ］のなかの一群である［ク］が抗原特異的に活性化して，感染した細胞ごと病原体を処理する。

問1 文中の空欄に適語を入れよ。

問2 自然免疫に関する次の記述のうち，正しいものをすべて選べ。

① 自然免疫は，獲得免疫に比較して，応答が素早く病原体への特異性も高い。

② 異物を認識したマクロファージが周りの細胞にはたらきかけ，炎症が起きる。

③ マクロファージは，血液中に存在する単球が組織に入り込み分化した細胞である。

④ 汗や涙などに含まれるリゾチームは，細菌の細胞壁の主成分であるペプチドグリカンを分解する。

問3 MHCタンパク質に関する次の記述のうち，正しいものをすべて選べ。

① MHCタンパク質上に提示された抗原の断片を認識することに利用される分子が，その細胞がつくる抗体の可変部と同じ構造をもつB細胞の受容体(BCR)である。

② あるT細胞がもつ受容体(TCR)は，MHCタンパク質上に提示された異なる複数種類の抗原断片を認識できる。

③ MHCタンパク質は，白血球のみならずほとんどすべての細胞の表面に存在する。

④ MHCタンパク質の遺伝子には，多くの対立遺伝子(アレル)が存在する。

問4　抗体に関する次の記述のうち，正しいものをすべて選べ。

①　ABO式血液型の遺伝子型がAAのヒトの血液には，抗B抗体が含まれる。

②　ハブに噛まれた際の治療に用いる血清には，ハブ毒に対する抗体が含まれる。

③　抗体の多様性をつくる遺伝子の再編成は，抗原提示細胞から放出されるサイトカインの刺激により開始される。

④　抗体の可変部の多様性は，mRNA前駆体のランダムなスプライシングによりつくり出される。

〈近畿大〉

63 拒絶反応 基

Ⅰ．純系マウスを用いて皮膚移植の実験を行った。

実験1：A系マウス間で皮膚移植を行ったところ，互いの移植片は生着した。同様に，B系マウス間で皮膚移植を行ったところ，互いの移植片は生着した。

実験2：A系マウスとB系マウスとの間で相互に皮膚移植を行ったところ，どちらのマウスにおいても10日で拒絶反応が起こり，移植片は生着せず脱落した。

実験3：A系マウスとB系マウスを交配して得られたF_1(雑種第一代)を用いて次のような実験を行った。

(i)　A系マウスにF_1の皮膚を移植する。

(ii)　B系マウスにF_1の皮膚を移植する。

(iii)　F_1にA系マウスの皮膚を移植する。

(iv)　F_1にB系マウスの皮膚を移植する。

(v)　F_1どうしで互いの皮膚を移植する。

問1　次の(1)，(2)の結果として最も適切なものを，下の①～④からそれぞれ1つずつ選べ。なお，必要ならば同じ選択肢を選んでもよい。

(1)　実験2で移植片が脱落したA系マウスに再びB系マウスの皮膚を移植するとどのような反応が起こったか。

(2)　実験2で移植片が脱落したB系マウスのリンパ球を無処置のB系マウスに注射した後，直ちにA系マウスの皮膚を移植するとどのような反応が起こったか。

①　移植片は生着する。

②　移植片は1カ月で脱落する。

③　移植片は10日で脱落する。

④　移植片は5日で脱落する。

問2　実験2の下線部の反応について，関与する免疫と細胞に触れながら，具体的に40字以内で説明せよ。

問3　実験3の(i)～(v)の中で，移植片が生着したと考えられるものをすべて選べ。なお，拒絶反応に関わる遺伝子には，優劣関係はないものとする。

問4　胸腺をもたないC系のヌードマウスに，A系マウス，B系マウスいずれの皮膚を移植しても拒絶反応は起こらず生着した。その理由を30字以内で説明せよ。

Ⅱ．ヒトの臓器移植の場合，臓器の受給者が拒絶反応を起こすことがある。これは移植臓器の細胞表面に存在する［ア］タンパク質が個体間で異なっており，臓器の受給者がこのタンパク質を非自己として認識し，免疫がはたらくからである。ヒトでは，[ア]タンパク質はHLA（ヒト白血球抗原）ともよばれ，第6染色体上にあるHLA遺伝子（A，C，B，DR，DQ，DP）によってつくられる。それぞれのHLA遺伝子には数多くの対立遺伝子（アレル）が存在するため，その対立遺伝子の組み合わせは膨大な数になり，HLAの型が他人と完全に一致することは非常にまれである。これら6つの遺伝子の座は極めて近接して存在しており，それらの間での組換えはほとんど起こらない。そのため一般に，父親と母親が同一な兄弟姉妹間で，一卵性双生児を除いて，HLAの型が一致し，拒絶反応が起こらない確率はおおよそ[イ]%である。

問5　空欄[ア]にあてはまる，適切なアルファベット3文字の略称を答えよ。また[ア]タンパク質の正式名称を答えよ。

問6　空欄[イ]にあてはまる，適切な数値を答えよ。

〈宮崎大・群馬大〉

64 ウイルス 基

ウイルスは，これまでに幾度となく世界的な病気のまん延を引き起こしてきた。インフルエンザはA型，B型などの種類があるが，スペイン風邪などのようにヒトへの感染で世界的な大流行（パンデミック）をたびたび引き起こしたのはA型である。インフルエンザによる重症化を未然に防ぐために，不活化したウイルスがワクチンとして用いられてきた。インフルエンザウイルスのゲノムはRNAから構成され，遺伝情報の変異が速い。コロナウイルスもRNAをゲノムとしてもつため，同様にゲノムの変異が速い。そのRNAゲノムはエンベロープとよばれる宿主細胞に由来するリン脂質膜で包み込まれている。エンベロープにはウイルスの感染に必要なスパイクタンパク質（Sタンパク質）やエンベロープタンパク質（Eタンパク質）などの複数のタンパク質が埋め込まれている（下図）。最近になって，コロナウイルスによる$_a$<u>感染を確認する方法としてPCR法が</u>急速に普及した。また，コロナウイルスによる重症化予防手段として，mRNAワクチンが実用化された。これは，Sタンパク質のアミノ酸をコードする人工合成mRNAを筋肉へ注射することにより，体内でSタンパク質をつくらせ，それに対する獲得免疫（適応免疫）をあらかじめ高めておくものである。ワクチンとして用いられる人工合成mRNAは，効果を高めるために$_b$<u>化学的に修飾されたウリジンを含み，さらに脂質ナノ粒子（微小なリポソーム）の中に収めるなどの工夫</u>が施されている。

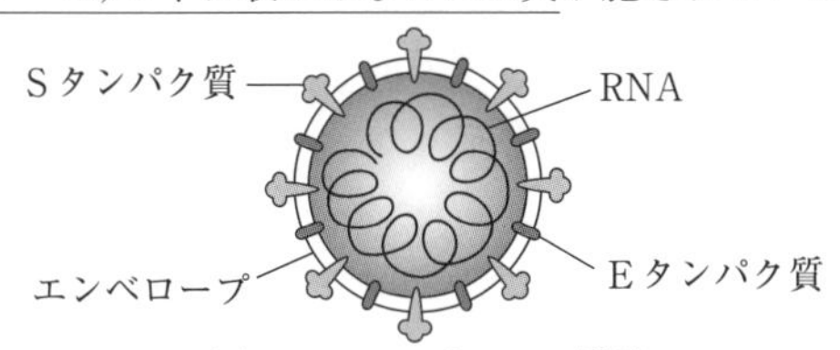

図　コロナウイルスの構造

問1　下線部aについて，コロナウイルスのゲノムは通常のPCR法で増幅することができず，PCR法に先立って特別な反応が必要となる。その反応の名称と，それが必要となる理由を50字以内で答えよ。

問2　ウイルスを生命とみなすかどうかは，今でも結論が出ていない。生命とみなすことができる特徴と，生命とはみなせない特徴をそれぞれ1つずつ答えよ。

問3　人工合成したmRNAがワクチンとして効果を発揮するために，なぜ下線部bの工夫が必要となるのかその理由を考え，その可能性を50字以内で答えよ。

問4　コロナウイルスは，エタノールや洗剤による処理によって，その感染力が無効化される。その理由を，前ページの図に示すウイルスの構造を参考にして50字以内で答えよ。

〈名古屋市立大〉

第8章 植物の環境応答

26 環境応答と植物ホルモン

65 被子植物の配偶子形成と胚発生

イネでは，おしべの先端の［ア］の中で花粉母細胞が減数分裂を行って4個の細胞からなる［イ］ができる。めしべの柱頭に付着したそれぞれの花粉は，発芽して花粉管を伸ばす。花粉管内では［ウ］が分裂して2個の精細胞を生じる。

めしべの［エ］内にある胚珠では，胚のう母細胞が形成される。胚のう母細胞は，大きな［オ］個の胚のう細胞と，小さな［カ］個の細胞になる。その後，胚のう細胞は，3回の［キ］を行って8個の核を生じる。8個の核のうち3個は，珠孔側で1個の卵細胞の核と2個の助細胞の核となる。また，他の［ク］個の核は，珠孔の反対側に移動して，［ク］個の反足細胞の核となる。残りの［ケ］個の核は，胚のうの中央に集まり，極核とよばれる［ケ］個の核となる。このようにして，胚珠内に卵細胞を含む胚のうが形成される。

花粉管が胚珠の珠孔に達すると，2個の精細胞は，胚のう内へ進入する。精細胞は，1個が卵細胞と受精し受精卵となる。他の1個の精細胞は中央細胞と融合し，その後，発芽後の栄養供給にはたらく胚乳を形成する。

問1　文中の空欄に適切な語句，または数字を入れよ。

問2　イネの胚のう母細胞，胚のう細胞，卵細胞，花粉母細胞，精細胞，胚乳の細胞それぞれの核相を答えよ。

問3　文中の下線部に関して，適当な記述を次からすべて選べ。

① マメ科植物の種子では，受精卵に由来する構造に栄養分が貯蔵される。
② ダイコンやアサガオなどでは，重複受精は起こらない。
③ 受精卵からつくられる胚柄は，完成した種子では失われている。
④ 受精卵に由来する胚は，子葉，幼芽，胚軸，幼根から構成される。

問4　イネのウルチ性の純系品種(遺伝子型 AA)の花粉をモチ性の純系品種(遺伝子型 aa)のめしべに授粉して得られた玄米(F_1)はすべてウルチ性であった。この玄米から発芽し成長した個体どうしを交配したところ，1つの穂にウルチ性とモチ性の玄米(F_2)が混じった状態となった。

(1) F_1 の胚乳の遺伝子型を答えよ。
(2) F_2 の胚乳の遺伝子型の分離比を答えよ。

問5　花粉管の胚のうへの誘引に関して，胚のうの内部にある卵細胞や2つの助細胞をレーザー光で破壊し，花粉管が誘引されるかどうかを調べる実験を行った。破壊した細胞の組み合わせとその結果を

表1　卵細胞と助細胞の破壊が花粉管誘引に及ぼす効果

実験番号	卵細胞	2つの助細胞	花粉管の誘引
実験1	無傷	無傷	有
実験2	破壊	無傷	有
実験3	無傷	破壊	無
実験4	破壊	破壊	無

前ページの表1に示す。この結果より，卵細胞と助細胞のどちらが花粉管の誘引に必要か，そう考えた理由とともに80字以内で述べよ。〈宮崎大・奈良女大〉

66 ABCモデル

被子植物の花は，がく片，花弁，おしべ，めしべ，という4種類の部分(花器官)からなり，花の中でのそれらの配置パターンは一定している。この配置パターン，すなわち花の形態分化に関与する遺伝子は，シロイヌナズナの遺伝子欠損変異体を用いた研究によって明らかにされた。花の形態が異常になる遺伝子欠損変異体の解析から，花の形態分化に関与する遺伝子は*A*，*B*，*C*の3つのクラスに分類できることが見出され，ABCモデルとよばれている。花器官ができる場所を領域1から4に分け，領域1にはがく片，領域2には花弁，領域3にはおしべ，領域4にはめしべができると考え，3つのクラスの遺伝子欠損変異体は，表1のようにまとめることができる。

表1を参考にすると，野生型において各クラス遺伝子がはたらく場所は，図1のように図示することができる。

表1

	領域1	領域2	領域3	領域4
野生型	がく片	花弁	おしべ	めしべ
*A*クラス遺伝子の欠損変異体	めしべ	おしべ	おしべ	めしべ
*B*クラス遺伝子の欠損変異体	がく片	がく片	めしべ	めしべ
*C*クラス遺伝子の欠損変異体	がく片	花弁	花弁	がく片

問1 図1の㋐，㋑，㋒は，*A*，*B*，*C*のそれぞれどれにあてはまるか，答えよ。

問2 図1にならい，

(1) *A*クラス遺伝子の欠損変異体

(2) *B*クラス遺伝子の欠損変異体

(3) *C*クラス遺伝子の欠損変異体

において，各クラス遺伝子がはたらく場所をそれぞれ図示せよ。

問3 *A*クラスの遺伝子と*C*クラスの遺伝子は，それぞれのはたらく場所についてどのような関係にあるか。30字以内で説明せよ。

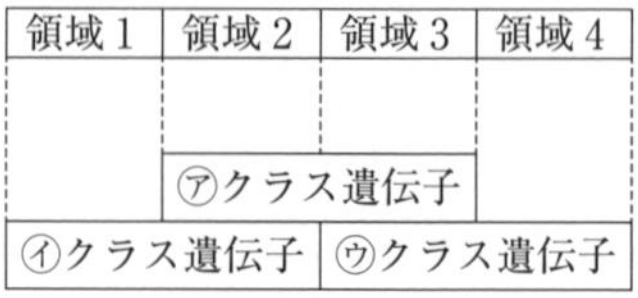

野生型

領域1	領域2	領域3	領域4
	㋐クラス遺伝子		
㋑クラス遺伝子		㋒クラス遺伝子	

図1

〈静岡大〉

67 オーキシンによる成長の調節

植物の示す環境応答のなかでも，特に，光刺激に対する応答は，種子の発芽，茎や根の成長，孔辺細胞の［ア］の変化によって生じる気孔の開閉，［イ］組織での花芽形成など，植物の一生を通じていろいろな部位でみられる。

植物の光刺激に対する応答には，フィトクロムなどの［ウ］とよばれる，光を吸収して一定の機能を果たす複数の物質が関与することが知られている。［エ］は$_a$青色光を感知する［ウ］の一種である。この物質のはたらきにより，茎は，光を受けた側と，陰になった側との間で，植物ホルモンの一種であるオーキシンの濃度に差異が生じるため，$_b$正の［オ］を示すと考えられている。

植物が合成する主な天然オーキシンはインドール酢酸とよばれる化学物質であり，[オ]の他に，頂芽優勢などにも関与することが知られている。オーキシンには，細胞壁の主成分である[カ]繊維どうしあるいは他の細胞壁の成分との結合を弱めることで細胞壁を緩め，植物細胞の伸長成長を促進するはたらきがある。また，オーキシンは，植物体内では，茎の先端部側から基部側へと移動し，逆方向には移動しない。このような$_c$方向性をもったオーキシンの移動のことを極性移動という。

問1　文中の空欄に適語を入れよ。

問2　下線部aについて，植物において青色光を感知することが確認されている[エ]以外の物質の名称を述べよ。また，次の①～④の中から，その物質の関与が明らかにされている植物の成長過程を1つ選べ。

① 種子の発芽
② 胚軸の伸長成長
③ 果実の成熟
④ 葉柄基部の離層形成

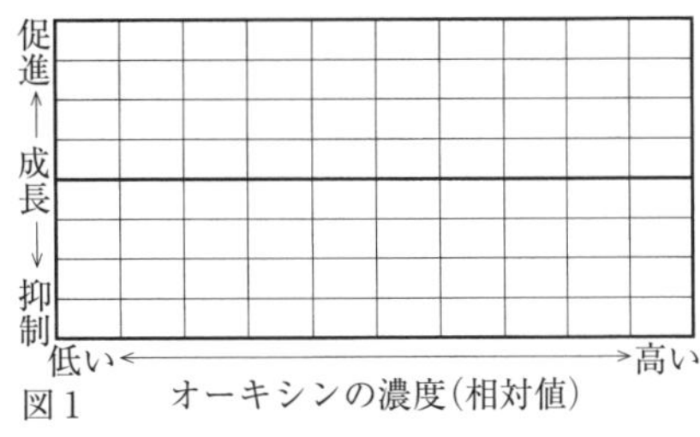

図1

問3　下線部bについて，根は，茎とは異なり，光の当たらない方向に屈曲する負の[オ]を示す。

(1) 図1に，根と茎の反応を示す曲線を，根は破線，茎は実線で記入し，屈曲の方向が逆になる原因として考えられている根と茎のオーキシン感受性の違いを示せ。

(2) 感受性の違いにより根と茎の屈曲の方向が逆になるしくみを，150字以内で説明せよ。

問4　下線部cについて，オーキシンの極性移動には，オーキシンを輸送するPINタンパク質(排出輸送体)の細胞内での局在が主に関与する。図2は茎の細胞を模式的に示したものである。図2中に，排出輸送体の分布を図示せよ。また，隣接した細胞間で排出輸送体によりオーキシンが輸送される経路を矢印で図示せよ。図示する排出輸送体は大きさや数を変えてもよい。〈東京農工大〉

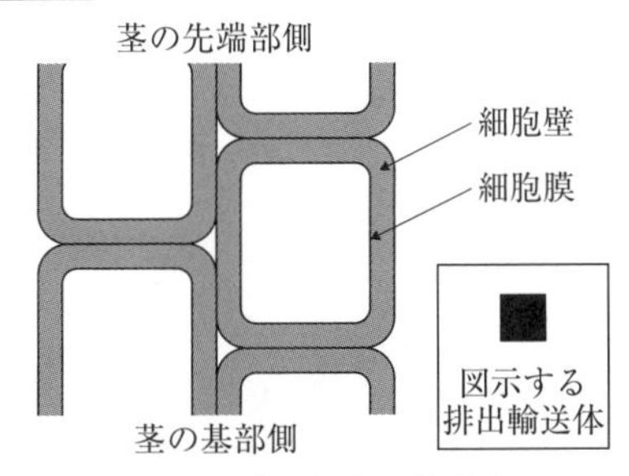

図2　茎の細胞の模式図

68 いろいろな植物ホルモンのはたらき

Ⅰ．植物細胞の成長方向は，細胞壁のセルロース繊維の方向で決まる。ジベレリンが作用すると，セルロース繊維は茎の伸長方向に対して[ア]方向にそろえて並び，オーキシンの作用によって[イ]方向に細胞が成長する。これらの植物ホルモンは果実の成育にも関与する。ジベレリン溶液をブドウのつぼみや花に作用させることで種なしブドウを作成することができる。これはブドウのつぼみや花をジベレリン溶液に浸すと，[ウ]の発達が促進されるからである。また，果実が落果するときに，果柄の基部に[エ]ができる。これは，[エ]付近の細胞のオーキシン濃度が[オ]し，エチレン濃度が[カ]することにより，細胞どうしの接着にはたらく[キ]

が分解されるからである。乾燥条件で急速に合成され，孔辺細胞から［ ク ］を排出させ，その膨圧を［ ケ ］させることで気孔の閉鎖を促すことにもはたらく［ コ ］は，このエチレン濃度を［ カ ］させて間接的に［ エ ］の形成を引き起こす。

問1　文中の空欄に適語を入れよ。

Ⅱ．植物の組織を切り出して，栄養分や植物ホルモンを含む培地で培養すると，未分化に近い状態に戻り，細胞分裂を再開する。この増殖した細胞の塊をカルスとよぶ。植物ホルモンとしてはたらく物質Kと物質Ⅰの濃度が異なる培地(栄養分を含む)の上に植物Xの茎の一部をおき，光を照射しながら4週間培養した後に，分化状態を調べて表1にまとめた。培地によって，カルスの他に，根，茎，葉が分化していた。

表1

培地	1	2	3	4	5	6
物質K(mg/L)	0	0	0	0.3	1.0	1.0
物質Ⅰ(mg/L)	0	0.1	3.0	0.3	0.3	1.0
4週間後の分化状態	A	B	D	B	C	C

A：カルスは形成されず，根，茎，葉の分化は見られなかった。
B：カルスが形成され，そこから根が分化していた。
C：カルスが形成され，そこから茎と葉が分化していた。
D：カルスが形成されたが，根，茎，葉の分化は見られなかった。

このように，植物は一度分化して細胞分裂をしなくなった組織の細胞分裂を再開させることができる。さらに，カルスが由来する組織とは別の組織に分化する能力を保持していることがわかる。ある遺伝子が発現しなくなった変異体Yについても X と同じように茎の一部を培養して，4週間後の分化状態を調べた。その結果，調べたすべての培地における分化状態は，表1の結果と差異が認められなかった。そこで，次に培地3，培地4，培地5について，組織の重量を培養日数ごとに測定してグラフにした(図1)。

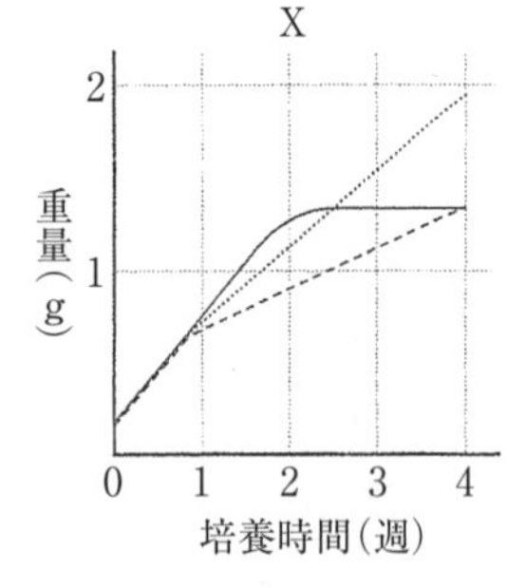

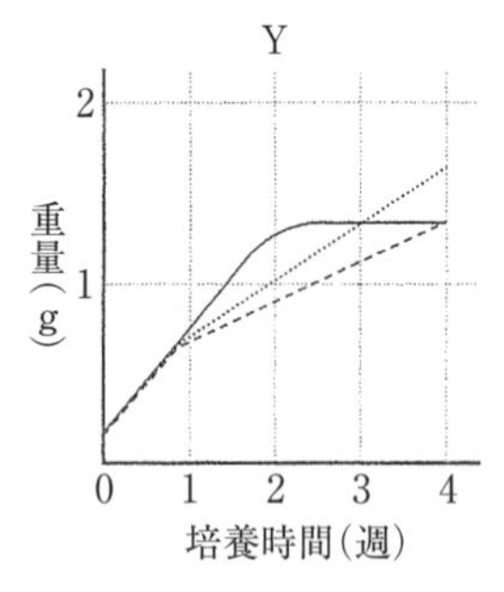

── 培地3，---- 培地4，······· 培地5で培養した組織を示す。

図1

問2　表1の結果に関して，適切な文章を次からすべて選べ。

① 培地中の物質Ⅰ濃度が高いほど，カルスから根が分化しやすい。
② カルスから茎と葉が分化するときに，高い濃度の物質Kが必要である。
③ 物質Kと物質Ⅰの両方が培地に含まれると，カルスから根が分化しない。
④ 物質Ⅰが培地中に含まれると，カルスから茎と葉が分化しない。
⑤ 分化した茎にカルスが形成されるためには，物質Kと物質Ⅰの両方の植物ホルモンが必要である。

問3　変異体Yの原因遺伝子のはたらきとして考えられることとして，適切な文章を次からすべて選べ。

① 根の細胞分裂回数を増やす。
② 茎と葉の細胞分裂回数を増やす。
③ 光合成を促進する。
④ カルスの細胞分裂回数を増やす。
⑤ カルスを根に分化させる。

問4 カルスから茎や葉を分化させる遺伝子が発現しなくなった変異体を単離したい。培地4と培地6に茎の一部をおいて，4週間後にそれぞれどのような分化状態を示す変異体を単離すればよいか。表1の4週間後の分化状態の組合せとして最も適切なものを右表の①～⑧から選べ。

	培地4	培地6
①	A	A
②	A	D
③	B	A
④	B	D
⑤	C	A
⑥	C	D
⑦	D	A
⑧	D	D

問5 問4の変異体の原因遺伝子として，最も適切なものを次から1つ選べ。
① カルスの細胞分裂を促進する因子
② カルスの細胞分裂を抑制する因子
③ 物質Ⅰの生合成を行う酵素
④ 物質Kと同じ作用を示す植物ホルモンの生合成を行う酵素
⑤ 物質Ⅰの受容体
⑥ 物質Kの受容体

〈東京理大〉

27 環境応答とそのしくみ

69 種子発芽

植物の種子は，成熟後に［ア］するものが多い。種子は［ア］によって，遠くまで運ばれたり，生育に不適当な時期を乗り越えて生存したりすることが可能になる。［ア］の維持には，種皮が水や酸素を通しにくいことに加えて，［イ］が重要な役割を果たしている。オオムギやイネなどの胚乳をもつ種子の発芽では，発芽に適した条件が整うと，胚で［ウ］が合成される。この［ウ］は，胚乳の外側にある［エ］の細胞にはたらきかけて，［オ］を合成させる。［オ］は胚乳に蓄えられていた［カ］をマルトースなどの糖に分解する。生成した糖は胚に吸収されて，エネルギー源となるとともに，細胞の［キ］を高めて吸水を促進し，その結果，発芽が始まる。

種子の発芽には，さまざまな環境要因が影響する。ある種のレタスなどの種子の発芽は光によって促進され，このような種子は光発芽種子とよばれる。これらの種子の発芽には，赤色光(波長660nm付近)が特に有効であるが，赤色光の照射直後に遠赤色光(波長730nm付近)を照射すると，赤色光の効果が打ち消されて発芽が抑制される。この現象はフィトクロムという色素タンパク質のはたらきによる。植物の発芽に対する光の効果を調べるため，次の実験を行った。

実験：ある植物の種子を培地の上に播(ま)き，1時間暗所に置いた後，光源Xまたは光源Yが発する光を次ページの図1に示す条件で5分間ずつ照射し，さらに5日間暗所に置いた後に発芽率を調べ，図2の結果を得た。なお，光源Xと光源Yは赤色光または遠赤色光いずれかの光を発する。

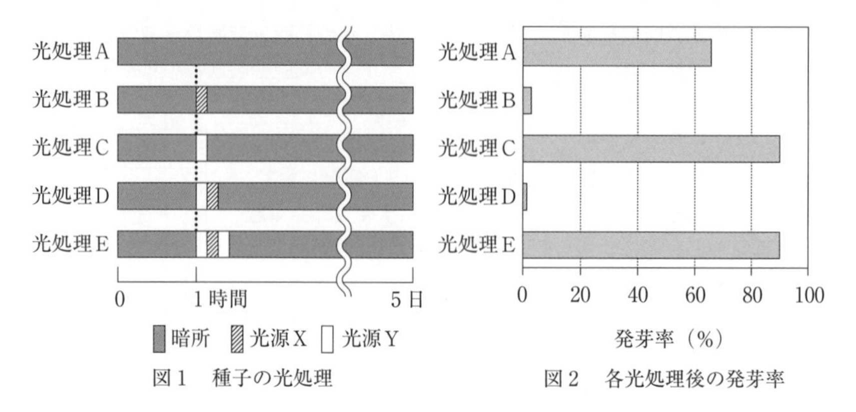

図1　種子の光処理　　　図2　各光処理後の発芽率

問1　文中の空欄に適語を入れよ。ただし，［イ］と［ウ］には植物ホルモンの名称が，［オ］には酵素の名称が入る。

問2　下線部に関連して，他の植物に覆われていない開けた地表で光発芽種子がよく発芽する理由を，60字以内で説明せよ。

問3　(1)　赤色光を発するのは光源Xか光源Yか答えよ。

(2)　(1)のように判断した理由を30字以内で答えよ。

問4　図1の光処理Aよりも光処理Bの方が発芽率が低い理由として最も適当なものを，次から1つ選べ。

① 赤色光照射によりフィトクロムが赤色光吸収型から遠赤色光吸収型に変化した。
② 赤色光照射によりフィトクロムが遠赤色光吸収型から赤色光吸収型に変化した。
③ 遠赤色光照射によりフィトクロムが赤色光吸収型から遠赤色光吸収型に変化した。
④ 遠赤色光照射によりフィトクロムが遠赤色光吸収型から赤色光吸収型に変化した。

問5　図1の処理Dにおいて，光源Xの照射後に太陽光を5分間照射すると発芽率はどのような結果になると考えられるか。最も適当なものを，次から1つ選べ。

① 10%未満　② 10%～49%　③ 50%～65%　④ 66%以上

〈大阪公大〉

70　花芽形成の調節

Ⅰ．多くの種子植物では，種ごとに開花の季節が決まっている。これは，光や温度などの条件によって花芽の形成が調節されているからである。植物には，ａ日長が一定の長さ以上になると花芽を形成する長日植物と，日長が一定の長さ以下になると花芽を形成する短日植物があり，このように生物が日長に対して反応する性質を［ア］という。長日植物と短日植物の花芽形成に影響を与えるのは連続した暗期であり，長日植物における花芽形成が起こる［イ］の暗期の長さ，および短日植物における花芽形成に必要な［ウ］の暗期の長さを限界暗期とよび，植物ごとに決まっている。また，日長に関係なく，一定の大きさに生育すると花芽を形成する植物は［エ］植物とよばれる。

植物が日長の変化を感じ取ることで花芽形成するしくみを調べるために，短日植物であるオナモミを用いた実験を行った。オナモミの限界暗期は9時間であることがわかっている。2本の枝をもつオナモミを用意し，次のような実験を行い結果を得た(図1)。

A：片方の枝の葉を除去し，葉を除去した枝にのみ短日処理(連続暗期9時間以上)を施したところ，どちらの枝にも花芽が形成されなかった。

B：葉のついた片方の枝にのみ短日処理を施したところ，どちらの枝にも花芽が形成された。

C：図の矢印部位で，茎の形成層の外側を取り除く環状除皮を行って師部を取り除き，Bと同様な短日処理をすると，短日処理を行った枝の花芽は形成されたが，短日処理しなかった枝の環状除皮部位より先では花芽は形成されなかった。

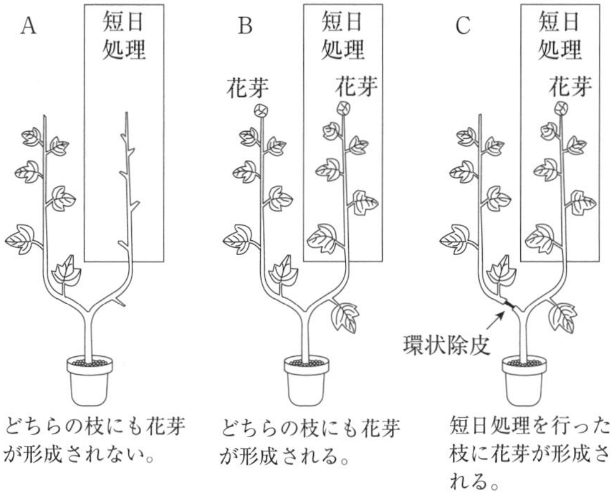

A　短日処理　どちらの枝にも花芽が形成されない。

B　短日処理　花芽　花芽　どちらの枝にも花芽が形成される。

C　短日処理　花芽　環状除皮　短日処理を行った枝に花芽が形成される。

図1

問1　文中の空欄に適語を入れよ。

問2　下線部aの長日植物と短日植物を，次からそれぞれすべて選べ。

① アブラナ
② アサガオ
③ タバコ　④ トウモロコシ　⑤ イネ　⑥ トマト
⑦ エンドウ　⑧ キク　⑨ コスモス　⑩ コムギ

問3　(1)　AとBの結果からどのようなことが考察されるか，50字以内で述べよ。

(2)　BとCの結果からどのようなことが考察されるか，50字以内で述べよ。

問4　(1)　上記の実験における花芽形成促進物質は，科学者チャイラヒャンによって何とよばれたか答えよ。

(2)　近年の分子生物学的研究によって，この物質の実体と考えられるタンパク質が相次いで明らかになった。シロイヌナズナの花芽形成促進物質の実体と考えられているタンパク質名を記せ。

Ⅱ．日長条件を変えることができる栽培装置を用いて，ホウレンソウとオナモミを図2の①～⑤の各条件で栽培し，花芽形成の有無を調べた。

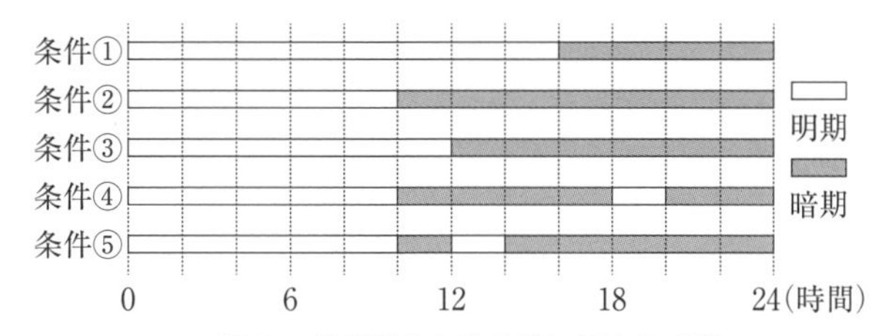

図2　花芽形成と光条件に関する実験

問5　①～⑤の各条件について，それぞれの植物が花芽形成すると予想される場合には○，花芽形成しないと予想される場合は×を答えよ。なお，ホウレンソウは長日植物で，その限界暗期は11時間であることがわかっている。

問6　日長条件に加えて一定期間の低温が花芽形成に必要な植物もある。一定期間の低温により花芽形成が促進される現象を何とよぶか。

〈日本獣医生命科学大・香川大〉

71 植物体内の水移動

植物は根から水の吸収を行っている。根の表面には［ア］が発達し，土壌中の水を効率よく吸収できるようになっている。水が土壌から［ア］などの細胞に移動できるのは，細胞の吸水力がはたらくからである。取り込まれた水は［イ］系に分類される皮層を通過して，［ウ］系の木部の［エ］に移動する。［エ］の中の水には，これを押し上げる力である［オ］がはたらき，水は地上部へと移動していく。そのときに，水が茎の中を途切れずに上昇することができるのは，水分子間にはたらく［カ］力による。葉に達した水は，２つの［キ］細胞で構成される気孔から水蒸気として放出される。このような，植物体からの水の蒸発を［ク］とよんでいる。気孔の開閉は，環境の影響を強く受ける。

問1　文中の空欄に適語を入れよ。

問2　右図は，ヒマワリの吸水速度の１日の変化を示している。このとき，気孔からの水分放出速度はどのような変化を示すか，右図に実線で描き加えよ。

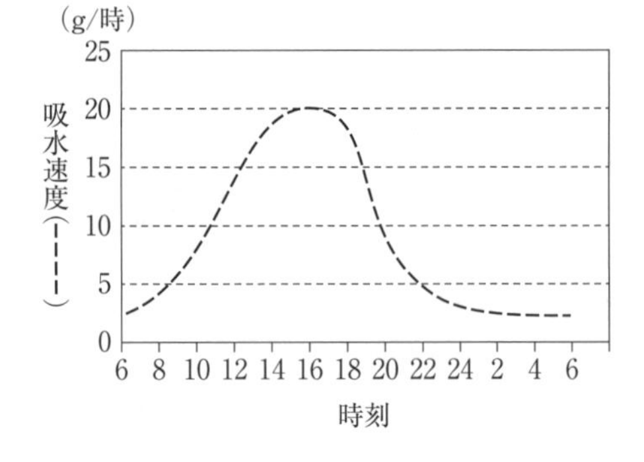

問3　気孔以外の葉の表皮組織からは蒸散が起こりにくい。その理由を30字以内で説明せよ。

問4　気孔の開閉には，それを構成する細胞の構造が大きく関係している。その構造上の特徴について30字以内で説明せよ。

問5　気孔の開閉に影響する環境要因を３つ答えよ。

〈島根大・山形大・静岡大〉

第9章 生物の集団と生態系

28 個体群と相互作用

72 個体群密度

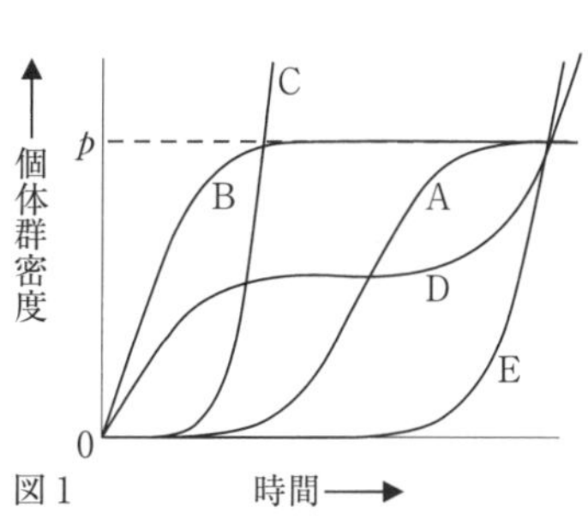

図1

個体群密度の推定法に，一定面積の区画を作成しその中の個体数を数える［ア］，a標識再捕法などがある。個体数や個体群密度は，適当な生育空間と栄養資源があれば増加する。これを個体群の成長といい，図1のように横軸に時間，縦軸に個体群密度をとり，その変化の過程を表したグラフを［イ］という。一般に個体群密度は，はじめ緩やかに増加し，その後急速に増加する。個体群密度の増加が一定以上になると，限られた生育空間と栄養資源をめぐって個体間の［ウ］が激しくなり，b生息環境の悪化が進む。やがて個体群密度の増加は抑制され，グラフAのようにS字状を示す。このように，個体群密度の変化が個体群の成長に与える影響を［エ］という。また，個体群として維持できる最大の個体群密度pを［オ］という。

動物では，個体群密度の変化によって，同一種の個体に形態，色彩，生理，行動などに著しい変化が現れることがある。この現象を［カ］といい，c個体群密度が大きいときの状態を［キ］，小さいときの状態を［ク］という。植物では個体群密度が大きいほど個々の植物体は小さくなるが，個体群全体の重量は，個体群密度の変化に関係なく，最終的には一定の値に達する。これを［ケ］の法則という。

問1 文中の空欄に適語を入れよ。

問2 下線部aの標識再捕法を行うとき，標識に求められる条件の1つに，調査期間中に欠落や消失しないことがあげられる。この他に，標識に求められる重要な条件を，20字以内で述べよ。

問3 下線部aの標識再捕法が個体群密度の調査法として最も適当な動物の例を，次から1つ選べ。

① ザトウクジラ　② オオクチバス　③ イソギンチャク
④ アサリ　⑤ ニホンカモシカ　⑥ フジツボ

問4 標識をつけた個体数をn，再び捕獲した個体数をL，Lの中の標識個体数をMとするとき，推定個体総数Xを表す式を答えよ。

問5 下線部bの原因として，個体群密度の増加によると推察される事象の1つを10字以内で答えよ。

問6 図1に関して，個体群の成長を抑制する環境からの作用がないと仮定した場合，個体群の成長曲線は，グラフB～Eのどれに相当するか。最も適当なものを1つ選べ。

問7 下線部cの場合，ワタリバッタの個体群にみられる特徴を，その移動力と産む卵について30字以内で述べよ。〈関西大〉

73 個体群の構成

ある一定の空間と時間の中で生活している同種の個体の集まりを個体群という。動物個体群の年齢構成は図1のような［ア］で示され，その形から3つの型に分けられる。年齢ごとの生存数の変化を調べまとめた表を［イ］，それをグラフにしたものを［ウ］といい，それはa大別して3つの型に分けられる。［ウ］の例を図2に示す。個体群の密度が高くなると，b限られた生活場所や栄養分などの［エ］をめぐる同種の個体間の競争が強くなる。すると，同じ種の他の個体を排除して生活空間を占有する個体が現れる。この占有空間を［オ］とよぶ。また，個体間の争いを避けるために優位と劣位の序列をつける［カ］を発達させている種もある。これらは個体群の維持に重要な役割を果たしている。

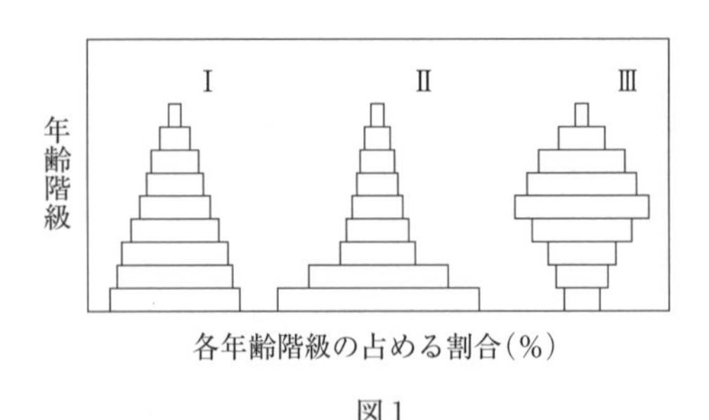

図1

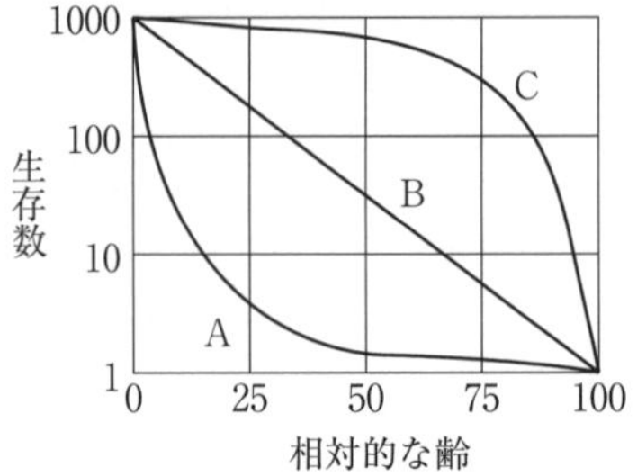

生存数
1000
100
10
1
A
B
C
0
25
50
75
100
相対的な齢

図2

問1 文中の空欄に適語を入れよ。

問2 図1にはヒトの個体群の年齢構成の3つの型を示した。図中のⅠ，Ⅱ，Ⅲで示された個体群は，それぞれ今後どのように変化すると予測されるか。それぞれ10字以内で述べよ。

問3 下線部aの3つの型は図2にA，B，Cで示されている。それぞれの型を代表する生物の特徴を表しているものを，次からすべて選べ。

① ヒトのように成長に伴う各時期の死亡率が一定である。
② ヒドラのように発育の全過程にわたってほぼ一様な死亡数を示す。
③ ウニのように，幼齢期は水中でプランクトン生活する。
④ 各齢で，天敵による被食を同程度に受ける。
⑤ 多くの個体が生理的寿命近くまで生存できる。
⑥ 産卵・産子数は少なく，若齢期の死亡率が低い。
⑦ 多産型で，手厚く子の保護をする。
⑧ 少ない卵または子を産み，それらの保護はしない。
⑨ 多くの卵または子を産むが，それらの保護はしない。

問4 下線部bのように，同種個体間で強い競争がある場合，一定地域内で個体の分布はどのような分布様式を示すか。最も適当な語を答えよ。

〈信州大〉

74 縄張りや群れの大きさ

Ⅰ．天然アユが生息するこの河川では，人工アユの放流がある年から実施されており，放流数は毎年同じである。河川環境の年による変化は無視できるものとする。

問1　人工アユについて，わずかな個体数の親魚を用いて生産し，さらにその一部を親として翌年に生産する，ということを繰り返した場合，将来的に病気にかかりやすくなることがある。このような現象を何というか，答えよ。なお，アユの寿命は1年である。

問2　アユは縄張りをもち，縄張りに侵入した他のアユを追い払う習性がある。また，縄張りをもてなかったアユは群れをなして泳ぐことが知られている。縄張りをもっていた天然アユの行動観察を定期的に行い，縄張りの面積を調べた。

(1)　図1は，人工アユの放流を開始する以前の，アユ1個体あたりの縄張りの面積と，縄張り内で得られる利益および縄張りを維持するための労力との関係を示したものである。人工アユの放流を開始した後では，どのような状況が想定されるか，新たな面積と労力との関係を図1中に記入せよ。

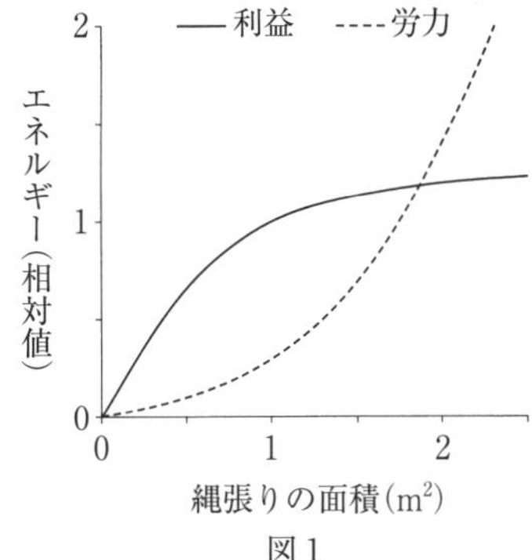

図1

(2)　人工アユの放流後では，アユの縄張りの面積は放流前に比べてどのようになると考えられるか。その理由とともに，80字以内で説明せよ。

Ⅱ．図2 a，bは，実験的にモリバトの群れサイズを変えて，飼い慣らしたオオタカにモリバトの群れを襲撃させる実験を行った結果を示したものである。

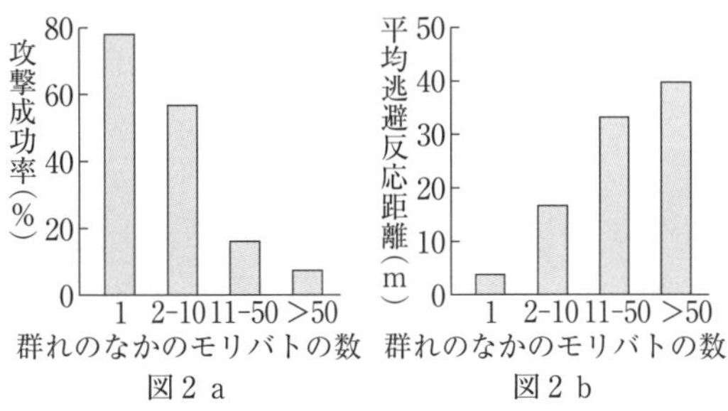

図2 a　図2 b

注：逃避反応距離（モリバトが逃げ始めたときのオオタカとの距離）

問3　(1)　図2 aからわかることを40字以内で述べよ。

(2)　なぜ図2 aの結果になるのか，図2 bから考えられる理由を50字以内で述べよ。

問4　モリバトが群れをつくることによって生じる不利益には，具体的にどのようなことが考えられるか。20字以内で説明せよ。

〈広島大・宇都宮大〉

29 バイオームと植生の遷移

75 いろいろなバイオーム 基

ある気候条件のもとでどのようなバイオームが成立するかは，年降水量と年平均気温で決まる（次ページの図1）。年降水量が多く，年平均気温が－5℃以上の地域では森林が成立するが，年降水量が少ない地域では［ア］やステップとよばれる［イ］となる。

日本列島は南北に長く亜熱帯から亜寒帯までの気候をもち，年降水量が豊富なため，ほぼ全国で森林が発達している。気温は，標高が高くなるにつれて，100m 当たり約 0.6℃の割合で低下する。そのため，標高が高くなるにつれて，バイオームは緯度に伴う変化と同じように変化し，図 2 のように表される。各バイオームの境界は,「暖かさの指数」を用いると理解しやすい。「暖かさの指数」とは，ある地域の各月ごとの平均気温から 5℃引いたもののうち，5℃以上の各月について月平均気温をたし合わせたものである。その指数とバイオームとの関係は図 1 に示す通りである。神奈川県海老名市の「暖かさの指数」を下表から計算すると，図 1 からバイオームは［ウ］であることがわかる。青森県青森市では，同様にして「暖かさの指数」は［エ］であり，夏緑樹林であることが図 1 からわかる。一方，海老名市とほぼ同じ緯度であっても標高が高い長野県八ヶ岳山麓の野辺山では，「暖かさの指数」は［オ］となり，この地域は夏緑樹林であることが図 1 からわかる。

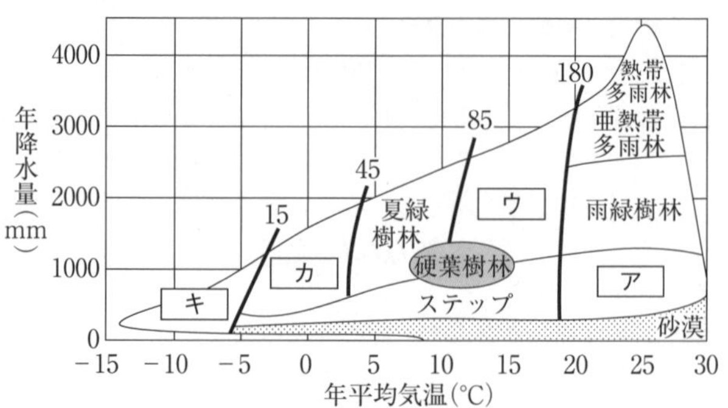

図 1　世界のバイオームと環境要因。バイオームの境界の数字は「暖かさの指数」を示す。

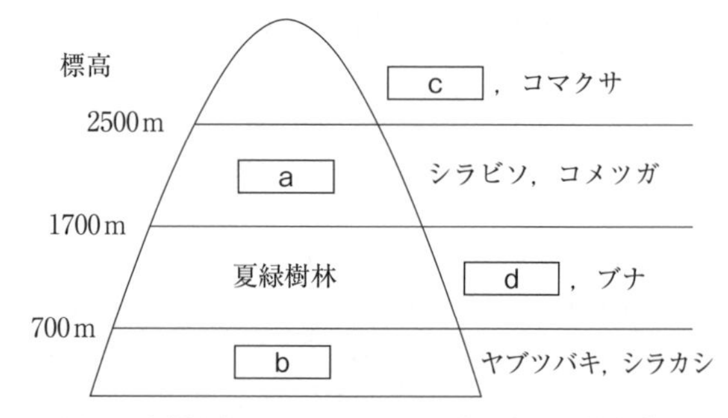

図 2　本州中部のバイオームの分布と主要な植物種

表　毎月の平均気温(℃)

場所	標高	1	2	3	4	5	6	7	8	9	10	11	12
海老名	18m	4.6	5.3	8.6	13.8	18.2	21.5	25.1	26.5	23.0	17.4	11.9	7.0
青　森	2.8m	−1.2	−0.7	2.4	8.3	13.3	17.2	21.1	23.3	19.3	13.1	6.8	1.5
野辺山	1350m	−5.3	−4.9	−0.8	5.6	10.6	14.5	18.4	19.2	15.2	8.8	3.5	−2.0

気象庁アメダスデータによる

問 1　文および図 1 中の［ア］～［キ］に適当な語または数字を入れよ。数字は小数点第 1 位を四捨五入せよ。

問 2　下線部について，(1)標高および(2)緯度の違いに伴うバイオームの分布の名称をそれぞれ答えよ。

問3　前ページの図2の［ a ］～［ d ］にあてはまるバイオームまたは植物種名を答えよ。なお，植物種名は次からそれぞれ1つずつ選べ。

〔タブノキ，トドマツ，アカガシ，ビロウ，ミズナラ，ハイマツ，ヒルギ，アコウ〕

問4　図2の標高2500mに位置する境界の名称を答えよ。なお，これより高標高のところでは，高木が密には生育しなくなる。

問5　図2の夏緑樹林が成立しているところの，垂直分布帯としての名称を答えよ。

問6　表を用いて，海老名市の近くで，1000m高い地点の「暖かさの指数」を求めよ。それをもとに，その地点のバイオームを答えよ。数字は小数点第1位を四捨五入せよ。

問7　夏緑樹林と雨緑樹林を構成する樹種の，生活形上の共通点と相違点について50字以内で述べよ。　〈東邦大〉

76 日本のバイオーム 基

A．植生の中で，背丈が高く，枝や葉の広がりが最も大きい種類を［ ア ］という。［ ア ］が，木本であるか草本であるか，あるいは常緑であるか落葉であるかなど，［ ア ］の生活形によって特徴づけられる外観から区分される植生の様相を［ イ ］という。

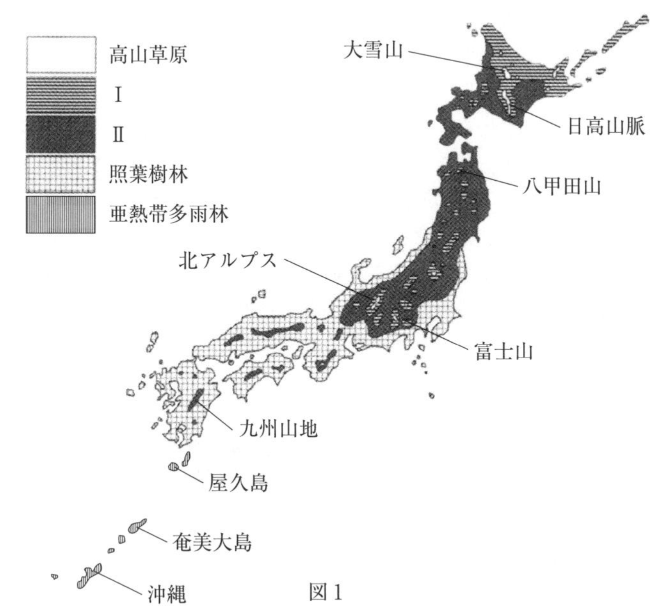

図1

B．日本の中南部で，人の手があまり入っていない場所には照葉樹林が見られる。スダジイやアラカシなどによる［ ウ ］層が，［ エ ］とよばれる森林の最上層の枝葉の集まりを形成し，その下にスダジイの幼木やヤブツバキなどによる［ オ ］層があり，さらに［ カ ］層としてアオキなどが生育する。林床とよばれる森林の最下層に向かって，背丈の低い草などからなる［ キ ］層，［ ク ］層が見られる。

C．火山の噴火によって新たに生じた地表面では，はじめに地衣類やコケ類が侵入・定着することが多い。これらの作用により土壌の形成が進み，次第に地中の有機物や水分が増加してくると草本類が侵入し，次にヤシャブシやアカマツなどの［ケ］が侵入し樹林が形成される。形成された樹林の林床では［ケ］が生育しにくくなり，かわりにスダジイやアラカシなどの［コ］が生育するようになる。［コ］を中心とした森林が形成されると森林を構成する植物の構成が安定するようになり，このような状態の森林を［サ］林という。

D．土壌は，［シ］とよばれる岩石が，水や風などの作用により［ス］し，さらに植物や地中の微生物の作用により生成されるもので，植生の遷移とともに発達する。森林の土壌はいくつかの層を形成する。地表面には植物の落葉・落枝で形成される層があり，その下に見られる黒褐色の有機物は落葉・落枝が微生物などの分解を受けてできた［セ］とよばれるものである。下層ほど有機物の含量は少なくなる傾向がある。

問1　文中の空欄に適語を入れよ。

問2　文章Aについて答えよ。前ページの図1は，日本における植生帯の水平分布を示したものである。図中のⅠ，Ⅱに最もふさわしい植生（バイオーム）の名称を答え，さらに，それぞれの植生を特徴づける植物として最も適切なものを，次から1つずつ選べ。

①　ススキ　　②　ブナ　　③　エゾマツ　　④　スギ　　⑤　イタドリ

問3　図1の分布を決定する主たる気候因子を1つ答えよ。

問4　文章Bで解説される森林の垂直方向の構造は，何とよばれるか。

問5　(1)　文章Cで解説される土壌がない状態からの植生遷移は何とよばれるか。

(2)　すでに土壌がある状態からの植生遷移は何とよばれるか。

問6　文章C中の下線部の現象の原因を，80字以内で説明せよ。

問7　文章Dについて答えよ。土壌は，岩石に由来する無機物，落葉・落枝に由来する有機物の他にもさまざまなものを含み，植生遷移の進行に影響を与える。**問5**(2)の，土壌がある状態からの植生遷移が，土壌がない状態からのものに比較してどのように異なっているか。土壌中に含まれるものの影響に触れながら100字以内で説明せよ。

〈大阪公大〉

30 生態系の構造

77 生態系の物質収支

森林は吸収したCO_2を有機物として長期間にわたって蓄積する，地球の「炭素貯蔵庫」でもある。なぜ，森林には炭素が蓄積されるのか。その理由は，森林生態系を構成する生物の体の大きさによって説明することができる。森林生態系においては［ア］であ

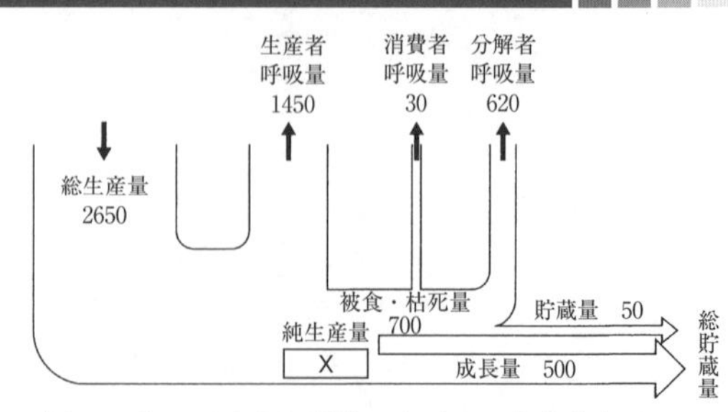

図1　北アメリカの森林における1年あたりの有機物移動量（g/m²）

る樹木が最大の生物であり，一次［ イ ］(主に植物食性動物)が食べることができるのは，葉や果実など，樹木体のほんの一部にすぎない。前ページの図1に示すように，森林生態系では，総生産量の半分以上が植物の呼吸量として消費される。総生産量から呼吸量を引いた［ ウ ］のほとんどは［ エ ］として樹木体に貯蔵されるか，［ オ ］として土壌に供給される。これらはやがて微生物などによって分解され，その過程で生じるCO_2は［ カ ］として大気に戻り，残りは土壌有機物として土壌中に貯蔵される。森林生態系では，炭素は樹木の木部(主に細胞壁を構成するセルロース)および土壌有機物(落葉・落枝や腐植)として生態系内に蓄積される。

また，図2は生態系における生産者から消費者へのエネルギーの流れを便宜的に描いたものである。図1と図2を比べると，図2では被食量が拡大されて描かれているのがわかる。実際の森林生態系における総生産量のうち，被食量として食物連鎖系に流れる有機物量は10%程度で，大部分の有機物は樹木や土壌に蓄積される。これに対して，海洋生態系では，［ ア ］である植物プランクトンが最小の生物であり，食物連鎖の高次の［ イ ］ほど，体のサイズが大きくなる傾向がある。一次［ イ ］は植物プランクトンを丸ごと食べるため，より多くの有機物が食物連鎖系へと流れる。海洋生態系では森林生態系と比べて総生産量に対する被食量の割合が大きくなる。

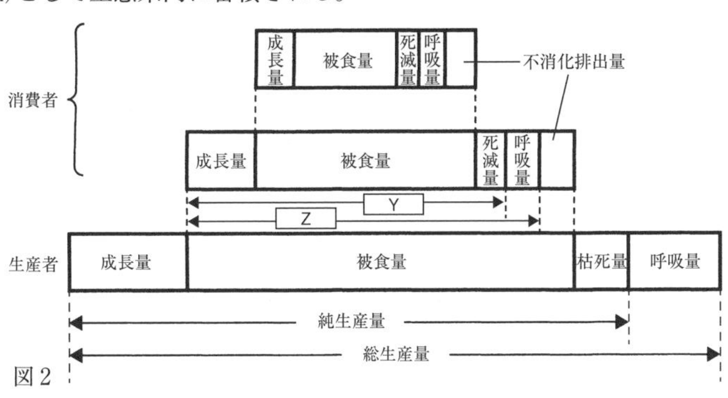

図2

以上のように，森林生態系では，動物は樹木が光合成によって吸収したCO_2のうち，ごく一部を消費するだけだったが，人間が森林を切り開き，樹木を丸ごと消費し始めたことによって，それまで森林に蓄積されていた大量の有機物が失われることとなった。つまり，人間が地球の「炭素貯蔵庫」である森林を破壊したことによって地球上の炭素循環が変化したと考えることもできる。

問1　文中の空欄にあてはまる最も適切な語句を，図1および図2から選んで答えよ。

問2　(1)　図1中の［ X ］に適当な数値を答えよ。

(2)　図2中の［ Y ］と［ Z ］に，最も適当な語句を答えよ。

問3　文中の下線部について答えよ。海洋生態系と森林生態系では，総生産量に対する純生産量の割合も異なっている。生産者の違いに注目し，どのように異なっているのか，理由とともに150字以内で説明せよ。

問4　温帯に位置する，極相に達してから長期間が経過している老齢林を伐採して木材を搬出した後，再植林せずに伐採地を放置した場合，図1の有機物の移動量は伐採直前と比べてどうなるか。以下の(1)〜(3)のそれぞれについて，「増加する」「減少する」「変化しない」のうち予測されるものをそれぞれ1つずつ選べ。ただし，枝や葉などの木材以外の植物体は現地に放置されたものとし，(1)は伐採直後の1年間，(2)と(3)は伐採後に遷移が進行し極相に達する直前の1年間で考える。

(1) 分解者呼吸量　(2) 生産者呼吸量　(3) 純生産量

〈神戸大〉

78 植生の生産構造

植物の物質生産は主として同化器官である葉で行われる。植生の総生産量は葉の量が増えると増加していくが，葉の重なりが大きくなりすぎると a 純生産量は減少する。植生の受光量は葉の垂直分布と密接な関係がある。下の図は［ア］によって調べたある植生の［イ］を示している。草本植物の場合，［イ］は下図のような b 2つの型に大別される。図Aは［ウ］とよばれ，図Bは［エ］とよばれる。光の弱い植生内部における生存は，その植物の耐陰性に左右される。耐陰性が強く，暗い場所(陰地)に生育する植物は［オ］とよばれ，呼吸速度が［カ］いため光－光合成曲線における［キ］が低く，また［ク］も低い特徴をもつ。

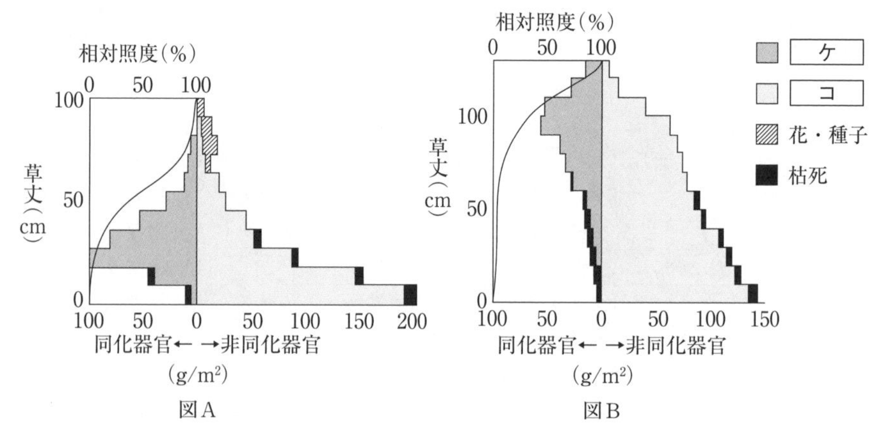

問1 文中および図中の空欄に適語を入れよ。

問2 下線部aの純生産量が低下する理由を，50字以内で説明せよ。

問3 下線部bの2つの型(［ウ］と［エ］)について答えよ。

(1) 葉の形状や向き，葉が茎につく部位，植生内の光条件について，それぞれ50字以内で説明せよ。

(2) 代表的な植物を次からそれぞれ2つずつ選べ。

① チカラシバ　② アカザ　③ ダイズ　④ チガヤ

問4 図Bの植生の下層では，［ケ］が枯死脱落している。このことによって植生全体の物質生産の効率が上がると考えられるが，その理由を50字以内で説明せよ。

問5 ［オ］と逆の特徴を示す植物を何というか。また，この例として代表的な植物を次から2つ選べ。

① トマト　② ミヤマカタバミ　③ アオキ　④ アカマツ　⑤ ブナ

〈聖マリアンナ医大・香川大〉

79 生物の多様性 基

外来生物は，侵入先で生態系の撹乱(かくらん)を引き起こす場合がある。生態系や産業に及ぼす影響の大きいものは，外来生物法により［ア］に指定され，飼育や輸入などが原則として禁止されている。日本の湖沼で繁殖して問題となっている［ア］として，オオクチバスやブルーギルがあげられる。オオクチバスはエビ類や魚類などを広く捕食し，繁殖力が強い。ブルーギルは昆虫などを主に捕食し，在来生物と食物をめぐる［イ］が生じやすい上に，他魚種の卵や稚魚を捕食することもある。これらにより，a在来生物の激減や絶滅，ひいてはb生物多様性の低下を招くことが懸念されている。

一方，人為的な影響による在来生物の減少が生態系の撹乱につながる場合もある。北太平洋沿岸部では，18～19世紀にcラッコが乱獲されたことにより，海藻群落や周辺の生物群集が消失して，生態系が一変した。その後，ラッコの個体数が回復すると，もとの生態系が復元した。このラッコのような生物種はキーストーン種とよばれ，生物量は小さいが生態系への影響が大きいことが特徴である。

問1 文中の空欄に適語を入れよ。

問2 下線部aについて，(1)絶滅の恐れのある野生生物をリストアップしたものを何というか。また，(2)その状況についてまとめた本を何というか。

問3 下線部bの生物多様性には「［　　］の多様性」で表される3つの側面が含まれている。［　　］にあてはまる3つの語句をすべて答えよ。

問4 下線部cについて，ラッコが乱獲されたことで，なぜ海藻群落や周辺の生物群集が消失したのか。50字以内で説明せよ。

問5 ある池で，オオクチバスがもち込まれた数年後にd在来のコイのサイズが大型にかたより，e動物プランクトンの現存量が増加した。

(1)下線部dと(2)下線部eの理由について推測し，それぞれ25字以内で説明せよ。

問6 ラッコやオオクチバスが，直接的には食う食われるの関係にない生物に与える影響を何とよぶか。最も適当な語を答えよ。 〈広島大〉

80 物質とエネルギーの移動

下図は，生態系における炭素と窒素の移動を模式的に示したものである。

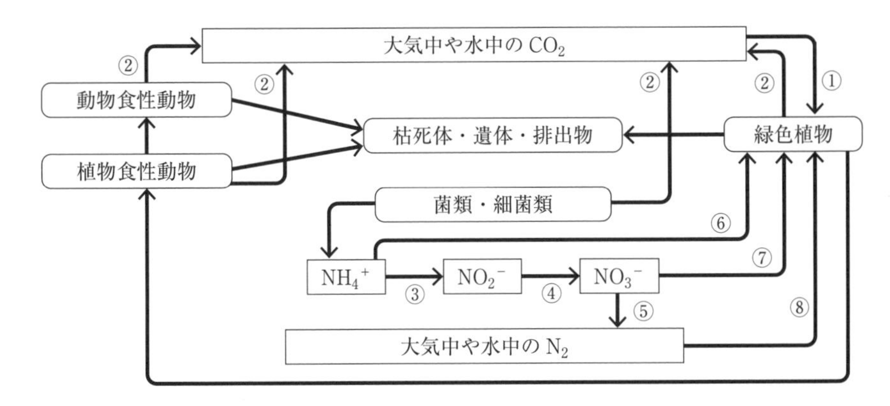

第9章 生物の集団と生態系

生態系内では，物質は一定地域に生活する個体群の総体である［　ア　］とそれを取り巻く［　イ　］の間を移動する。それに伴ってエネルギーも移動する。

問1　文中の空欄に適語を入れよ。

問2　①，②の物質の移動に最も深く関係する生命活動(代謝)をそれぞれ何というか。

問3　③，④，⑤にかかわる細菌名をそれぞれ答えよ。

問4　③や④にかかわる細菌はこの作用によって何を得ているか。20字以内で答えよ。

問5　⑥，⑦，⑧の物質移動には，他の生物の介在なしには，実際には起こり得ないものが含まれている。

(1)　いずれが起こり得ないのか番号で答えよ。

(2)　(1)に最も深く関係する生命活動(代謝)や生物の名称に触れながら，そのように判断した根拠を80字以内で述べよ。

問6　生態系内での，物質とエネルギーの移動には大きな違いがある。それは何か。30字以内で述べよ。

〈富山県大〉

81 自然浄化 基

図1は，有機物を含む汚水が，ある河川に流れ込んだときの，流入した地点から下流に向けての水質変化を示したものである。多くの有機物が水中に含まれると，光が遮られて水中の光量が減少する。なお，BODは生物学的酸素要求量のことである。図2は，この河川に生息する生物の個体数の変化を，流入した地点から下流に向けて示したものである。

図1

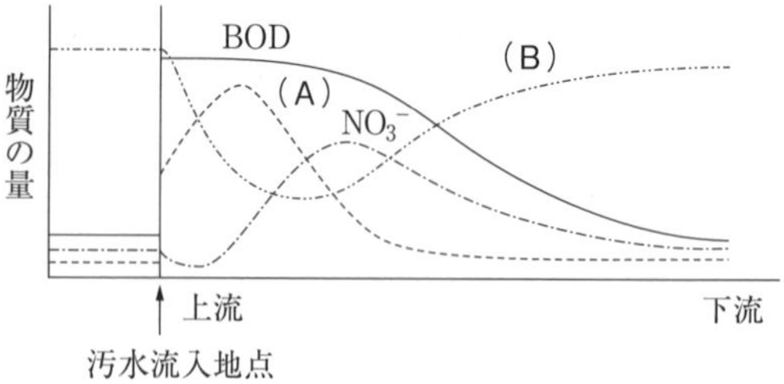

物質の量

BOD

(A)

(B)

NO_3^-

上流

下流

汚水流入地点

図2

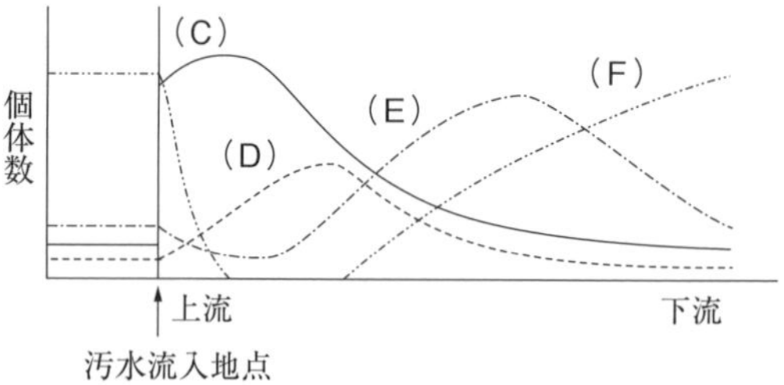

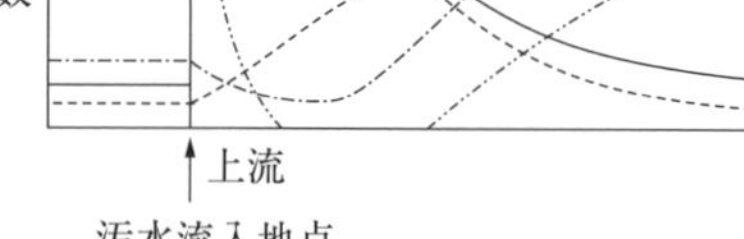

問1　図1のグラフの，(A)，(B)が示しているのは何か。次からそれぞれ1つずつ選べ。

①　Ca^{2+}　　②　H^+

③　NH_4^+　　④　浮遊物質

⑤　酸素

問2　図1の，(A)からNO_3^-ができる過程に関与する生物名をあげ，その過程について50字以内で説明せよ。

問3　生物個体数の変化について，(C)～(F)が示しているのはどれか。次からそれぞれ1つずつ選べ。

①　藻類　　②　細菌類　　③　イトミミズ　　④　清水性動物

問4　(E)が上流でいったん減少し，下流にいくと増加するのはなぜか，120字以内で説明せよ。

問5　河川の汚染の度合いは，汚染の限られた範囲にすむ生物によって知ることができる。このような汚濁の程度を知る手がかりとなる生物を何というか。

問6　分解できる有機物とは異なり，重金属や分解されにくい化合物が水界に排出され，生体内に取り込まれて高濃度に蓄積されることがある。

(1)　この現象を何というか。

(2)　この現象を起こす物質名を２つあげよ。

(3)　この現象を起こす物質が共通してもつ性質を，それぞれ15字以内で２つあげよ。

〈兵庫医大〉

MEMO

MEMO

別冊 解答

大学入試 全レベル問題集

生物

［生物基礎・生物］

3 私大標準・国公立大レベル

改訂版

目　次

第1章 細胞と分子

1 細胞の構造とはたらき

1 細胞の構造と細胞小器官のはたらき

問1　卵細胞＞肝細胞＞赤血球
問2　核(核膜)，ミトコンドリア，小胞体，ゴルジ体　などから3つ
問3　セルロース
問4　細胞分裂の際に，紡錘体形成の起点(基点)となる。(20字)

解説 問1　ヒトでは，卵細胞は約140μm，肝細胞は約20μm，赤血球は約7.5μm。

問2　真核細胞に共通して存在するが，原核細胞からなる大腸菌にはない構造を答える。核膜に包まれていないものは核とはよばないので，原核細胞には核がないが，DNAが集合している領域を指して，染色体や核様体とよぶことがある。

問3　植物細胞と原核細胞に共通にあるが，動物細胞にはない構造体は，細胞壁である。なお，大腸菌の細胞壁には，セルロースではなくペプチドグリカンが含まれる。

問4　ウは中心体である。動物細胞の紡錘体は，中心体を中心にもつ星状体を起点として形成される。紡錘糸は微小管が集まったもので，チューブリンが構成タンパク質である。なお，中心体はチューブリンの重合に関係し，中心体そのものが紡錘糸や紡錘体になるのではない(中心体がない植物細胞の細胞分裂でも，紡錘体は形成される)。

2 細胞分画法

問1　(1)　液体の名称：細胞液　　色素の名称：アントシアン(アントシアニン)
(2)　ミトコンドリア：下図　　葉緑体：下図

問2　(1)　分離・回収する構造体の多くは，半透性の生体膜で包まれるため，極端な高張または低張の溶液中での，脱水による不可逆的な収縮や吸水による膨張や破裂を防ぐ。(74字)
(2)　分解酵素の活性を低下させるため，低温条件で実験を進める。(28字)
問3　オートファジー(自食作用)
問4　アー③　イー①　ウー⑤　エー②　オー④

解説 問1　(1)　アジサイの花やブドウの果実にみられる赤色や青色は，アントシアン(アントシアニン)という色素による。アントシアンは，液胞中の細胞液に含まれる。

(2)　ミトコンドリアについては，内膜と外膜を連続させて描いてしまう間違いが多い。葉緑体は包膜を二重膜でなく，一枚の膜として描いてしまう誤答をよく見かける。いずれについても共生説を想起すると，外膜は宿主細胞の細胞膜由来，内膜は取り

込まれた原核細胞の細胞膜由来なのであるから，必ず異質(不連続)の二重膜として描かねばならないことがわかるだろう(近年は，植物の葉緑体の二重膜は，いずれも共生したシアノバクテリアの膜を起源とする説も有力である)。

問2 (1) 細胞小器官の多くは半透性の生体膜をもつことを示した上で，周囲の溶液との間の浸透圧差で生じる脱水による収縮や吸水による膨張を防ぐことに言及する。なお，**各細胞小器官内部の浸透圧は同じではないため**，あるものについて等張な溶液が，別のものにとっては低張で，場合によっては大量に吸水し破裂することがありえる。そのため，**確実に破裂を防ぐため，やや高張な溶液を利用することも多い。**

(2) 分解酵素に限らず，酵素は活性が最大となる最適温度をもつ。これから大きく外した低温条件に置くことで，**酵素活性を低下させ細胞小器官の分解を防ぐことができる。**また，破砕操作の際に生じる摩擦熱や遠心分離器のモーターからの熱によって，細胞小器官の保有する酵素が熱変性する可能性もある。これを防ぐためにも，すべての工程は氷冷しながら行うことが一般的である。

問3 分解産物は，タンパク質合成などに再利用される。オートファジーのしくみの解明により，2016年大隅良典はノーベル生理学・医学賞を受賞した。

問4 本問は，細胞小器官の沈降順序を記憶しておかないと，解答できない。

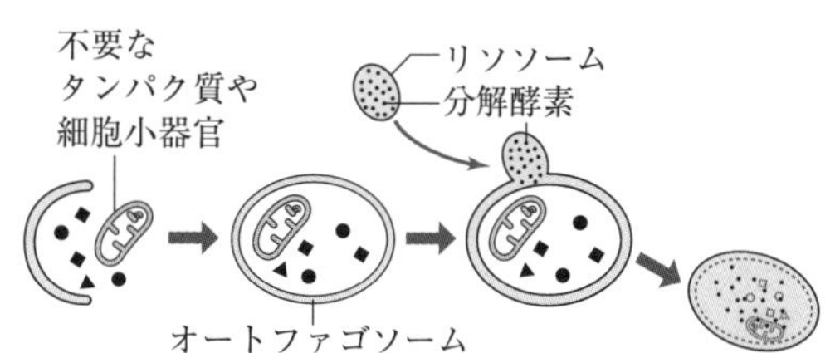

Point 細胞分画法における，細胞小器官の沈降順序

*植物細胞の場合

①核 → ②葉緑体 → ③ミトコンドリア → ④小胞体やリボソーム
→ ⑤上澄み … 細胞質基質(サイトゾル，細胞によっては細胞液もかなり含まれる)

＊動物細胞の場合は，②がなく，① → ③の順に沈降する。

3 ミクロメーターの利用

問1 ア－原形質流動(細胞質流動)　イ－ATP　ウ－液胞　エ－分解能(解像力)
オ－③　カ－①

問2 (1) 7〔μm〕　(2) 17.5〔μm/秒〕

解説 **問1** オ，カ．単位間の換算もできるようにしておく必要がある。**$1mm = 1\times10^{-3}m$，$1\mu m = 1\times10^{-6}m$，$1nm = 1\times10^{-9}m$** であるから，肉眼の分解能＝0.1mm＝100μm，光学顕微鏡の分解能＝0.2μm＝200nm のように換算できる。

問2 (1) 図1では，対物ミクロメーターの7目盛りと接眼ミクロメーターの10目盛りが一致していることが読み取れる。対物ミクロメーターの1目盛りは正確に1/100mm＝10μmで，この7目盛り分の長さ(7目盛り×10μm/目盛り＝70μm)が，

接眼ミクロメーターの10目盛りと一致しているのだから，

接眼ミクロメーターの1目盛りが示す長さ〔μm〕

$$=\frac{\text{対物ミクロメーターの目盛り数}\times 10〔\mu m〕}{\text{接眼ミクロメーターの目盛り数}}$$

$$=\frac{7〔\text{目盛り}〕\times 10〔\mu m/\text{目盛り}〕}{10〔\text{目盛り}〕}=7〔\mu m/\text{目盛り}〕$$

(2)　ある粒子が移動した距離(μm)は，7〔μm/目盛り〕×25〔目盛り〕=175〔μm〕で，これだけの距離の移動に10秒間を要しているのだから，

$$\text{この粒子の移動速度}〔\mu m/\text{秒}〕=\frac{175〔\mu m〕}{10〔\text{秒}〕}=17.5〔\mu m/\text{秒}〕$$

2　生体を構成する物質

4　生体を構成する分子とその構成元素

問1　ア－炭水化物(糖)　イ－脂質　ウ－核酸　エ－タンパク質

問2　A－リン　B－硫黄

問3　X－③　Y－②　Z－①

問4　右図

```
            R1          R2
            |           |
H - N - C - C - N - C - C - O - H
    |   |   ‖   |   |   ‖
    H   H   O   H   H   O
```

問5　デンプン，セルロース，グリコーゲン　などから1つ

問6　植物などの光合成の電子供与体となる。(16字)　酵素反応の場となる。(10字)
比熱が大きく，体温の維持に役立つ。(17字)　加水分解反応の基質となる。(13字)
さまざまな物質を溶解させ，物質運搬にはたらく。(23字)
生体高分子の立体構造の安定化にはたらく。(20字)　などから3つ

問7　脂肪酸は疎水性であるが，リン酸を含む部分は親水性である。この2つが結合したリン脂質は水を豊富に含有する生体内で，安定的にリン脂質二重層を形成することができる。(79字)

解説　**問1，3**　生体を構成する代表的な有機物とは，タンパク質，脂質，炭水化物(糖)，核酸の4種類である。表1の構成元素から判断して，アは炭水化物，イは脂質とわかるが，ウとエがタンパク質と核酸のいずれであるのかは，表2の異なる細胞種の構成成分量の割合を利用しないとわからない。オの水を無視すれば，一般に，哺乳類のような動物細胞ではタンパク質と脂質の割合が拮抗し，タンパク質のほうが多い(Xは哺乳類の細胞で，イは脂質なのだから，エがタンパク質である。残るウが核酸と決まる)。また植物細胞では細胞壁の主成分がセルロースで，貯蔵栄養として一般にデンプンを利用しているため，水を除けば炭水化物が最も多く含まれる(Yは植物細胞と判断がつく)。これらに比較すると大腸菌(原核細胞)は，核酸の割合が真核細胞に比較して高いという特徴がある(Zが大腸菌で，ウはやはり核酸である)。

問2　核酸，タンパク質のいずれも，水素，炭素，酸素，窒素を構成元素とする。これに加え，核酸では構成単位であるヌクレオチドに含まれるリン酸中のリンが特徴的に含まれる。タンパク質では構成単位であるアミノ酸のなかには側鎖に硫黄原子を含む

もの(メチオニン，システイン)があり，硫黄が特徴的に含まれる。

問6　最後にあげた解答がわかりにくいかもしれない。例えば，タンパク質を構成するアミノ酸残基の側鎖のなかには水となじみ易い親水性のものも，水となじみにくい疎水性のものもある。水が多量に存在する生体内で，前者はタンパク質分子の外側に，後者は内側に配置されるようになる。タンパク質分子全体の立体構造を決める三次構造においては，このようなアミノ酸残基の水との親和性に基づく位置取り(疎水結合)が重要である。次の**問7**にある，リン脂質二重層の構築をイメージしてもよい。

問7　リン脂質は，疎水性の脂肪酸部分と，親水性のリン酸を含む部分が同一分子内に存在する。このことは，周囲に水が豊富に存在する生体内で，脂肪酸部分を互いに内側に向け，リン酸を含む部分を外側に向けた，リン脂質二重層の構築に役立つ。

5 細胞骨格とモータータンパク質

問1　ATP(アデノシン三リン酸)　**問2**　②，③

問3　中心体(中心粒，中心小体)　**問4**　③

問5　リソソームは，神経終末での不要な細胞小器官や物質の分解にはたらく。また，ダイニンによる逆行輸送で細胞体に運ばれた後，分解産物は物質の再合成などに利用される。(78字)

解説 **問1**　モータータンパク質の運動のエネルギー源は，ATPである。そのため，モータータンパク質は必ずATPアーゼ(ATP分解酵素)としてはたらく部位をもつ。

問2　①　染色体分配にはたらく紡錘体は微小管から構成され，これと共にはたらくモータータンパク質はキネシンとダイニンである。

②　原形質流動は，アクチンフィラメントをレールのように用いながら，ミオシンが細胞小器官などを輸送することで起こる。

③　動物細胞の細胞分裂では，アクチンフィラメントを主体とするリング状の構造(収縮環)が形成され，ミオシンのはたらきでくびれを形成させて細胞質分裂が起こる。

④，⑤　真核細胞の繊毛・鞭毛運動は，内部に走る微小管の間で滑りが起こることによる。このとき，微小管間を架橋して力を出しているのがダイニンである。

問3　受精に際して，精子に由来する中心体を起点(基点)として受精卵内で精子星状体が形成され，雄性前核と雌性前核の合体が起こる。

問4　表1では，ミトコンドリアは糸で縛った部分の両側に多く存在するのに対し，リソソームは神経終末側に多い。これらのことは，ミトコンドリアは順行・逆行輸送両方の影響を受けるが，リソソームでは逆行輸送が重要であることを示す。また，キネシンは糸で縛った部分の細胞体側に多く存在するが，ダイニンの分布にそのような傾向は認められない。これらのことから，キネシンが順行輸送に強くはたらくことがわかるが，ダイニンについては判断できない。ただし，問題文中にダイニンとキネシンによる微小管上の輸送方向は逆向きと示されており，キネシンが順行輸送ならダイニンが逆行輸送という予想はつく(①，②，④は不適)。また，問題文中に，タンパク質合成にはたらくリボソームは，細胞体にのみあることが示されている(⑤は不適)。

Point **細胞骨格とモータータンパク質**

細胞骨格	構成する主なタンパク質	共にはたらくモータータンパク質	関与する代表的な生命現象
アクチンフィラメント	アクチン	**ミオシン**	筋収縮，原形質流動，アメーバ運動，動物細胞の細胞質分裂　など
微　小　管	チューブリン	**キネシン**（*－端から＋端へ），**ダイニン**（＋端から－端へ）	軸索輸送，繊毛・鞭毛運動，染色体の分配　など
中間径フィラメント	ケラチンなど	なし	細胞や核の形の保持

＊アクチンフィラメントや微小管には方向性がある。微小管の場合，構成タンパク質の重合によって伸長傾向にあるのが＋端，反対に安定傾向にあるのが－端である。動物細胞の微小管では，中心体側が－端である。

問５　リソソームには各種の分解酵素が含まれ，神経終末で生じた不要な構造や物質の分解にはたらく。神経終末はリボソームなどの細胞小器官に乏しいため，分解産物の再利用は細胞体側で行われる。問われていることはリソソームの「はたらき」のほか「輸送のしくみ」であるため，逆行輸送にはたらくダイニンの関与にも触れたい。

3　生体膜と物質輸送

6　生体膜の構造と膜タンパク質のはたらき

問１　ア－選択(的)透過　イ－チャネル　ウ－受動　エ－能動　オ－ゴルジ体　カ－エキソサイトーシス(開口分泌)

問２　細胞膜を構成する脂質やタンパク質は水平方向に流動できるが，細胞Ｙの脂質は，細胞Ｘのものに比較して流動性に富む。(55字)

問３　ATPを分解しながら，Na^+を細胞外，K^+を細胞内に輸送する。(28字)

問４　(1)　アクアポリン　　(2)　①，②，④，⑦

解説　**問１**　ア～エ．チャネルは通過させるイオンに選択性はあるものの，イオンをその濃度勾配に従って受動輸送することしかできない。一方，輸送体(運搬体，担体)は，イオンや物質といったん結合して立体構造を変化させながら，膜の反対側に輸送対象物を移動させる。輸送体のなかには，ATPのエネルギーを利用し，濃度勾配に逆らって能動輸送を行えるものがあり，そのようなものは特にポンプとよばれることがある。このような膜タンパク質のはたらきによって，生体膜は単純な半透性ではなく，選択的透過性を有していると考えることもできる。

オ，カ．細胞外に分泌するタンパク質の場合，細胞質のリボソームで合成されたポリペプチドは，小胞体を経由してゴルジ体へと運ばれ，この間に修飾などを受ける。

その後，ゴルジ体の周辺部がくびれてできた(分泌)小胞に収められて細胞膜まで運ばれ，小胞と細胞膜が融合して，内容物を細胞外に分泌する。なお，細胞膜に組み込まれるタンパク質も，これに似た輸送経路で細胞膜まで運ばれる。

問2　図2から，レーザー光線照射部位では，照射直後に蛍光色素が退色するものの，その後100秒足らずのうちに蛍光の強さが回復している。このような短時間で新たな脂質やタンパク質が合成されているとはかなり考えにくく，生体膜の基本構造の流動モザイクモデルから，照射部位周辺の脂質やタンパク質が照射部位に移動していることを考えたい。また，細胞Yの方が細胞Xに比較してその移動が起こりやすい。

問3　下線部bにエネルギーの消費を伴うこと，濃度差に逆らって能動輸送することが示されているので，それ以外のことを説明するべきである。まず，Na^+ が細胞内から細胞外へ，K^+ が細胞外から細胞内へという方向性には言及しなくてはいけない。字数的にやや厳しいが，エネルギー源がATPであることに触れられるとなおよい。

問4　(1)　水分子はリン脂質二重層部分をかなり通り抜けにくく，水チャネルを介して移動する。水チャネルの実体は，アクアポリンというタンパク質である。

(2)　(iv)は明らかに原形質分離を起こしており，高張液に浸されていることがわかる。この場合，内外等張になるまで細胞内から水が出るため，浸透圧はB＝Cと判断できる。また，細胞壁は全透性だから，AとCには全く同一成分の溶液が存在している。したがって，浸透圧はA＝B＝Cである。

(v)と(vi)を比較すると，(vi)はやや細胞が膨らんだ状態にあり，低張液に浸されて緊張状態にあり，(v)は細胞膜が細胞壁から若干離れているものの，等張液に浸されて限界原形質分離の状態にあると判断できる。(v)は(iv)と同様に膨圧が発生していないため，内外等張で安定しており，浸透圧に関してはD＝Eである。

(vi)では細胞の吸水を妨げるようにはたらく膨圧が発生しているため，細胞内液の浸透圧は，細胞外液の浸透圧よりも膨圧の分だけ大きい。そのため，浸透圧はF＞Gである。なお，外液の浸透圧については，C＞E＞Gである。

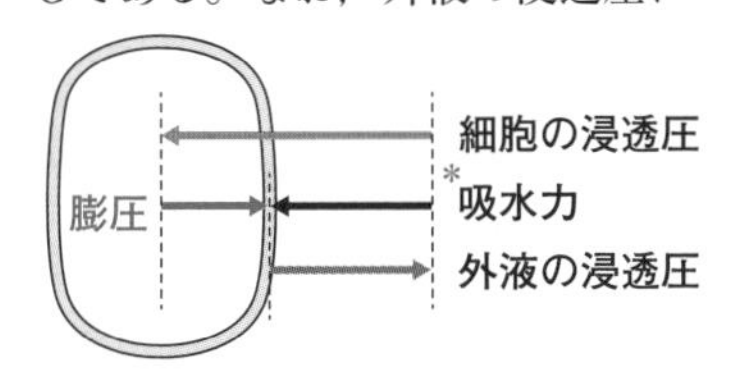

〔低張液中で緊張状態にある植物細胞〕

＊吸水力とは細胞の浸透圧から膨圧を差し引いた圧力(吸水力＝細胞の浸透圧－膨圧)で，水の出入りが平衡状態となった植物細胞では，「吸水力＝外液の浸透圧」の関係が成立している。

Point　異なる浸透圧の溶液に浸された植物細胞における各圧力の関係

① 等張液・高張液中 … 膨圧＝0

➡ **細胞内液の浸透圧＝細胞外液の浸透圧**

② 低張液中 … 膨圧＞0

➡ 細胞内液の浸透圧＝細胞外液の浸透圧＋膨圧より，
細胞内液の浸透圧＞細胞外液の浸透圧

第2章 進化と系統分類

4 生命の起源と生物の変遷

7 生命の誕生・代謝系の進化

問1 (1) ⑤ (2) ③ 問2 (1) ② (2) ③

問3 ⑤ 問4 気体B：③ 気体E：⑤

問5 (1) 過程：化学進化 環境：熱水噴出孔のような，高温・高圧で化学反応が進行しやすい環境。

(2) 縞状鉄鉱層(縞状鉄鉱床)

(3) 遺伝物質であるDNAを傷つける，紫外線の地表面への到達量を減少させた。(35字)

問6 (1) からだの表面をクチクラ層で覆い，水分の蒸発を抑制する。(27字) 種子植物の多くは，花粉管によって精細胞を運搬し，受精に外界の水を必要としない。(39字) 種子植物では，配偶体が大型の胞子体から水分供給などを受ける。(30字) などから1つ

(2) 胚を羊膜などの胚膜で包み，内部に羊水を満たすことなどで，胚を乾燥，温度変化，物理的衝撃から守る。(48字)

解説 気体AはCO_2，気体BはH_2，気体CはCH_4(メタン)，気体DはO_2，気体EはO_3(オゾン)。また，生物(あ)はメタン菌(メタン生成菌)，生物(い)はシアノバクテリア，生物(う)は単細胞藻類のような真核生物，生物(え)は多細胞藻類のような真核生物である。

問1 メタン菌とは，嫌気条件下で，H_2を用い，CO_2を炭素源にしてCH_4を生成する独立栄養のアーキア(古細菌)の総称。水中の堆積物(ヘドロ)，ウシ・シロアリの消化管内などで生活しているものなどがある。アーキアには太古の地球のような極限的な環境に生息しているものが多い。⑤原生生物界とは，単細胞あるいは体制が単純な真核生物のグループ。

問2 (1)②やや細かいが，シアノバクテリアは鞭毛をもたない。④シアノバクテリアは，地球上広範な環境で生息している。⑥シアノバクテリアの分泌する粘液に，海洋中の砂泥などが結びついて形成される岩石がストロマトライト(層状構造をもつ)。縞状鉄鉱層と区別をつけよう。

問3 ②，③，④ミトコンドリアと葉緑体の由来は，それぞれ原核生物である好気性細菌とシアノバクテリアであることを考える。⑤リボソームRNAの塩基配列がある程度異なっていないと，3ドメイン説に基づく分類などができないことになる。

問5 (1) 深海底の熱水噴出孔は，生命誕生の場として，近年注目を浴びている。

(2)，(3) 海洋中の鉄イオン(Fe^{2+})は，H_2Oを電子供与体とする植物型光合成(シアノバクテリアもこのタイプ)によって発生したO_2によって，酸化鉄となり沈殿した。その後，O_2は海洋から拡散し大気中にも蓄積した。これは，エネルギー獲得効率の高い呼吸を活発化させ，古生代初期にオゾン層を形成することにつながった。

問6 陸上生活における困難とは，乾燥にさらされる危険性が高いことのほか，周囲に

水がないため，温度変化や物理的な衝撃の影響を受けやすいことがある。

⑴　コケ植物やシダ植物では，配偶体で受精が起こるとき，造精器からの精子が水中を泳いで造卵器に到達する。また，シダ植物の場合，配偶体(前葉体)は本体である胞子体から独立しているため，乾燥の危険にさらされる。

8　ヒトの進化

問1　ア－直立二足　イ－脊柱　ウ－大後頭孔　エ－骨盤　オ－犬歯
カ－眼窩上隆起　キ－おとがい　ク－土踏まず　ケ－相同器官　コ－相似器官
サ－痕跡器官

問2　⑴　②　　⑵　ミトコンドリア

問3　ゴリラ，オランウータン，チンパンジー，ボノボ，テナガザル　から4つ

問4　動物：コウモリの翼とクジラの胸ビレ，ヒトの手と鳥類の翼　など
植物：サボテンのトゲとエンドウの巻きひげ，被子植物における葉と花　など

問5　動物：鳥類の翼と昆虫の翅　など
植物：エンドウの巻きひげとブドウのつる，サツマイモの塊根とジャガイモの塊茎　など

問6　顔面に眼が並んでつき，立体視ができる。(19字)　平爪で，手の指が拇指対向性を示し，木の枝を握りやすい。(27字)　肩関節や股関節が可動的で，樹木の間の移動や幹をよじ登ることに都合がよい。(36字)　一対の乳房をもち，子を抱きかかえたまま木々の間を移動することができる。(35字)
などから3つ

解説　**問2**　⑴の①のような考え方を，多地域進化説という。一方，②のような考え方はアフリカ単一起源説とよばれる。ミトコンドリアは母親の細胞質に由来するから，このDNAの塩基配列を調べることで母系の祖先をたどり，アフリカ単一起源説が正しいことがわかった。すなわち，北京原人やジャワ原人が現在の北京やジャワ島で生活する人たちの直接の祖先ではない。新人が世界各地に進出し，高度な文化と文明を発達させていく一方，それまで各地に生息していた原人などは絶滅していった。

問3　ボノボとは，かつてピグミーチンパンジーとよばれた，チンパンジーよりも小型の類人猿で，チンパンジーとはやや異なる行動や社会をもつ。

問4，5　形態や機能の異なる相同器官は適応放散の結果，相似器官は収束進化(収れん)の結果として生じたとみなせば，いずれも進化の重要な証拠である。

9　進化学説

問1　ア－ダーウィン　イ－種の起源

問2　キリンが生む子の首の長さは，さまざまである。そのうち長い首のものは食物を得やすいなどの理由でよく生き残り，子孫を残しやすい。このような選択が代々重なり，キリンの首は次第に長くなる。(90字)

問3　突然変異，遺伝的浮動(隔離)

解説 用不用説は，子孫への獲得形質の遺伝を認めている点で，正しくない。

問 3 現在，正しいと考えられている進化のしくみを説明できるようにしておこう。

> **Point** **進化の原動力（総合進化説）**
>
> **突然変異**によって生じた変異のなかで，**自然選択**を通じて生存・繁殖上の有利性をもつものは後代によく伝えられる。また，**遺伝的浮動**によって，その有利性や不利性とは関係なく，ある対立遺伝子（アレル）の頻度が偶然に変化することで進化速度が大きくなる。

10 集団遺伝

問 1 適応放散

問 2 着目する遺伝子に突然変異が起こらない。（19字） 遺伝子型による生存や繁殖上の有利・不利がない。（23字） 集団を構成する個体数が十分多い。（16字） 集団内では自由に交配が起こる。（15字） 集団を構成する個体に移出入がない。（17字） から 3 つ

問 3 (1) 0.75 (2) 0.14

解説 **問 2** 解答の 1 つ目は突然変異を，2 つ目は自然選択を，3 つ目は遺伝的浮動を，それぞれ否定していると考えられる。**9** **問 3** 解説中の **Point** を参照。

問 3 (1) 集団遺伝の問題では，たとえ設問として遺伝子頻度を求められていなくとも，一般にまずは遺伝子頻度を算出しないと集団内の遺伝子型や表現型の分離比を考えられず，作業を先に進められない。

赤色遺伝子 R と白色遺伝子 r の遺伝子頻度を，それぞれ p，q とする。ただし，$p+q=1$ である。取り除き前の集団内では自由交配が起こっているので，集団内の遺伝子型の分離比は，$(pR+qr)^2=p^2RR+2pqRr+q^2rr$ から，$RR:Rr:rr=p^2:2pq:q^2$ と書け，$p^2=\frac{320}{2000}=\frac{16}{100}$ より，

$$\text{赤花遺伝子の頻度}(p)=\frac{4}{10},\ \text{白花遺伝子の遺伝子頻度}(q)=1-\frac{4}{10}=\frac{6}{10}$$

である。もとの集団の遺伝子型の分離比は，$(4R+6r)^2$ を展開して整理すると，$RR:Rr:rr=4:12:9$ とわかる。

したがって，白色花（rr）をすべて取り除いた後の集団での桃色花（Rr）の個体の頻度は，$\frac{12}{4+12}=0.75$ である。

(2) 取り除きなどによって遺伝子頻度が変化した場合には，やはり新たに遺伝子頻度を求め直す必要がある。

$$\text{赤色花}(RR):\text{桃色花}(Rr)=4:12=1:3$$

だから，1 個体あたり，RR は R を 2 つ，Rr は R と r を 1 つずつもつと考え，白色花を取り除いた後の集団での，新たな遺伝子頻度の比は，

$$R:r=1\times2+3\times1:3\times1=5:3$$

と計算でき，この集団内で自由交配によって生じた次の世代の遺伝子型の分離比は，$(5R+3r)^2$ を展開，整理して，$RR:Rr:rr=25:30:9$ である。

したがって，求める白色花の個体の頻度は，

$$\frac{9}{25+30+9}\fallingdotseq 0.140\cdots \rightarrow 0.14$$

5 系統分類

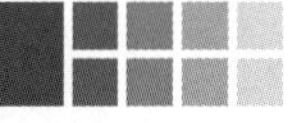

11 分子進化と分子系統樹

問1 ア－分子時計　イ－遺伝的浮動

問2 ⅰ－小さい　ⅱ－大きい　ⅲ－大きい

問3 イントロン

問4 コドンの３番目の塩基は，置換してももとと同じアミノ酸を指定することが多い。そのため，自然選択による取り除きを受けにくく，変異遺伝子が後代によく伝えられる。(77字)

問5 (1) ③

(2) 生存に有利な突然変異は，生じる可能性がかなり低い。生存に不利な突然変異が生じる可能性はそれほど低くないが，これは自然選択によって排除され，集団内に固定はされにくい。DNAの塩基配列の多くはアミノ酸の指定に直接的には関係しないため，分子レベルの突然変異のほとんどは中立的であるといえ，このような生存に有利でも不利でもない突然変異は自然選択の影響を受けず，遺伝的浮動によって偶然に集団内に広まる可能性がある。(200字)

問6 (1) (ア)－F　(イ)－E　(ウ)－G　(エ)－D

(2) 1200万年前　(3) 2個

解説 **問2** 突然変異によってDNAの塩基配列が変化し，もととは異なるアミノ酸配列となった遺伝子産物は，元来保持していた機能を喪失することが多い。そのため，生存や繁殖上重要な遺伝子の塩基配列，タンパク質の機能を発揮する上で重要な分子内領域(エキソンや酵素タンパク質の活性部位など)をコードする遺伝子については，ある世代に生じた突然変異が後代に伝えられにくく，分子進化の速度は小さくなる。

反対に，生存や繁殖上重要でない，変異することによって形質に及ぼす影響が小さい領域(イントロンやコドンの３番目に当たる塩基など)に関しては，突然変異遺伝子は自然選択による集団からの取り除きを受けにくいため集団内によく保存され，分子進化の速度は相対的に大きくなる。

問5 まず「突然変異が生じ」，かつ「その突然変異遺伝子が集団内に固定される」，この２つの事象が連続して起こる頻度が最も高いものを問うていることに注意する。

問6 (1) 分子系統樹を作成する際には，必ず，アミノ酸配列などの相違の程度が小さなものから順に着目していく。

① 種BとCの置換数２に着目し，種BとCの共通祖先から種BとCになるまでの

間に1ずつ変異し，現在の種BとCの2の相違になった(種BとCの共通祖先から種BまたはCまでの置換数は1)と考える。

② 種BとF，種CとFはいずれも4だけ異なるので，(ア)が種Fと決まり，分岐点z(種B，C，Fの共通祖先)から(ア)(＝種F)までの置換数は $\frac{4}{2}=2$ と判断できる。

③ 次に，②と同様に考えて，(イ)が種Eで，分岐点y(種B，C，F，Eの共通祖先)から(イ)(＝種E)までの置換数は $\frac{8}{2}=4$ である。

また，図中の線分の長さは各生物種間のアミノ酸置換数や分岐後の年数を反映したものなのだから，

④ 2＜分岐点x((ウ)と種Aの共通祖先)から(ウ)または種Aまでの置換数＜4と予想がつき，それを満たすものはGとAの間の6より，$\frac{6}{2}=3$ である。したがって，(ウ)が種Gと決まる。

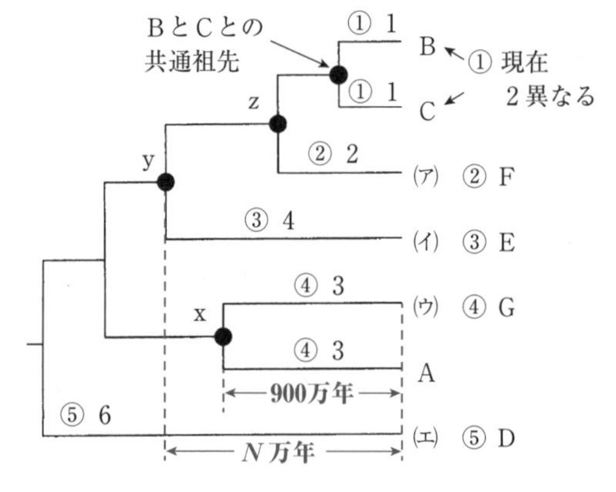

⑤ 残った(エ)が種Dである。種Dは他のいずれの種の間とも置換数が11〜13と最も大きいが，分岐年代が古くなるために，置換数に多少の幅がある。このような場合は置換数の平均値を算出して，

$\frac{13+12+12+12+12+11}{6}=12$ より，$\frac{12}{2}=6$ と処理すればよく，これは他の線分の長さと比較しても矛盾がない。

(2) 上で作成した図を利用して，900万年前の分岐点xから現存する種までの置換数が3なのだから，N万年前の分岐点yから現存する種までの置換数を4と考えて，900万年：3＝N万年：4　という比例式が立てられ，$N=1200$ とわかる。

(3) 上図から，yからzまでのアミノ酸置換数＝4−2＝2である。

12 生物の分類

問1 ア－細菌　イ－アーキア(古細菌)　ウ－真核生物

問2 (1) 五界説　(2) 原生生物(界)，植物(界)，菌(界)，動物(界)

問3 ②，③，④，⑤

問4 共通の遺伝暗号を利用している。(15字)　タンパク質が，同じ20種類のアミノ酸から構成される。(25字)　エネルギー獲得の系として，解糖系をもつ。(20字)　エネルギーの媒介物質として，ATPを利用する。(23字)などから2つ

問5 (1) 名称：三ドメイン説　　提唱者：ウーズ

(2) リボソームRNAはすべての生物が保有する分子である。また，進化速度が比較的小さく，生物間の塩基配列の相違を数値化して比較しやすい。(64字)

問6 (1) 植物：④，⑦　緑藻：①，⑤　(2) クロロフィルb

問7 (1) 1－④　2－②　3－①　4－③

(2) X－冠輪　例：①，②，⑤，⑥　Y－脱皮　例：③，④

(3) 旧口動物は原口の側に，新口動物は原口の反対側に口ができる。(29字)

解説 **問1**　アーキア(古細菌)は，細菌よりもむしろ真核生物に近縁である。

問2　三ドメイン説では，かつて五界説では原核生物界としてまとめられていたものを細菌ドメインとアーキアドメインに分け，原生生物界，植物界，菌界，動物界として分けられていたものを真核生物ドメインとしてまとめている。

問3　植物だけでなく，細菌や菌類(カビやキノコ)も，主成分はセルロースではないものの，細胞壁をもつ。

問5　系統的にかなり隔たったものの間では，比較するべき形質が見出しにくく，また相違の程度を定量化することが難しいことも多い。しかし，リボソームはすべての生物にみられる細胞小器官であることに加え，その機能上，構成分子の分子進化速度が小さいため，種の分岐年代の違いが塩基配列の違いに反映されやすい。

問6　植物や藻類のもつクロロフィル類の種類を覚えよう。

Point **植物と藻類などの光合成色素(クロロフィル類)**

① 植物(コケ植物，シダ植物，種子植物)と緑藻類(シャジクモを含む)
… クロロフィルa，b

② 褐藻類，ケイ藻類，渦べん毛藻類 … クロロフィルa，c

③ 紅藻類，シアノバクテリア … クロロフィルa

問7 (1)　1．海綿動物には，胚葉分化がみられない。

2．刺胞動物には内外二胚葉の分化があるが，体腔は備わらない。三胚葉性の動物には，基本的に体腔(体壁と内臓の間の間隙)が備わる。

3．これより上位の動物群は新口動物である。ウニ(棘皮動物)やカエル(脊椎動物)の発生過程では，原口側に肛門ができ，原口の反対側に新たに口が形成される。

4．原索動物と脊椎動物は，少なくとも発生の一時期には脊索をもち，脊索動物と総称される。

(2)　リボソームRNAの塩基配列の相同性から，旧口動物は冠輪動物(扁形動物，輪形動物，軟体動物，環形動物)と脱皮動物(節足動物，線形動物)に分けられる。

(3)　新口動物とは異なり，旧口動物では原口側に口ができる。

13 植物と脊椎動物の分類

問1　A－コケ　B－シダ　C－種子

問2　(1) B　(2) C　(3) A　(4) B

問3　a－タイ類　b－セン類　c－双子葉類　d－単子葉類

問4　D－クチクラ(層)　E－維管束　F－種子(胚珠)　G－子房
問5　綱
問6　ア－×　イ－(a)　ウ－(d)　エ－(e)　オ－(g)　カ－(f)　キ－(h)　ク－×　ケ－(b)

解説 問1　A．コケ植物には，ツノゴケ類，タイ類，セン類がある。
B．シダ植物には，ヒカゲノカズラ類，トクサ類，シダ類などがある。
C．種子植物とは，裸子植物と被子植物の総称である。被子植物は，双子葉類と単子葉類に分類される。

問2　生活環は多くの受験生にとって盲点である。

Point　植物の生活環の整理

	本体	胞子に相当するもの	配偶体に相当するもの	胞子体と配偶体の関係
コケ植物	配偶体 (n)	胞子	本体	胞子体は配偶体(本体)に寄生状態
シダ植物	胞子体 ($2n$)	胞子	前葉体	互いに独立生活
種子植物	胞子体 ($2n$)	胚のう細胞 花粉四分子	胚のう 花粉(花粉管)	配偶体は胞子体(本体)に寄生状態

用語の定義を考えると，種子植物の胞子，胞子体，配偶体に相当するものを導きやすい。
胞　子…単独で新個体を形成できる生殖細胞。
　　　　植物では減数分裂の結果形成される。
胞子体…胞子をつくる多細胞のからだ。
配偶子…接合(合体)により新個体を形成する生殖細胞。
　　　　植物では体細胞分裂($n \rightarrow n$)で形成されることに注意。
配偶体…配偶子をつくる多細胞のからだ。

問5　ドメインを除き，大きな方から，界，門，綱，目，科，属，種という分類段階である。ふだん，何気なく使っている分類の用語が，正しくはどの段階に相当するのか確認しよう。

問6　ア．1心房1心室をもつのは，魚類である。
ウ．陸上で発生を進めるものは発生過程で羊膜を形成することから，羊膜類(有羊膜類)とよばれる。
オ．脊椎動物のうち陸上で卵殻に包まれて発生するものは，水に不溶な尿酸を排出することで卵殻内の浸透圧上昇を回避している。
カ．鳥類の翼は前肢が変化したものだから，四足動物に含まれることに注意。
キ．哺乳類は，単孔類(カモノハシなど)，有袋類(コアラ，カンガルーなど)と，それ以外の真獣類(有胎盤類)に分類される。
ク．脊椎動物はすべて閉鎖血管系である。

第3章 代謝

6 酵素と代謝

14 酵素反応の特徴

問1　ア－ペプチド　イ－20　ウ－一次　エ－βシート　オ－基質特異性
カ－活性部位　キ－生体触媒
ク－補酵素　ケ－アロステリック

問2　(1)　右図

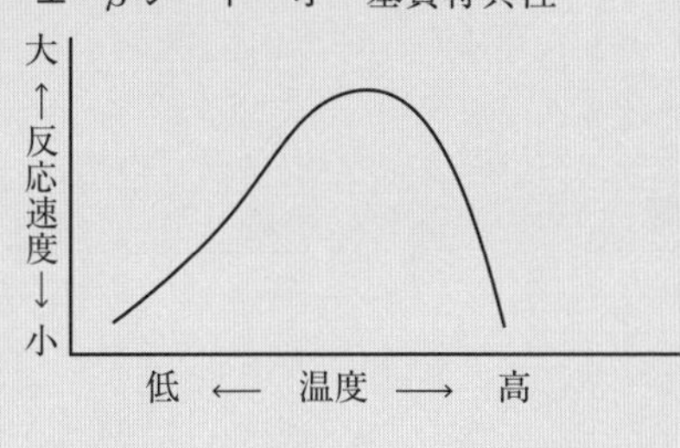

(2)　極端な高温条件で，酵素の主成分であるタンパク質が熱変性し，活性部位の立体構造が変化して，酵素－基質複合体を形成できない。(60字)

(3)　pH(水素イオン濃度)，基質濃度，酵素濃度

問3　基質とよく似た構造をもつ物質が酵素の活性部位に結合し，酵素と本来の基質との複合体の形成確率を低下させる。(52字)

解説 問1　以下の Point を参照。

Point タンパク質の構造

一次構造 … アミノ酸の種類とその配列。**ペプチド結合**による。
二次構造 … ジグザグ構造(βシート)やらせん構造(αヘリックス)のような，分子内の部分的な構造。主に**水素結合**によって立体構造が安定化される。
三次構造 … 分子全体の立体構造。**疎水結合**や**ジスルフィド結合(S-S 結合)**が重要。
*****四次構造** … 三次構造まででできたサブユニット(ポリペプチド)が，複数集合して複合体となることがある。

＊すべてのタンパク質が四次構造をとるわけではない。三次構造までのものも多くある。

問2　(1),(2)　最適温度までは，触媒が関係しない場合や無機触媒の場合と同様に温度上昇に伴い反応速度が上昇する。これには，温度上昇に伴う溶液内での分子運動の活発化や，活性部位の立体構造が基質と合致しやすくなることが関係する。最適温度以上の高温条件では，酵素タンパク質の熱変性が急速に進行し，活性部位の立体構造が変化して基質と結合できなくなり，反応速度は急減する。酵素の反応速度の温度依存性が，無機触媒と比較して大きく異なるのは，最適温度以上の高温条件である。

Point 変性と失活

変性 … 一般にタンパク質の**立体構造の変化**に対して用いる。
失活 … タンパク質がその変性の結果，元来保持していた**機能を喪失**することに対して用いる。

問3　競争的な阻害物質は，酵素の活性部位を本来の基質と奪い合う関係にある，いわば「基質の偽物」である。本問では，この阻害物質についてではなく，その作用にあたる競争的阻害についての説明を求められていることに注意する。

15 酵素反応のグラフ

問1　酵素反応速度は酵素－基質複合体濃度に比例するが，酵素のほとんどが複合体を形成すればそれ以上複合体濃度は上昇しない。(57字)

問2　右図実線

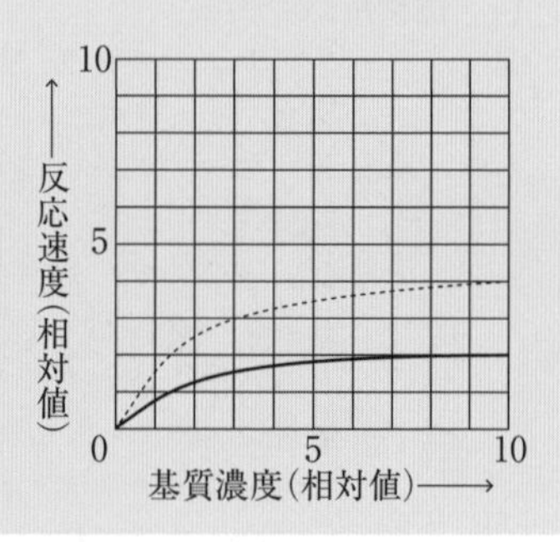

解説 問1　酵素反応速度は，溶液中の酵素－基質複合体濃度に比例する。図1では基質濃度が相対値で1程度までは，基質濃度の増加に比例して，酵素－基質複合体濃度も高まっている。しかし，溶液中に含まれる酵素の量は一定であるから，やがてほとんどすべての酵素が基質と結合して酵素－基質複合体となれば，それ以上基質濃度を上昇させても酵素－基質複合体の量は増えず，反応速度は一定となる。

問2　グラフの左端を除いては，酵素に対して基質は相当に多い。そのため，酵素の濃度を半分にすると，すべての基質濃度の範囲で酵素－基質複合体濃度は半分となり，反応速度も半分になると考えられる。

7 異　化

16 呼吸と発酵

問1　ア－酸素　イ－クエン酸回路　ウ－電子伝達系　エ－細胞質基質
オ－NADH　カ－基質レベル　キ－マトリックス　ク－二酸化炭素
ケ－クエン酸　コ－$FADH_2$　サ－内膜　シ－膜間腔　ス－酸化的
セ－アルコール発酵

問2　解糖系でつくられるATP：2分子　解糖系でつくられる［オ］：2分子
［イ］でつくられる［オ］：3分子　［イ］でつくられる［ク］：2分子

問3　パスツール効果

問4　好気的環境ではATP合成効率の高い呼吸がよく進行するようになり，増加したATPがアロステリック酵素であるPFK1のアロステリック部位に結合して活性部位の立体構造を変化させ酵素活性を低下させる。このようなフィードバック調節の結果，呼吸や発酵の代謝経路の入り口である解糖系の進行が抑制される。(144字)

問5　ATPとは反対に，AMPの存在は異化作用の進行が滞っていることを示す

シグナルとして作用して，PFK1の活性を上昇させると考えられるため(イ)の曲線に変化する。(79字)

解説 **問1** 呼吸の概要は以下の **Point** を参照し，記憶に留めておこう。

Point **呼吸の各段階**

反応段階	進行する場所	*獲得されるATP	ATP合成のしくみ	**全体の反応
解糖系	細胞質基質	差し引き2分子	基質レベルのリン酸化	$C_6H_{12}O_6 + 2NAD^+$ $\rightarrow 2C_3H_4O_3 + 2(NADH+H^+)$
クエン酸回路	ミトコンドリア・マトリックス	2分子	基質レベルのリン酸化	$2C_3H_4O_3 + 6H_2O + 8NAD^+$ $+ 2FAD$ $\rightarrow 6CO_2 + 8(NADH+H^+)$ $+ 2FADH_2$
電子伝達系	ミトコンドリア・内膜	最大で34分子	酸化的リン酸化（ATP合成酵素による）	$10(NADH+H^+) + 2FADH_2$ $+ 6O_2$ $\rightarrow 10NAD^+ + 2FAD + 12H_2O$

＊獲得されるATP分子の数は，いずれもグルコース1分子あたり。
＊＊ATPやADPの出入りは省略している。

問2 **解糖系でのATPと［ オ ］(NADH)のつくられる分子の数は，グルコース1分子あたりで，ATPについては差し引きのつくられる分(実際に正味獲得される分)が問**われている。したがって，解糖系では1分子のグルコースに対して2分子のATPが消費された上で，4分子のATPが合成されるので，差し引き4−2＝2分子のATPが獲得されることになる。また，1分子のグルコースが2分子のピルビン酸に分解されていく反応($C_6H_{12}O_6 + 2NAD^+ \longrightarrow 2C_3H_4O_3 + 2(NADH+H^+)$)を考えると，つくられるNADHの分子の数も判断できる。これに対し，［ イ ］(クエン酸回路)でつく**られる［ オ ］(NADH)と［ ク ］(二酸化炭素)は，アセチルCoA 1分子あたりであることに気をつける。**ピルビン酸は脱水素反応を受けながら，その分子内の一部の炭素を二酸化炭素として解放しアセチルCoA(C_2化合物)に変化する。その後，さらなる脱水素反応を受けながらグルコースに由来する炭素はすべて二酸化炭素として解放される($C_3H_4O_3 + 3H_2O + 4NAD^+ + FAD \longrightarrow 3CO_2 + 4(NADH + H^+) + FADH_2$)。これらのうち，$1\times(NADH + H^+)$と$1\times CO_2$は，ピルビン酸がアセチルCoAに変化する過程でつくられているので，アセチルCoA 1分子あたりでは，その分を差し引いて解答しなくてはならない。

問3 1分子のグルコースから獲得できるATPは，アルコール発酵での2分子に比較して呼吸では最大38分子である。そのため，**酸素が存在し呼吸を行える好気的環境では，酵母はアルコール発酵を抑制し呼吸を積極的に行うようになる。**その結果，グルコースの消費量が抑えられ，呼吸や発酵の基質の節約が図られる。

問4　PFK1はアロステリック酵素の代表例。PFK1に対するATPの作用を説明した上で，解糖系がグルコース消費にはたらく呼吸とアルコール発酵に共通の最初の段階であるという認識を示す。

問5　AMPは，高エネルギーリン酸結合をもたない物質で，これが高濃度で存在することは，呼吸やアルコール発酵のようなATP生産にはたらく代謝系の進行の程度がわるいことを示す。ここから，ATPがPFK1の活性を低下させる作用をもつのとは反対に，AMPがPFK1の活性を上昇させる作用をもつことが推論できる。

17 いろいろな呼吸基質

問1　1－モノグリセリド　2－脂肪酸　3－β酸化

問2　(1)　ア－2　イ－163　ウ－114　エ－110　　(2)　0.70

問3　4－アンモニア　5－脱アミノ反応　6－クエン酸回路　7－肝臓(肝細胞)

問4　(1)　酸素がないと，電子伝達系で★NADHや$FADH_2$が酸化されず，☆クエン酸回路の進行に必要なNAD^+や★FADが不足する。(55字)

(2)　種子発芽時につくられるアミラーゼによって，胚乳中のデンプンから酵母がアルコール発酵に利用できる低分子の糖を生成する。(58字)

(3)　(i)　270〔mg〕　　(ii)　352〔mg〕

解説　**問2**　(1)　まずトリステアリンのC×57に注目し，CO_2の係数を57といったん決める。次に，トリステアリンでH×110なので，H_2Oの係数も$\frac{110}{2}=55$といったん決まる。ここまでで，Oについて，トリステアリンでO×6，CO_2で2×57からO×114，H_2OでO×55だから，O_2の係数は，$\frac{(114+55)-6}{2}=\frac{163}{2}$と判断がつく。

ここまでは，すべてトリステアリンの係数を1として考えてきたので，整数にするためには上で求めた係数をいずれも2倍すればよい。

(2)　呼吸商＝$\frac{\text{放出された二酸化炭素体積}}{\text{吸収された酸素体積}}$　であるが，同温・同圧条件で，係数比すなわちモル比は体積比を表すので，呼吸商＝$\frac{114}{163}\fallingdotseq 0.699\cdots$　→0.70　である。

Point　呼吸基質ごとの呼吸商

呼吸商を測定・計算することで，呼吸基質を推定することができる。

①　炭水化物(糖)：1.0　　②　タンパク質：約0.8　　③　脂肪：約0.7

問4　(1)　電子伝達系は多量のATPを生産するとともに，還元型の電子受容体(水素受容体)を酸化型に戻す役割を担う。生じた酸化型の電子受容体を利用してクエン酸回路の反応が継続できる。

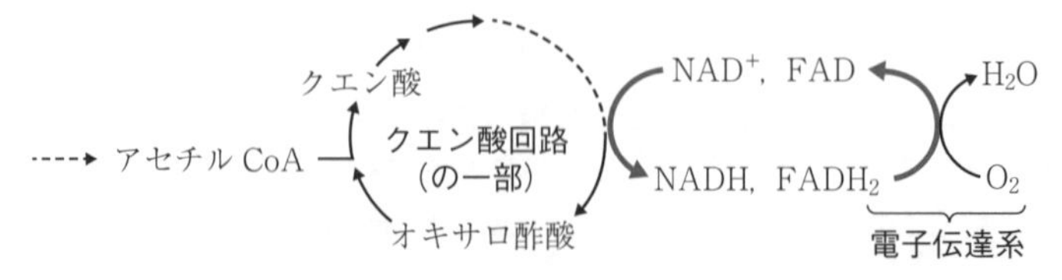

(2) 酒類の醸造で利用される酵母は，グルコースをエタノールに変換するアルコール発酵にはたらく酵素をもっているが，一般にアミラーゼはもたない。そのため，オオムギ種子に含まれるデンプンを直接には利用できない。そこで，ビールの製造に際しては，まずオオムギ種子を発芽させて麦芽とし，この胚がつくるジベレリン(植物ホルモン)が胚乳周囲の糊粉層に作用することで合成されるアミラーゼによって，胚乳中のデンプンが分解されることを狙う。

(3) (i) 酵母は好気的な条件では，呼吸とアルコール発酵の両方を行うため，これらの反応式を並べて考えていくとよい。

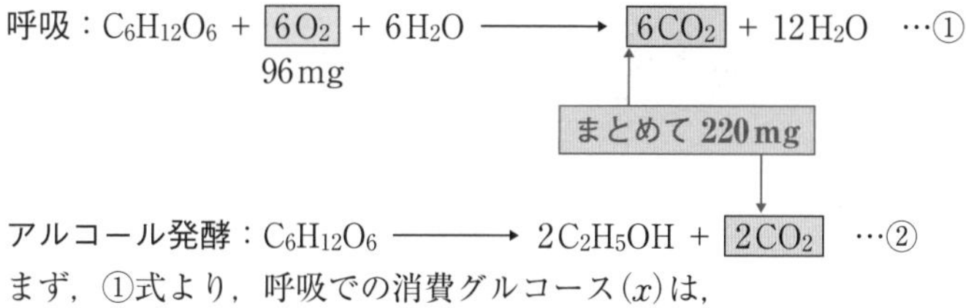

まず，①式より，呼吸での消費グルコース(x)は，

$$x : 96 = 180 : 6\times32$$

消費グルコース　吸収酸素　$C_6H_{12}O_6$　$6O_2$

実際の比　反応式からの理論値

$$x = 96 \times \frac{180}{6\times32} = 90\text{〔mg〕}$$ である。

$6O_2 \rightarrow C_6H_{12}O_6$

また，このとき呼吸による放出二酸化炭素は，上と同様にして，

$$96 \times \frac{6\times44}{6\times32} = 90 \times \frac{6\times44}{180} = 132\text{〔mg〕}$$ だから，

$6O_2 \rightarrow 6CO_2$　$C_6H_{12}O_6 \rightarrow 6CO_2$

アルコール発酵での放出二酸化炭素は，220 − 132 = 88〔mg〕 である。

次に②式を利用して，アルコール発酵での消費グルコースは，

$$88 \times \frac{180}{2\times44} = 180\text{〔mg〕}$$ と計算できる。

$2CO_2 \rightarrow C_6H_{12}O_6$

したがって，全体での消費グルコースは，90 + 180 = 270〔mg〕 である。

(ii) 吸収酸素量は変化していないのだから，呼吸による消費グルコース量(90mg)や放出二酸化炭素量(132mg)は(i)と同じである。

いま，アルコール発酵での消費グルコースは，270 × 2 − 90 = 450〔mg〕 であるから，この条件でのアルコール発酵での発生二酸化炭素は，

$$450 \times \frac{2\times44}{180} = 220\text{〔mg〕}$$

$C_6H_{12}O_6 \rightarrow 2CO_2$

とわかり，全体での発生二酸化炭素は，132 + 220 = 352〔mg〕 である。

8 植物の光合成

18 光合成のしくみ

問1 ア－チラコイド　イ－クロロフィル a（クロロフィル）　ウ－ストロマ
エ－ATP 合成酵素（ATP アーゼ）　オ－光リン酸化

問2 6（個）

問3 (1) (あ)－6　(い)－4　(う)－12　(え)－10　(お)－2
(2) v－12　w－12　x－12　y－18　z－18　α－NADPH　β－ATP　γ－$NADP^+$
(3) 12（分子）

問4 (1) **呼吸基質の酸化によって生じた還元型補酵素に由来する電子が，内膜上の電子伝達系を受け渡されるときに，H^+ が内膜と外膜の間に運ばれる。**（64字）
(2) 酸化的リン酸化

解説 **問1** 光化学反応，電子伝達系，光リン酸化の反応過程をしっかり理解すること。

Point チラコイドで起こる反応
①**光化学系Ⅱ** … 水の分解に関係。
②**光化学系Ⅰ** … NADPH の合成に関係。
③水の分解に由来する電子が光化学系Ⅱから光化学系Ⅰへと流れる間に，H^+ がチラコイドの内側（チラコイド内腔）に能動的に輸送される。チラコイド膜を介した H^+ の濃度差を利用して，ATP 合成酵素で **ATP が合成される（光リン酸化）**。

問2 リード文中に，電子 1 個あたり 2 個の H^+ がチラコイド内腔に輸送されることが示されている。この電子は水の分解に由来する（$H_2O \longrightarrow \frac{1}{2}O_2 + 2H^+ + 2e^-$）ため，このときに発生する H^+ もチラコイド内腔の H^+ の増加に寄与する。よって，

$$2\times2\text{（電子 2 個の伝達過程による）}+2\text{（水分解による）}=6\text{（個）}$$

問3 (1) **6 分子の CO_2 と結合する RuBP（C_5 化合物）が 6 分子**（（あ）は 6）で，**その結果つくられる PGA（C_3 化合物）が 12 分子**（（う）は12）であることは記憶しておきたい。

まず，最終的にできる $C_6H_{12}O_6$ の手前で 2 分子の H_3PO_4 が外れていることに着目し，（お）は 2 分子とわかる。このことは，2 分子の C_3 化合物から 1 分子の C_6 化合物（$C_6H_{12}O_6$）ができることとも合致する。

また，GAP が 12 分子あることを考えて，GAP と同じ C_3 化合物の係数となる（え）は，12－2＝10 分子である。

次に，（い）分子の H_3PO_4 が外れる前後の物質に注目する。10分子の C_3 化合物にはリン酸基が10個あり，6 分子の C_5 化合物にはリン酸基が 6 個あるので，（い）は，10－6＝4 分子と決まる。

もちろん，別の部分に着目したアプローチも可能であろう。このような設問では，基本的に詳細な知識は要求していないことが多い。基礎的知識（ここでは RuBP と PGA の炭素数や係数）とリード文で与えられた情報から考えていくという

姿勢が重要である。

(2) $6CO_2 + 12NADPH + 12H^+ + 18ATP + 12H_2O$

$$\longrightarrow C_6H_{12}O_6 + 12NADP^+ + 18ADP + 18H_3PO_4$$

問題の反応式を完成させた上式中の水の係数は，1分子のグルコースが合成されるとき，カルビン回路で6分子の水が生じ，ATPの加水分解に18分子の水が消費されるため，その収支である，18－6＝12分子を示していると考えられる。

(3) ここで問われていることは，上式に先立つ水の分解反応についてである。

$$12NADP^+ + 12H_2O \longrightarrow 12(NADPH + H^+) + 6O_2$$

問4 葉緑体における光リン酸化と，ミトコンドリアにおける酸化的リン酸化について，それらの共通点と相違点を確認しておこう。

19 環境と光合成(1)

問1 作用 **問2** ④

解説 **問2** アオサは緑藻類で，クロロフィルaのほか，クロロフィルb，カロテン，キサントフィル(ルテイン)をもつ。これは陸上の植物の光合成色素の組成と共通している。アサクサノリは紅藻類で，クロロフィルaのほか，フィコビリン類(フィコシアニンとフィコエリトリン)をもつ。**水深が大きくなると紫色や赤色の光が減少するため，緑色などの光をよく吸収するフィコエリトリン(色調は紅色)をもつ紅藻類が，そのような環境での光合成に適応的と考えられる。**

20 環境と光合成(2)

問1 ア－C_4(C_4ジカルボン酸) イ－オキサロ酢酸 ウ－維管束鞘 エ－リンゴ酸

問2 (1) 酸化剤としてはたらく。(11字)〔電子を受容する。(8字)，水の分解を継続させる。(11字) など〕

(2) ②

問3 (1) コムギ－b，d トウモロコシ－a，c

(2) 強光，高温環境の熱帯地域。(13字)

問4 夜間に開き，昼間に閉じる。(13字)

解説 **問1** C_4植物は，まず葉肉細胞にあるC_4(C_4ジカルボン酸)回路で大気中のCO_2を取り込み，オキサロ酢酸(C_4化合物)を合成する。次に，原形質連絡を通じて維管束鞘細胞に輸送されたオキサロ酢酸に由来する物質がCO_2を遊離し，ここでカルビン回路の反応が進行する。

CO_2固定には，C_4回路ではホスホエノールピルビン酸カルボキシラーゼ(PEPカルボキシラーゼ)，カルビン回路ではリブロースビスリン酸カルボキシラーゼ／オキシゲナーゼ(ルビスコ)がはたらいている。**C_4植物は，PEPカルボキシラーゼによって効率よく大気中のCO_2を固定し，維管束鞘細胞内のCO_2濃度を上昇させ，ルビスコの反応効率を高めている。**

Point **C_4植物がC_4回路をもつ意義**

PEP カルボキシラーゼは，ルビスコに比較してCO_2固定能力が高い。

➡ C_4回路はCO_2濃縮装置のようにはたらき，ルビスコが作用するカルビン回路の反応を助けるため，C_4植物はCO_2濃度が光合成の限定要因になりにくい。

問2　シュウ酸鉄(Ⅲ)は，水の分解反応で生じる電子ないしは水素を受容する，酸化剤としてはたらいている。

問3　C_4回路をもつC_4植物は，CO_2濃度が光合成速度を規定しにくい(CO_2濃度が限定要因になりにくい)。そのため，C_3植物(コムギなど一般的な植物)に比較して，C_4植物(トウモロコシ，サトウキビなど熱帯地域の植物に多い)は**強光・高温条件での光合成速度が大きい**。また，気孔開度をそれほど大きくしなくてもCO_2を取り込むことができるため，蒸散量も少ない。そのため，乾燥環境にも適応的といえる。

問4　一般的な植物は，活発な光合成を行う昼間に気孔を開く。**CAM植物は，夜間に気孔を開きCO_2を取り込み合成したリンゴ酸を利用して，昼間にカルビン回路の反応を進行させるため，乾燥が厳しい昼間に気孔を閉じ蒸散を抑制することができる。**そのため，砂漠などの乾燥地での生育によく適応している。

21 光合成速度と物質収支

問1　500ルクス

問2　光合成速度：0.5〔$mgCO_2/cm^2$/時間〕　呼吸速度：0.1〔$mgCO_2/cm^2$/時間〕

問3　41〔mg〕　**問4**　(1)　光の強さ　(2)　温度　**問5**　400ルクス

解説　表の数値からグラフを描くと，下のようになる。

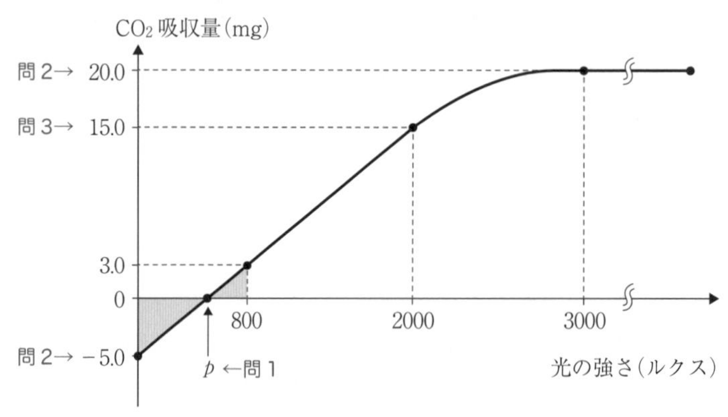

問1　光補償点近くではグラフは直線である。そのため，上図中の2つの三角形(　部分)が相似形であることを利用して，比例式を立てることができる。

$$p : (800 - p) = 5.0 : 3.0$$

なお，直線の式　$y = \frac{1}{100}x - 5.0$　を導いて，$y=0$を代入してもよい。

問2　光飽和点近くでグラフは直線ではなくなるため，光飽和点は正確には判断できない。したがって，3000 ルクスのときの数値を利用する。

光の強さによらず常に 5.0mg の呼吸量で，20.0mg は見かけの光合成量である。また，いずれも葉面積 25cm^2，2 時間あたりの数値であることに気をつける。

$$呼吸速度=\frac{5.0}{25\times2}=0.1〔\text{mgCO}_2/\text{cm}^2/時間〕$$

光合成速度＝見かけの光合成速度＋呼吸速度

$$=\frac{20.0}{25\times2}+0.1=0.5〔\text{mgCO}_2/\text{cm}^2/時間〕$$

問3　8 時間あたりの葉の重さの増加量なので，見かけの光合成量で考える。求める葉の重さの増加にはたらくグルコース量(x)を計算する。2000ルクスのときの見かけの光合成量は 15.0(mgCO_2/2 時間)なので，光合成の反応式から，

$6\text{CO}_2(6\times44) \longrightarrow \text{C}_6\text{H}_{12}\text{O}_6(180)$　だから，

$$\frac{15.0}{2}\times8:x=6\times44:180$$

$$x=\frac{15.0}{2}\times8\times\boxed{\frac{180}{6\times44}}\fallingdotseq40.9\cdots\quad\rightarrow41〔\text{mg}〕$$

$6\text{CO}_2\rightarrow\text{C}_6\text{H}_{12}\text{O}_6$

問4　光の強さ，温度，CO_2 濃度のうち，最も不足して光合成速度を規定しているものを，限定要因とよぶ。

(1)　1000 ルクスでは，光を強めるのに伴って光合成速度が大きくなっている。

(2)　3000 ルクスでは，光飽和に達しているため光の強さは限定要因でなく，CO_2 濃度が十分に高いことは設問中に示されている。

問5　20℃のときに比べて，15℃では呼吸量が100－20＝80％になるので，15℃でのこの葉の 2 時間あたりの呼吸量は，

$$5.0\times\frac{80}{100}=4.0〔\text{mg}〕$$

となる。**光補償点近傍の弱光条件下では光の強さが限定要因だから，光合成速度は20℃のときと変化しない。**したがって，20℃のときのグラフ(右図の破線)を y 軸の正方向に呼吸量の減少分だけ平行移動させ，15℃のときのグラフを得る(右図の実線)。

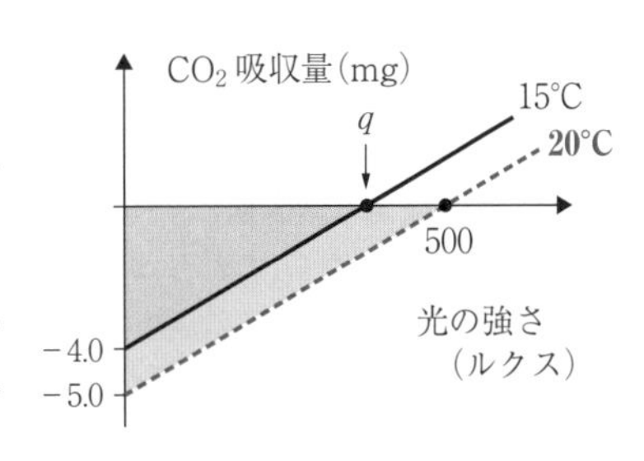

問1と同様に三角形の相似比か直線の式を利用して，$q:500=4.0:5.0$ から，あるいは，$y=\frac{1}{100}x-4.0$ に $y=0$ を代入して求める。

9 いろいろな同化

22 窒素代謝

問1　あ－有機窒素化合物　い－窒素同化
う－アンモニウムイオン(アンモニア，アンモニウム塩)
え－硝酸イオン(硝酸，硝酸塩)　お－亜硝酸イオン(亜硝酸，亜硝酸塩)
か－グルタミン酸　き－グルタミン　く－ケトグルタル酸(α-ケトグルタル酸)
問2　窒素固定　問3　②，④　問4　硝化菌(硝化細菌)
問5　b：硝酸還元酵素，亜硝酸還元酵素　c：グルタミン合成酵素
d：アミノ基転移酵素(トランスアミナーゼ)
問6　ホ　問7　け－光合成(炭酸同化)　こ－相利共生
問8　ダイズ，アズキ，ゲンゲ(レンゲ)，シロツメクサ，ムラサキウマゴヤシ(アルファルファ)，ソラマメ　などのマメ科植物から3つ
問9　(1)　有利：土壌中に，硝酸イオンなどの無機窒素化合物の量が少ない環境条件。(31字)
不利：土壌中に，硝酸イオンなどの無機窒素化合物の量が多い環境条件。(30字)
(2)　有利：(根粒菌と共生する植物は，)根粒菌が大気中から取り込み，固定した窒素化合物を利用できる。(30字)
不利：(根粒菌と共生する植物は，)根粒中の根粒菌に，自らが合成した有機物を与えなくてはならない。(31字)

解説 問2，3　窒素固定にはたらく酵素(ニトロゲナーゼ)をもち，窒素固定を行えるものは，原核生物の一部に限られる。②は緑藻類，④は菌類(子のう菌)で，いずれも真核生物である。

Point 窒素固定と窒素同化
① 窒素固定 … 大気中のN_2(窒素ガス)を，NH_3に変換する。
② 窒素同化 … 体外から取り込んだ窒素化合物をもとに，生体を構成する有機窒素化合物を合成する。

問4　亜硝酸菌と硝酸菌は，生態系内の窒素循環に欠くことのできない硝化作用を担っている。その観点から，これらは硝化菌と総称される。次のページの **Point** も確認すること。
問6　植物とは異なり，動物はアンモニウムイオンのような無機窒素化合物をもとに，アミノ酸のような有機窒素化合物を合成するような反応(一次的な窒素同化)を行うことができない。しかし，アミノ酸のような低分子の有機窒素化合物からタンパク質のような，より高分子の有機窒素化合物を合成すること(二次的な窒素同化)はできる。
問9　マメ科植物は光合成産物を根粒菌に与えながら，根粒菌から窒素化合物を受け取っている。土壌中に無機窒素化合物が不足している場合，マメ科植物は根粒菌と共生することで得られる利益が多い。しかし，土壌中に利用可能な無機窒素化合物が豊富にあるのなら，根粒菌と共生することなくそれを独力で吸収したほうがエネルギーの損失が少ない。

23 いろいろな代謝

問1　細菌A，細菌B，細菌E　　**問2**　細菌E　　**問3**　細菌B，細菌E

問4　(1)　細菌A　　(2)　緑色硫黄細菌，紅色硫黄細菌

(3)　$6CO_2 + 12H_2S \longrightarrow C_6H_{12}O_6 + 12S + 6H_2O$

問5　処理槽1で，脱窒によって窒素分子となり，大気中に解放される。(30字)

問6　まず，処理槽2で，硝化作用により亜硝酸イオンを経て硝酸イオンに変換される。その後，処理槽1へ戻された硝酸イオンは，脱窒を受ける。(66字)

問7　処理槽2で生じた硝酸イオンのうち，処理槽1に戻らなかった多くのものは処理水として放流される。これを防ぐために，処理槽2の下流に嫌気的で大型の処理槽を追加する。(79字)

解説　Ⅰ．細菌Aは，硫化水素を電子供与体として光エネルギーを利用した炭酸同化を行う，紅色硫黄細菌や緑色硫黄細菌のような光合成細菌。細菌Bは，硫化水素の酸化過程で解放される化学エネルギーを利用して炭酸同化を行う，化学合成細菌の一種の硫黄細菌である。いずれも硫化水素を利用するため混同されやすいが，確実に区別しておこう。

細菌Cは，異化作用の過程で生じる還元型補酵素の酸化に硝酸イオン中の酸素原子を利用し，その結果，窒素分子を生成する脱窒素細菌で，生態系内では脱窒を担っている。

細菌Dは無機物から有機物への合成を一切行うことができないことから，大腸菌のような従属栄養の細菌であると考えられる。

細菌Eは亜硝酸イオンを硝酸イオンへ酸化する際に解放される化学エネルギーを利用して有機物を合成する硝酸菌(化学合成細菌)である。硝酸菌は，同じく化学合成細菌である亜硝酸菌とともに硝化菌と総称される。

Point　亜硝酸菌と硝酸菌

① いずれの細菌も無機物の酸化で解放される化学エネルギーを利用して炭酸同化を行い，無機物から有機物を合成できる(**化学合成**)。この観点からは「**化学合成細菌**」である。

② これらの細菌が行う**アンモニウムイオンが亜硝酸イオンを経て硝酸イオンへと酸化される過程**を**硝化**という。この観点からは「**硝化菌**」とよばれる。

問1　独立栄養生物とは，炭酸同化を行い，無機物から有機物を合成できる生物のことをいう。したがって，培地に有機物を添加しなくても増殖できる細菌を選ぶ。

問4　(3)　植物やシアノバクテリアでは，光合成の電子供与体として水を利用するため酸素が発生する。一般的には，光合成細菌は電子供与体に水ではなく硫化水素を用いる(水素などを用いるものもいる)ため，酸素ではなく硫黄を析出する。

問5　硝酸イオンが窒素分子になる脱窒は，嫌気的環境で進行する。

問6　アンモニウムイオンを硝化して硝酸イオンにする硝化菌は，好気的環境ではたらく。$NH_4^+ \longrightarrow NO_2^- \longrightarrow NO_3^-$ の反応が，酸化反応であることからも判断できる。

問7　処理槽2を出た処理水の一部だけが処理槽1へ循環するのだから，処理水中の硝酸イオンの多くは，沈殿槽を経てそのまま放流されてしまう。これを防ぐためには，処理槽2の下流に，脱窒素細菌がはたらく嫌気的な処理槽を設置すればよい。

第4章　遺伝情報とその発現

10　DNAの構造と複製

24　DNAの構造

問1　④

問2　(1)　アーリン酸　イーデオキシリボース　ウー塩基

(2)　W：3′末端　X：5′末端　Y：5′末端　Z：3′末端

問3　エ：19.8　オ：22.7　カ：24.1　**問4**　44 mm

解説 **問1**　①　肺炎双球菌を材料に，グリフィスは形質転換という現象を発見し，エイブリーはそれを引き起こす因子がDNAであることを確かめた。

②　DNA分子における，シャルガフの規則を発見した。

③　サットンは，遺伝子が染色体上に存在するという染色体説を提唱した。

④　エイブリーの研究からもDNAが遺伝子の本体であることが予想できるが，ハーシーとチェイスはDNAがバクテリオファージ(ウイルス)の遺伝子の本体であることを明らかにした。

⑤　エンドウを用いて，遺伝の法則を見出したのはメンデルである。

⑥　ワトソンとクリックは，シャルガフの規則と，ウィルキンスとフランクリンの撮影したDNAのX線回折像から，DNA分子が二重らせん構造をもつことを示した。

問2　**(1)　ヌクレオチド鎖の主鎖を形成するものは糖とリン酸であり，塩基は主鎖の形成に直接的には関与していないことに注意。**

(2)　ヌクレオチドが結合して鎖をつくるとき，そのリン酸側が5′末端，糖側が3′末端である。これらは，糖に含まれる5つの炭素原子に付けられた番号に由来する。DNAの2本の鎖は，互いにその方向性を逆向きにして，塩基どうしが相補的に結合する。

糖
リン酸　C^5　O　C^4　C^1　塩基
C^3—C^2
ヌクレオチド

問3　どのような生物でもすべての組織・器官で，2本鎖DNAに含まれる塩基には，A：T＝G：C＝1：1(モル比)の関係(シャルガフの規則)が成立する。

問4　ヒトのゲノムDNAは30億＝3.0×10^9塩基対であるが，これは卵や精子などの単相(n)あたりなので，体細胞($2n$)あたりでは，

$3.0\times10^9\times2=6.0\times10^9$〔塩基対〕

である。

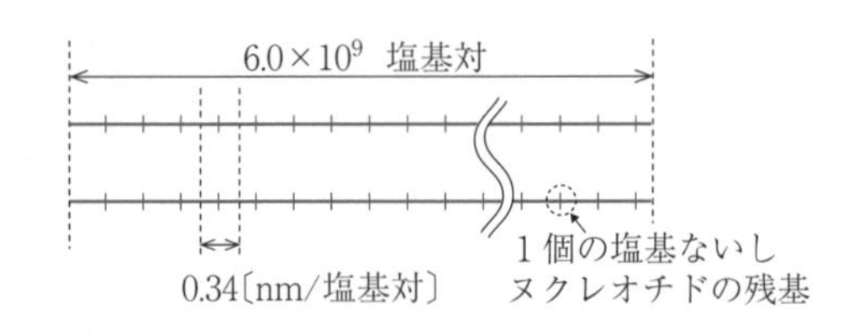

DNAについて，$\dfrac{3.4〔\mathrm{nm}〕}{10〔塩基対〕}=0.34$〔nm/塩基対〕だから，

6.0×10^9塩基対のDNAの長さは，

6.0×10^9〔塩基対〕$\times0.34$〔nm/塩基対〕$=2.04\times10^9$〔nm〕

これが46本の染色体のなかに均等に含まれると考えると，

$$\frac{2.04\times10^{9}〔\mathrm{nm}〕}{46} \fallingdotseq 44.3\times10^{6}〔\mathrm{nm}〕=44.3〔\mathrm{mm}〕 \rightarrow 44〔\mathrm{mm}〕$$

25 DNA の複製(1)

問1　ア－岡崎フラグメント　イ－DNA リガーゼ

問2　(1)　連続的に合成される鎖：リーディング鎖

不連続に合成される鎖：ラギング鎖

(2)　新生ヌクレオチド鎖を，5′末端から3′末端の方向にしか伸長させることができない。(38字)

〔別解〕既存のヌクレオチド鎖の3′末端にだけ，鋳型鎖に相補的な塩基をもつヌクレオチドを結合することができる。(49字)

問3　(1)　糖：リボース　　塩基：アデニン，グアニン，シトシン，ウラシル

(2)　基本的にDNA を構成するヌクレオチドからなるものに，置き換えられている。(36字)

問4　⑥

問5　右図

問6　テロメア

問7　DNA ポリメラーゼは，次のヌクレオチドを結合せず，誤ったヌクレオチドを切り取り，正しいヌクレオチドをつなぎ直す(55字)

解説　**問1，2，4，5**　問4の図(⑥が正解)は，ある1つの複製開始点から右方に形成される複製フォークだけを模式的に示したものである。実際には，DNA の複製は複製開始点から両方向に進行するので，下図1のような状態になっている。

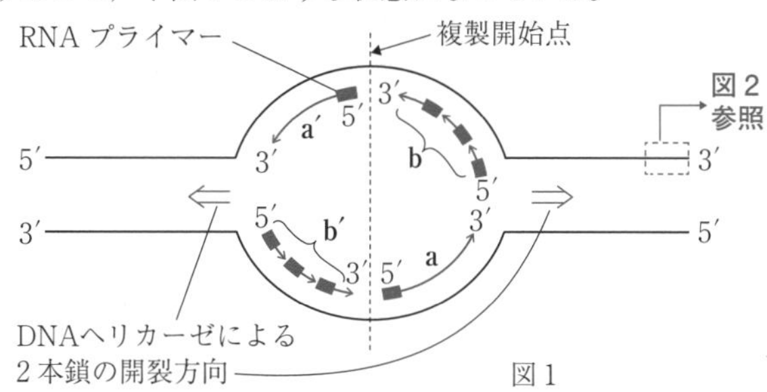

図1

この図1を理解する上で重要なことは，DNA 複製にはたらく**DNA ポリメラーゼは，新しく合成するヌクレオチド鎖を，5′末端から3′末端の方向に伸長させることしかできない**ということである。言い換えれば，**DNA ポリメラーゼは，ヌクレオチド鎖の3′末端にだけ，鋳型鎖に相補的な塩基をもつヌクレオチドを結合させることができる**のである。また，もとの2本鎖 DNA も，新たに形成されることになる2分子の DNA も**向かい合う2本のヌクレオチド鎖の方向性は必ず逆向きになる**。

a や a′はリーディング鎖で，鋳型となる2本鎖 DNA の開裂方向と同じ向きに新しい鎖が合成されていくため連続的に鎖が伸長する。一方，b や b′はラギング鎖で，2本の鋳型鎖の開裂方向と新たな鎖の合成方向が逆向きとなるため，リーディング鎖

にやや遅れて不連続につくられる。このラギング鎖の形成過程で出現する短い1本鎖DNAが岡崎フラグメントである。岡崎フラグメントは後に，DNAリガーゼによって連結される。

問3，6 真核生物のDNAは直鎖状であるが，その最末端部まで複製が進行したときの前ページの図1中の□内のようすを詳しくみたものが下図2である。

DNAポリメラーゼは，既存のヌクレオチド鎖の3′末端に新たなヌクレオチドを結合させることができる。生体内では合成開始時に短い1本鎖RNA(プライマー)が鋳型鎖に結合する。ほとんどのRNAプライマーは後にDNAに置き換えられるが，ラギング鎖の5′末端では，このRNAプライマーを分解後，DNAに置き換えることができないため，細胞分裂を繰り返すごとに，この領域がもとのDNAよりも短くなっていく。そのため，テロメアとよばれる，アミノ酸配列をコードしない塩基配列がこの領域には繰り返されているのだが，テロメアが極端に短縮すると細胞分裂が行えなくなることが知られている。テロメアは細胞の寿命を示す時計のような役割を果たしていると考えられている。

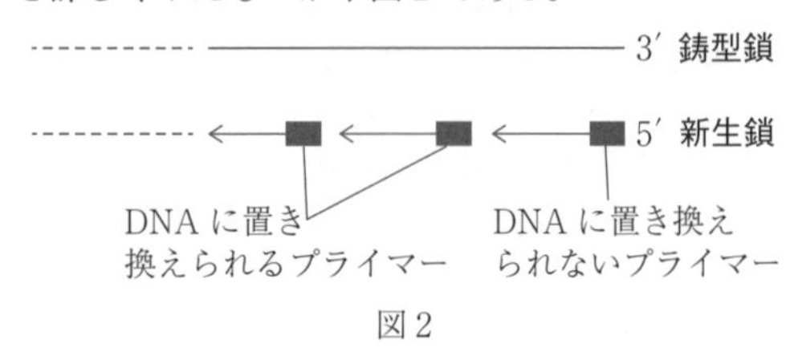

図2

なお，生殖細胞や幹細胞などではテロメアの短縮を補うものとして，テロメアを伸長する酵素であるテロメラーゼの活性が認められる。

26 DNAの複製(2)

問1 1回分裂－0：1：0　2回分裂－1：1：0　3回分裂－3：1：0

問2 (1) 半保存

(2) 2本鎖DNAの両方の鎖が鋳型となり，これに相補的な塩基を含むヌクレオチドがつながれて新生鎖がつくられる。そのため，新たに形成される2分子の2本鎖DNAは，もとの2本鎖DNAに由来する鋳型鎖と新たに合成される新生鎖から構成される。(114字)

解説 **問1** DNAの複製は半保存的であり，もとの1分子の2本鎖DNAのそれぞれの鎖が鋳型となって，新たに形成される2分子の2本鎖DNAの一方の鎖になる(右図)。

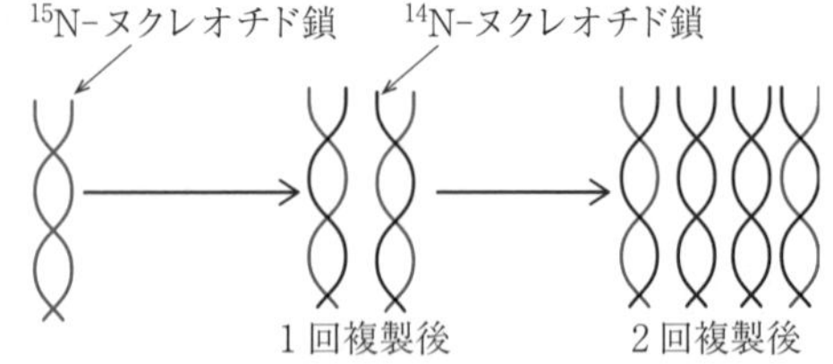

1回分裂後では，すべての2本鎖DNAが^{14}N－ヌクレオチド鎖と^{15}N－ヌクレオチド鎖から構成される。2回分裂以降も^{15}N－ヌクレオチド鎖は必ず2本残るため，中間的な質量の2本鎖DNAも必ず2分子できる。また，2本鎖のいずれもが^{15}N－ヌクレオチド鎖からなる重いDNAは1回分裂以降でみられなくなり，2本鎖のいずれもが^{14}N－ヌクレオチド鎖からなる軽いDNAが増えていく。n回の分裂で，2本鎖DNAはもとの2^n倍になるから，

軽いDNA：中間的な質量のDNA：重いDNA $=2^n-2:2:0=2^{n-1}-1:1:0$
のように一般式を導くこともできる。

27 体細胞分裂と細胞周期

問1 前期－①，⑥　中期－③　後期－④　終期－②，⑤
問2 20時間
問3 G_1期－A　S期－B　G_2期－C　M期－C
問4 (1) S(DNA合成)　(2) 5時間
(3) G_1期：11時間　S期：4時間　M期：1時間

解説 **問1** 分裂期の各時期の様相は，図での理解も大切だが，本問のように文章で表現されることもある。

問2 図1から，**細胞数が20時間毎に2倍に増加**していることがわかる。1個の細胞は1回の分裂で2個になるから，このことは20時間経過するうちに培養中の細胞のすべてが1回の細胞分裂を行ったことを示す。

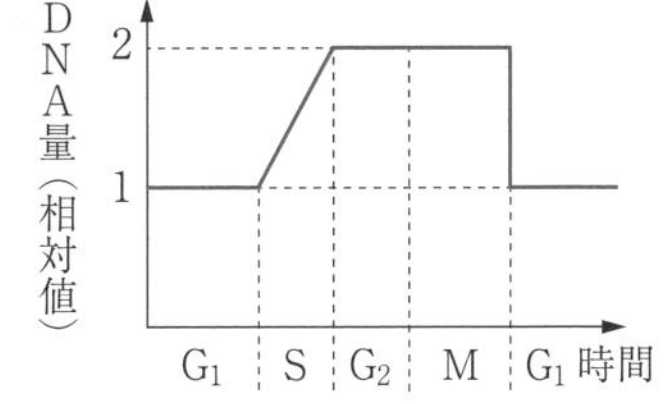

問3 図2のグラフに戸惑った人も，右のグラフは見たことがあるのではないだろうか。

右のグラフの縦軸に示されるDNA相対量が図2では横軸となり，右のグラフでは考えていない細胞数を図2では細胞1個あたりのDNA相対量に注目して縦軸に表示しているだけである。したがって，AはG_1期，BはS期，CはG_2期とM期にそれぞれある細胞とわかる。

問4 (1) BrdUは新しくつくられるDNAに取り込まれることが問題文に示されているから，S期がDNA合成期であることを知っていれば，**BrdU添加時点でS期にあった細胞だけがBrdUを取り込む**と判断できる。

(2) 下線部の記述が重要である。**非同調的に分裂し，同じ長さの細胞周期をもつ細胞集団であるから，各時期にある細胞数の割合が各時期に要する時間の割合に比例する**といえる。したがって，Cの部分(G_2期とM期)の細胞数が全細胞数の25％を占めるなら，細胞周期に要する時間のうち25％をG_2期とM期に費やしていると判断できる。したがって，G_2期とM期を合わせた時間$=20\times\frac{25}{100}=5$〔時間〕

Point 細胞数と細胞周期の各時期に要する時間の関係

① 全細胞が非同調的(ランダム，バラバラ)に分裂している。
(細胞周期の各時期に分散している)
② それぞれの細胞は同じ細胞周期を回っている。
(分裂を停止したり，異なる長さの細胞周期をもったりする細胞はない)

以上の前提のもと，**細胞周期の各時期にある細胞数の割合は，それぞれの時期に要する時間の割合に比例したものとなる。**

(3)　まず，(2)と同様に考えて，BrdU を取り込んだ細胞，すなわちＳ期の細胞が20%だから，Ｓ期に要する時間 $= 20 \times \frac{20}{100} = 4$〔時間〕 と計算できる。

次に，問題文に示されているデータのうち，まだ利用していないものに注目する。BrdU を取り込んだ細胞がM期に入ったようすが４時間後にはじめて観察されたということは，BrdU を添加した時点でＳ期にあった細胞のうち最も G_2 期に近いところにあった細胞(上図中●の細胞)がM期に入るのに４時間かかる，すなわち G_2 期に要する時間＝４時間であることを示す。

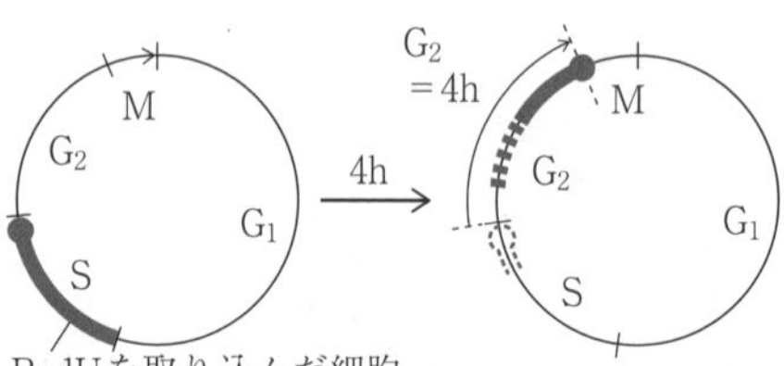

(2)より，G_2 期とM期を合わせた時間＝５時間だから，

M期に要する時間 $= 5 - 4 = 1$〔時間〕

である。さて残る G_1 期だが，与えられたデータからは直接的には計算できない。しかし，細胞周期が20時間だから，Ｓ期，G_2 期，M期以外の残る時間が G_1期となる。したがって，

G_1 期に要する時間 $= 20 - (4 + 4 + 1) = 11$〔時間〕

である。

11　遺伝子の発現

28　転写と翻訳のしくみ

問１　メチオニン－アスパラギン－トレオニン－グルタミン－ロイシン－イソロイシン

問２　5′―GGATACAAAATGAACACTCAACTGATC―3′

問３　5′―CAU―3′

問４　個体X：アミノ酸配列に変化は生じていない。(17字)
個体Y：4番目のグルタミンがリシンに変化している。(21字)

問５　４番目のアミノ酸がヒスチジンに変化し，さらに５番目のコドンが終止コドンとなって４個のアミノ酸が連なる，元来の立体構造とは大きく異なった翻訳産物がつくられる。(78字)

解説　**問１**　mRNA は，その5′→3′ の方向に翻訳を受ける。遺伝暗号表より，AUG が開始コドンであることがわかり，5′ 側から開始コドンを探していくと，10～12塩基目に AUG が見つかる。ここから３塩基ずつ区切って，遺伝暗号表と突き合わせていく。

問２　**センス鎖とは，転写には直接的には用いられない非鋳型鎖のことである。センス鎖は，mRNA のUがTになっているだけで，その方向性も同じである。**

問３　tRNA の塩基配列のうち，mRNA のコドンと相補的に結合する３つ組塩基はアンチコドンとよばれる。DNA の２本のヌクレオチド鎖に限らず，DNA の鋳型鎖と mRNA，mRNA と tRNA のような場合も含め，**２本のヌクレオチド鎖が相補的な塩**

基対を形成する際，それらの方向性は必ず逆向きになる。

問4　個体Xでは，下図18番目のUがGに置換しているが，置換後のACGは置換前のACUと同じくトレオニンを指定する。このように，コドンの3番目にあたる塩基に置換が起こっても，同一アミノ酸が指定されることが多い。

個体Yの場合，19番目のCがAに置換することで，コドンはCAAからAAAに変化する。前者はグルタミンを指定していたが，後者ではリシンを指定するようになる。しかし，置換であるためそれ以降のアミノ酸配列に変化は生じず，この突然変異遺伝子からつくられる翻訳産物は，もとと同じ機能を保持している。

問5　個体Zでは20番目のAが欠失することで，変異部位以降のコドンの読み枠が，右図のようにずれる(フレームシフト)。その結果，4番目のアミノ酸はグルタミンからヒスチジンへ変化し，さらにその後ろに終止コドンが出現し，ここで翻訳が終了する。終止コドンが出現しなくとも，塩基の欠失や挿入が起こった場合，フレームシフトによって全く異なるアミノ酸が指定されることとなり，個体に及ぼす影響は大きいことが多い。

20　終止コドン
…C＿AC ｜ UGA ｜ UC

下図はいずれも突然変異を起こしていない，正常な遺伝子 *W* の塩基配列に対応した塩基配列を示している。

10 ↓　20 ↓

5′ーG G A T A C A A A A T G A A C A C T C A A C T G A T C—3′ …センス鎖(非鋳型鎖)

3′ーC C T A T G T T T T A C T T G T G A G T T G A C T A G—5′ …アンチセンス鎖(鋳型鎖)

開始コドン　18 19 20

5′ーG G A U A C A A A A U G A A C|A C U|C A A|C U G A U C—3′ …mRNA

3′ーU A C—5′ …開始コドンに結合する tRNA のアンチコドン

Point　遺伝子突然変異の影響

① (1塩基の)置換

一般に*最大で1アミノ酸の置換に留まるため，翻訳産物のアミノ酸配列や個体の形質に及ぼす**影響は小さいことが多い。

＊コドンの3番目にあたる塩基が他の塩基に変わっても，同一のアミノ酸を指定することが多い。

＊＊開始コドンが消失したり，終止コドンが出現したりするなどすれば，その限りではない。

② (1ないしは2塩基の)挿入や欠失

コドンの読み枠がずれる(フレームシフト)ため，変異部位以降が指定するアミノ酸の配列が大きく変化し，***影響は大きいことが多い。

＊＊＊翻訳に用いられないイントロン，転写されない非遺伝子領域，タンパク質の機能上重要でないアミノ酸を指定する塩基配列などに変異が生じた場合などは，全く影響がみられないこともあり得る。

12 遺伝子の発現調節

29 原核生物の遺伝子発現調節

問1 ア－調節　イ－RNA ポリメラーゼ　ウ－オペロン

問2 オペレーター

問3 (1) ②　(2) ③　(3) ②　(4) ④

問4 原核細胞では，転写と翻訳はほとんど同じ場所で進行する。また，基本的にスプライシングも行われないため，転写途上の mRNA にリボソームが結合して翻訳が同時進行する。(80字)

解説 **問3** 近年オペロン説は，知識問題として出題されることが多くなってきている。問題文に記述されていることがなくとも解答できるように，ここで扱われているラクトースオペロンの他にトリプトファンオペロンについても知識を確認しておきたい。

(1) リプレッサーが合成できなければ，ラクトースの有無によらず RNA ポリメラーゼはプロモーターに結合し，ラクトース代謝酵素の遺伝子群の転写が常に起こる。

(2) ラクトース代謝産物と結合できないリプレッサーは，常にオペレーターに結合する。したがって，ラクトースの有無によらず RNA ポリメラーゼはプロモーターに結合できず，ラクトース代謝酵素の遺伝子群の転写は常に起こらない。

(3) オペレーターにリプレッサーが結合することがないので，ラクトースの有無とは関係なく RNA ポリメラーゼがプロモーターに結合して，ラクトース代謝酵素の遺伝子群の転写が常に起こることになる((1)の変異株に同じ)。

(4) 野生型の大腸菌では，グルコースがない条件でラクトースが与えられたときにだけ，ラクトース代謝酵素の遺伝子群の転写が起こる。

Point 大腸菌のラクトースオペロン

① 通常，大腸菌はグルコースを含む培地で培養されている。
… リプレッサーがオペレーターに結合。
⟶ RNA ポリメラーゼがプロモーターに結合できない。
⟹ ラクトース代謝酵素の遺伝子群は転写されない。

② 大腸菌をグルコースがなく，ラクトースを含む培地に移す。
… リプレッサーがラクトースの代謝産物(誘導物質)と結合し，オペレーターから外れる。
⟶ RNA ポリメラーゼがプロモーターに結合。
⟹ ラクトース代謝酵素の遺伝子群の転写が開始される。

問4 原核細胞は核がなく，基本的にスプライシングのしくみももたない。そのため，転写されている途中の mRNA にリボソームが結合して翻訳が転写と同時進行する(**転写と翻訳の時間的な不分離**。真核細胞では，転写後にスプライシングを受けて完成した mRNA が翻訳される)。

また，転写と翻訳のいずれもがほとんど同じ場所(細胞質基質)で進行することになる(**転写と翻訳の空間的な不分離**。真核細胞の場合は核膜に包まれた核とその周囲の細胞質の区別がある。そのため，転写は核内で，翻訳は細胞質で行われる)。

30 真核生物の遺伝子発現

問1　ア－プロモーター　イ－基本転写因子　ウ－転写調節領域(調節領域)

問2　1つの遺伝子を転写してできたmRNA前駆体から，取り除く部分を変化させることによって，2種類以上の成熟mRNAやタンパク質をつくる。(66字)

問3　(1)　(i)ではコドンの読み枠がずれることで，突然変異部位以降が指定するアミノ酸配列が大きく変化することが多い。(ii)の場合，アミノ酸配列に変化を生じないか，1個のアミノ酸の変化に留まることが多い。(92字)

(2)　スプライシングで取り除かれる部分に相当する，イントロンに突然変異が起こった。(38字)

〔別解〕RNAへ転写されない，遺伝子ではない領域に突然変異が起こった。(31字)　タンパク質の機能上重要ではない部分に，アミノ酸配列の変化が起こった。(34字)

解説 **問1**　ア，イ．原核生物とは異なり，真核生物の場合，RNAポリメラーゼは基本転写因子とともにプロモーターに結合して転写を開始することができる。

ウ．真核生物の場合，調節タンパク質の結合領域は転写調節領域(調節領域)とよばれる。オペレーターは原核生物に用いる語であることに注意。

問2　mRNAのエキソン部分の残し方を変え，1つの遺伝子から複数種類の遺伝子産物をつくることがある。この選択的スプライシングによって，ヒトの場合，2万個程度の遺伝子から10万種以上のタンパク質を合成することが可能になっているという。

問3　(1)　遺伝暗号表の特徴から考える。特に，コドンの3番目の塩基が他の塩基に変化しても，指定するアミノ酸は変化しにくいことは重要。

(2)　本問の場合，いくつかの可能性が考えられるためいずれの解答でもよいが，突然変異が起こる場所をDNA中の遺伝子(転写開始点と転写終了点に挟まれた，転写される部分)に限定している設問もある。その場合，別解の1つ目の解答はよくない。また，別解の2つ目は，酵素タンパク質ならば活性部位ではない分子内領域に位置するアミノ酸が変化したイメージである。しかし，このような場合でも，間接的に活性部位の立体構造に影響を与えることがある。

納得できる解答を作成できなかった場合は，28 の Point を再確認すること。

13 バイオテクノロジー

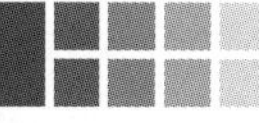

31 DNAクローニング(PCR法)

問1　(1)　(DNA)プライマー　(2)　DNAポリメラーゼ

(3)　95℃程度の高温でも不可逆的な変性・失活を起こさない耐熱性。(29字)

問2　①，④

問3　塩基間の水素結合が切れず，DNAが2本鎖のままだった。(27字)

問4　$\frac{1}{64}$倍

解説 **問1** (1), (2) **DNAポリメラーゼは，鋳型鎖に相補的な塩基を含むヌクレオチドを，既存のヌクレオチド鎖につなぐ酵素である。**このヌクレオチド鎖の伸長作業を始める「足場」のようにはたらくものが，プライマーである。生体内でのDNA合成では，プライマーには短い1本鎖RNAが用いられるが，生体外で行われるPCR法の場合，プライマーには短い1本鎖DNAが用いられ，このプライマーは反応後には新生鎖の一部になる。

(3) PCR法では，95℃程度に加熱することで水素結合を切断し，DNAの2本のヌクレオチド鎖を解離する工程が必ず入る。仮にヒトや大腸菌のもつDNAポリメラーゼをPCR法に用いると，この高温処理で不可逆的な変性・失活を起こすため，サイクル毎にDNAポリメラーゼを加え直さなくてはいけない。**そこで実際のPCR法では，温泉などに生息する好熱菌由来のDNAポリメラーゼを利用する。**このDNAポリメラーゼは耐熱性をもつため，95℃程度に加熱しても72℃程度の最適温度に戻せば，触媒能を発揮できる。

問2 問題に与えられた塩基配列は，2本鎖DNAの一方だけである。相補的なもう一方の鎖を補い，設計するべきプライマーも示してみると，下のようになる。

5′—AGCAATCTCTCGATCTCG……CGATTCGATCCGCTCTTG—3′ ←与えられた塩基配列
新生鎖の伸長方向 ←—— 3′ …GCTAAGCTAGGCGAGAAC—5′
3′側の二重下線部に対するプライマー(④)

5′側の二重下線部に対するプライマー(①)
5′—AGCAATCTCTCGATCTCG…3′ ——→ 新生鎖の伸長方向
3′—TCGTTAGAGAGCTAGAGC……GCTAAGCTAGGCGAGAAC—5′ ←補った塩基配列

鋳型となるもとの2本鎖DNAも，複製される新たな2本鎖DNAも，その方向性は逆向きになり，DNAポリメラーゼは新生鎖を5′→3′の方向にしか伸長させられないことに注意する。PCR法では，目的の塩基配列だけの増幅を狙うために，10数塩基程度のプライマーを用いることが多い。また，2本の鋳型鎖それぞれの3′末端側にある，2カ所のプライマー結合領域の塩基配列は通常異なっているので，2種類のプライマーを用意する必要がある。

問3 95℃で2本鎖が解離して，60℃ではプライマーが鋳型鎖の特定塩基配列に結合し，72℃ではDNAポリメラーゼがはたらいて新生鎖の伸長が起こる。95℃で行うべき工程を85℃にすることで2本鎖が解離せず，プライマーが結合することもないためDNAポリメラーゼがはたらかなかったと考えられる。字数制限の関係上，解答では温度設定を95℃から85℃に変更したことによって生じた現象のうち，最も直接的なものを説明するべき。

問4 **PCR法では，理論上1サイクルでDNA量は2倍になるため，nサイクル繰り返せば2^n倍になる。**Aに比較してBでは，一定のDNA量に達するまでに必要なサイクル数が，22−16＝6回多い。PCR法の実行前にサンプル溶液に入っていたDNA濃度は，BはAの $\frac{1}{2^6}=\frac{1}{64}$ 倍だったのである。

32 **DNA シークエンス(サンガー法)**

問1 ②, ③, ⑥

問2 (1) ⑤

(2) 電気泳動の結果から，合成された鎖の塩基配列は5′ 末端から3′ 末端の方向にCTGAGACTCATG である。鋳型となる鎖の塩基配列はこれと相補的であるが，その方向性は逆向きになる。(86字)

解説 **問1** 通常 **DNA 分子は負に荷電しており，陰極から陽極の方向に泳動される。**また，**鎖長が短いものほどゲル中を移動しやすく，泳動距離は長くなる。**

問2 通常のヌクレオチドの他に，それを取り込むと途中でDNA 合成が止まる特殊なヌクレオチドも与え，DNA 鎖X(1本鎖)を鋳型に新生鎖(1本鎖)を合成している。そのため，合成された新生鎖にはさまざまな鎖長のものが混在している。図1から判断される，最も長く合成が続いた新生鎖の塩基配列は次の図(上側)のようになる。

DNA ポリメラーゼによる
新生鎖の合成方向⟶

5′—C T G A G A C T C A T G —3′　…図から判断される最も長い新生鎖の塩基配列
3′—G A C T C T G A G T A C —5′　…鋳型となった DNA 鎖 X

図1の下側にあるバンドは，上記の新生鎖の5′ 末端近くですぐに特殊なヌクレオチドを取り込んでDNA 合成が止まった鎖長の短いもの，上側にあるバンドは，新生鎖の3′ 末端近くまで特殊なヌクレオチドの取り込みが起こらずDNA 合成が長く続いた鎖長の長いものである。**相補性をもつ2本のヌクレオチド鎖の方向性は逆向きになる**ことを考え，鋳型となったDNA 鎖Xの塩基配列とその方向性は上図(下側)のように判断される。

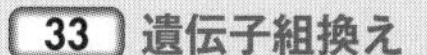

33 **遺伝子組換え**

問1 ア－制限酵素　イ－(DNA)リガーゼ

問2 下図

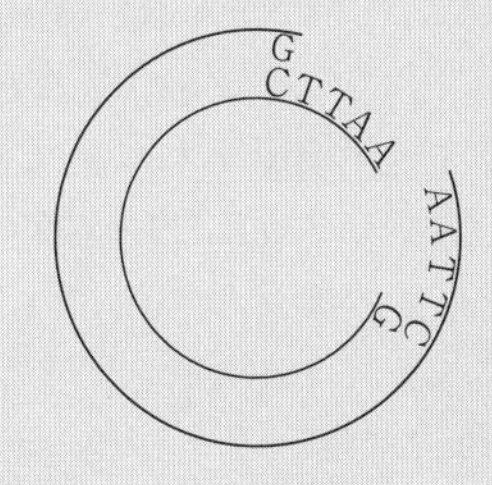

問3 下図

AATTC　遺伝子 Y　G
G　　　　　　　　CTTAA

問4 下図

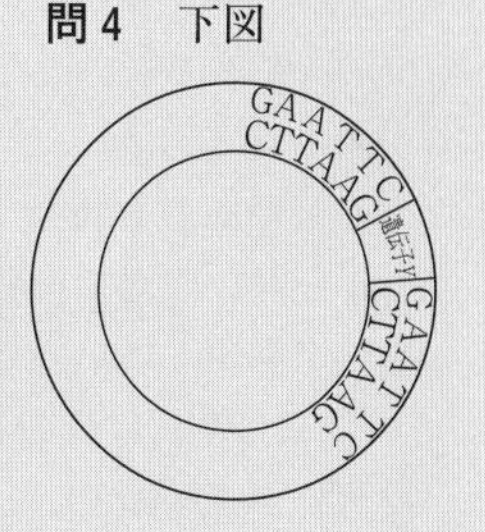

問5 7カ所

問6 青色：遺伝子 Y が組み込まれなかったプラスミドを導入された大腸菌は，プラスミド中の*LacZ*が発現することでX-gal が青色の化学物質に変化する。(66字)

白色：遺伝子 Y が組み込まれたプラスミドを導入された大腸菌は，*LacZ* が破

壊されているため機能をもつβ-ガラクトシダーゼは合成されず，X-gal は青色の化学物質に変化しない。(79字)

問7 プラスミドが取り込まれなかった，アンピシリンに対する耐性をもたない大腸菌も生育できるため，コロニー数がかなり増える。(58字)

解説 **問1** DNA の特定の塩基配列を認識して切断する制限酵素は「はさみ」，DNA 断片どうしを結合させる(DNA)リガーゼは「のり」に例えられる。

問5 *Eco*RI の認識する塩基配列は，右の通り。

5′ — G A A T T C — 3′
3′ — C T T A A G — 5′

いま，上側の［　　］で囲んだ塩基配列だけに注目する。DNA 中には 4 種類の塩基がランダムに配列しているのだから，このような 6 塩基の配列が出現する確率は $\left(\frac{1}{4}\right)^6=\frac{1}{4096}$ である。上側の鎖の塩基配列が決まれば，2 本鎖の間の相補性から下側の3′—CTTAAG—5′の配列は一様に定まる。反対に下側の鎖をもとに考えても同じ。言い換えれば，この場合，4096塩基対に一カ所だけ認識され切断される配列が出現することとなり，2.96×10^4 塩基対の DNA では，

$$2.96\times10^4\times\frac{1}{4096}\fallingdotseq 7.2\cdots \quad \rightarrow 7\text{ カ所}$$

制限酵素はほとんどの場合，回文構造(ここでは，上側の鎖も下側の鎖も5′—GAATTC—3′)**を認識するため，この*Eco*RI のように一方の鎖の塩基配列の出現確率だけを考えればよい。**

問6 ① *LacZ* が発現してβ-ガラクトシダーゼが合成されれば，X-gal が変化してコロニー(集落)は青色に発色する。反対に，② *LacZ* が発現せずβ-ガラクトシダーゼが合成されなければ，X-gal は変化することなくコロニーは白色である。

また，組換えプラスミドの *LacZ* の機能については，*LacZ* の中央付近でプラスミドは開環するため，ここに遺伝子 *Y* が組み込まれれば *LacZ* は破壊され，その機能は喪失するといえる。

上の①のものは，もとは保持していなかった *LacZ* を保持しているといえ，遺伝子 *Y* が組み込まれることなく *LacZ* が保存されたままの pUC19 プラスミドが導入された大腸菌であると判断できる。なお，もとの大腸菌が *LacZ* をもつか否かについては，X-gal を含む培地で白色コロニーも出現しているのだから，元来 *LacZ* をもっていないものを利用していたとわかる。

一方，上の②については，*LacZ* が発現しない理由として，(i) pUC19 プラスミドが導入されていない，(ii) pUC19 プラスミドの *LacZ* 中央付近に遺伝子 *Y* が組み込まれたプラスミドが導入された，という 2 つの可能性が考えられるかもしれない。しかし，ここでプラスミド導入を狙う大腸菌は元来 Amp^r 遺伝子をもたない(抗生物質アンピシリンの作用を抑えることができず，アンピシリン添加培地でコロニーを形成できない)ことが問題文中に示されている。したがって，この場合アンピシリン添加培地でコロニーを形成できていることから，これらのうち(i)の可能性は棄却される。

問7　次の **Point** を参照。

Point **目的遺伝子を保有する大腸菌の選抜**

実際には，プラスミドへ目的遺伝子が組み込まれる確率はかなり低く，さらに大腸菌へプラスミドが導入される確率も相当に低いということが重要。

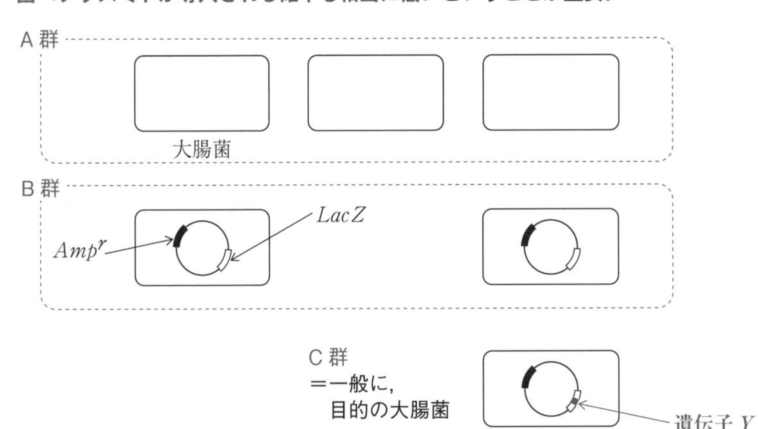

通常，C群(＝目的の大腸菌)を選抜するために次のような操作段階がある。

(Ⅰ) 目的遺伝子のプラスミドへの組み込み，および組換えプラスミドの大腸菌への導入を狙う処理を行う。

➡ A群，B群，C群が混在

(Ⅱ) 培地に抗生物質アンピシリンを添加する。

➡ プラスミドが導入されていないA群はコロニーを形成しない(B群，C群がコロニーを形成)。

(Ⅲ) IPTG で *LacZ* の発現を誘導(上流のオペレーターからリプレッサーを外し，プロモーターへの RNA ポリメラーゼの作用を解除)した上で，X-gal を培地に添加する。

➡ B群は β-ガラクトシダーゼを合成し X-gal を青色物質に変えて青色コロニーを形成し，C群は β-ガラクトシダーゼを合成せず X-gal を青色物質に変えることなく白色コロニーを形成する(白色コロニーを形成するC群を選抜)。

したがって，アンピシリンを含まない培地を用いると，上のA群に相当する多くの大腸菌(*LacZ* をもたないため X-gal を添加してもコロニーは白色)がコロニーを形成するはずである。

第5章 生殖と発生

14 配偶子形成

34 生殖法

問1 (iii), (iv), (v)

問2 無性生殖：個体群密度が低くても生殖でき，安定した環境では増殖効率が高い。(31字)

有性生殖：遺伝的多様性をもつ子を生じ，環境変化に適応できる可能性が高い。(31字)

解説 (i)は植物が行う，栄養器官を利用した栄養生殖。(ii)はゾウリムシなどが行う分裂で，均等に分かれる。一方，(vi)はヒドラなどが行う出芽で，不均等に分かれる。(iii)は接合を指しているが，特に卵と精細胞や精子の合体は受精とよばれる。(v)はコケ植物やシダ植物の胞子による生殖などが相当する。

問1 基本的に，配偶子による生殖は有性生殖，配偶子によらない生殖は無性生殖に分類される。ただし，胞子生殖のなかでも，コケ植物やシダ植物の胞子形成時，アカパンカビなどの子のう胞子形成時には減数分裂が起こり，形成される胞子に遺伝的多様性が生まれる。このような胞子生殖は有性生殖に分類されることに気をつけたい。

問2 有性生殖を行って生じる，遺伝的に多様性をもつ子のなかには，環境変化があっても新たな環境で生存できる個体が含まれている可能性がある。

Point 有性生殖で子に遺伝的多様性が生じるしくみ

① 減数分裂の際に，乗換えの可能性を無視しても，$2n$ の生物で 2^n 通りの染色体構成をもつ配偶子が生じる。
② 乗換えに伴う組換えによって，配偶子がもつ遺伝的多様性はさらに高まる。
③ 両親からの多様な遺伝子構成をもつ配偶子が，ランダムに接合(受精)を行い，組み合わされる。

35 減数分裂の過程

問1 第一分裂後期－カ　第二分裂中期－キ　問2 A－2　B－6

問3 時期：減数分裂第一分裂前期　図：エ　問4 (1) 2通り (2) 64通り

問5 (a) 2C (b) 2C (c) C

問6 (1) C－胞子　D－生殖細胞

(2) 後の接合(受精)で倍加する染色体数を予め減らし，世代を超えて染色体数を一定に保つ。(37字)，形成する配偶子，さらにはそれから生じる子の遺伝的多様性を高める。(32字)

解説 問1 第一分裂では，相同染色体が対合して二価染色体を形成した後，対合面で分かれて別々の細胞に分配される(エ〈前期〉→ア〈中期〉→カ〈後期〉→オ〈終期または第二分裂の前期〉)。

第二分裂では，各染色体が縦裂面で分かれていく（オ〈前期または第一分裂の終期〉→ キ〈中期〉→ ウ〈後期〉→ イ〈終期〉）。

問2　イの図には，長い染色体，中くらいの長さの染色体，短い染色体と3種類の染色体があり，この3本で1組のゲノム($n=3$)である。染色体が縦裂した状態にあるのはS期に複製されたからであり，複製が起こっていなければ体細胞にはこれが2組含まれる($2n=6$)。

問4　(1)　カの図(第一分裂)で考えると，上側に「中くらいの長さの染色体(黒)，長い染色体(白)，短い染色体(黒)」，下側に「中くらいの長さの染色体(白)，長い染色体(黒)，短い染色体(白)」と分配されている。すなわち，上側と下側の染色体構成は，異なっている。その後，ウの図(第二分裂)のように縦裂面で分かれるが，縦裂面の両側にある細い染色体は遺伝的に均質なので，乗換えの可能性を無視した場合，**1個の細胞から生じる4個の配偶子がもつ染色体構成としては2通りになる。**これは，$2n=12$であったとしても同じ。

(2)　1個体がもつ多数の母細胞が減数分裂を進行させる場合，一対の相同染色体について黒い染色体と白い染色体のいずれが分配されるのかの2通りの可能性があり，$2n=6$なら$n=3$で，$2^3=8$通りの染色体構成が考えられる。乗換えの可能性を無視すれば，一般には2^n通りで，$2n=12$の場合には$n=6$だから$2^6=64$通りになる。

なお，(1)，(2)とも，**乗換えが起これば配偶子の遺伝的多様性はさらに増加する。**

Point　減数分裂における染色体分配

① **第一分裂**
相同染色体が対合面で分離
⟶ 染色体数半減($2n$からnへ)

② **第二分裂**
*各染色体が縦裂面で分離
⟶ 染色体数は変化しない(nからnへ)

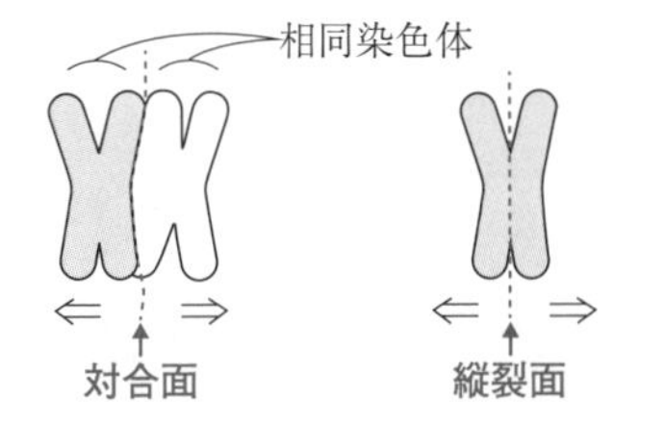

＊体細胞分裂での分離様式も同じ($2n$生物なら，$2n$から$2n$へ)

問5　次の 36 問5のように，グラフを描くとよい。ただし，問題により基準となるDNA量が異なることに注意する。この場合の体細胞のDNA量とは，通常多くの体細胞は分裂しないため，G_1期から細胞周期を外れたG_0期にある細胞を考える。

36 動物の配偶子形成

問1　1－体細胞分裂　2－体細胞分裂　3－減数分裂第一分裂　4－減数分裂第二分裂

問2　イ－一次卵母細胞　ウ－第二極体　オ－二次精母細胞

問3　発生の際の栄養分となる卵黄などを，一つの卵に集中させることができる。(34字)

問4　右図

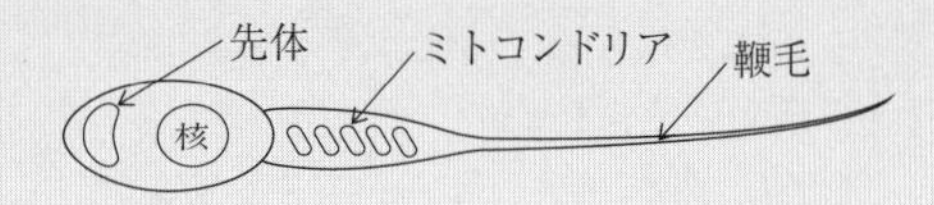

問5　(1)　右図

(2)　ア－4　イ－4　ウ－1

エ－4　オ－2

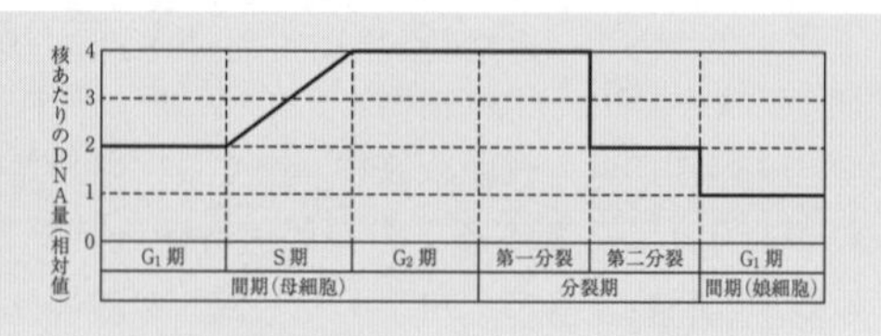

問6　動物と植物では，減数分裂を行う場面が異なる。

解説 問2　イ．一般に，成長して減数分裂の準備を整えたものを一次卵母細胞とよぶ。

ウ．二次卵母細胞から不均等な第二分裂で放出されるウは第二極体である。

オ．一次精母細胞は，均等な第一分裂によって2個の二次精母細胞に分かれる。

問3　卵は大型化して運動性を欠くため，精細胞が変態(変形)してできる小型の精子が高い運動性をもつ。卵と異なり小型であると，1個あたりの形成に要するエネルギー量を節約することができるとも考えられる。

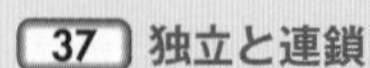

Point　精子と卵の形成における相違点

① 精子 … 1個の一次精母細胞 ──均等分裂──→ 4個の精細胞(精子)

② 卵 …… 1個の一次卵母細胞 ──────→ 1個の卵
不等分裂(2～3個の極体を形成)

問5　(2)　(1)で作成したグラフを利用する。アは体細胞分裂の途上，イは減数分裂第一分裂の途上，ウは減数分裂完了後，エは体細胞分裂の途上，オは減数分裂第一分裂完了後である。問題文中に「分裂直前」とあるが，これは(1)のグラフが落ち込む直前のこと，すなわち「DNA 合成後」を意味することに注意する。

15　配偶子の遺伝的多様性

37　独立と連鎖

問1　$AaBbDd$　　問2　〔AB〕:〔Ab〕:〔aB〕:〔ab〕=1:1:1:1

問3　③，⑤　　問4　ア－A　イ－d　ウ－a　エ－B　オ－b

問5　201:99:99:1

解説 問2　$A(a)$と$B(b)$の遺伝子は連鎖していない，すなわち独立であることが示されているため，$F_1(AaBb)$が形成する配偶子は，

$AB:Ab:aB:ab=1:1:1:1$

である。$aabb$は潜性(劣性)ホモ接合体であり，F_1を検定交雑(検定交配)していることになる。

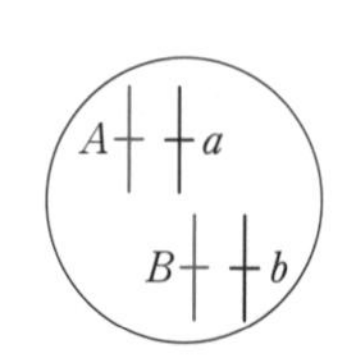

問2　F_1の体細胞

問3　$F_1(AaDd)$の検定交雑の結果が，

〔AD〕:〔Ad〕:〔aD〕:〔ad〕=7:1:1:7

であることから，F_1が，

$AD:Ad:aD:ad=7:1:1:7$

のように配偶子を形成していることがわかる。これは，A と D，a と d がそれぞれ同一染色体上に存在し，一部の配偶子が組換えによって形成されていることを示す。

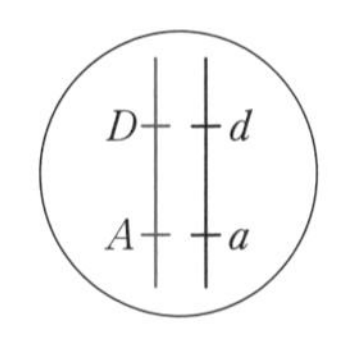

問3　F_1 の体細胞

$$\text{組換え価〔\%〕}=\frac{1+1}{7+1+1+7}\times 100=12.5\text{〔\%〕}$$　である。

問4　両親($AADD\times aadd$)から子の F_1 に染色体が受け渡され，両親の連鎖関係(A と D，a と d が連鎖)が子に引き継がれる。

問5　両親が $EEgg\times eeGG$ であることから，F_1 では E と g，e と G が同一染色体上に存在することを考え，組換え価が10%であることから，$F_1(EeGg)$は，

$EG:Eg:eG:eg=1:9:9:1$

のように配偶子を形成すると判断できる。ここで求められているものは，F_1 どうしの掛け合わせで得られる F_2 の表現型の分離比である。

	1EG	9Eg	9eG	1eg
1EG	1〔EG〕	9〔EG〕	9〔EG〕	1〔EG〕
9Eg	9〔EG〕	81〔Eg〕	81〔EG〕	9〔Eg〕
9eG	9〔EG〕	81〔EG〕	81〔eG〕	9〔eG〕
1eg	1〔EG〕	9〔Eg〕	9〔eG〕	1〔eg〕

Point　**2つ以上の遺伝子の，染色体上の関係**

① 別々の染色体上＝**独立**している。
② 同一の染色体上で組換えが起こらない＝**完全連鎖**
③ 同一の染色体上で組換えが起こる＝**不完全連鎖**

38 X染色体の不活性化

問1　(ア)　$AaX^BX^b(AaBb)$　　(イ)　$aaX^bX^b(aabb)$，$aaX^bY(aab)$
(ウ)　$AaX^bX^b(Aabb)$，$AaX^bY(Aab)$　　(エ)　$aaX^BX^b(aaBb)$

問2　(1)　表現型：茶白斑　　遺伝子型：$AaX^BY(AaB)$
(2)　$aaX^bX^b(aabb)$，$AaX^bX^b(Aabb)$

問3　(1)　SRY 遺伝子
(2)　X染色体が分離せずX染色体を2本もつ卵が生じ，これがYをもつ正常な精子と受精した。あるいは，X染色体とY染色体が分離せずこの両方をもつ精子が生じ，これが正常な卵と受精した。(86字)

解説　**問1**　黒毛の母親から子には必ず a X^b が伝えられるが，ここではまだ父親の遺伝子型などは不明である。母親と子の表現型だけから考えられる，母親と子(ア)～(エ)の遺伝子型をすべて書き出すと次のようになる(下線を付したものは，母親に由来する遺伝子ないし染色体)。

(♀)黒〔ab〕aaX^bX^b　　×　　？？？？　(♂)

↓

(ア)三毛〔ABb〕　(イ)黒毛〔ab〕　(ウ)黒白斑〔Ab〕　(エ)黒茶まだら〔aBb〕

$Aa\ X^BX^b$　　$\{aa\ X^bX^b,\ aa\ X^bY\}$　　$\{Aa\ X^bX^b,\ Aa\ X^bY\}$　　$aa\ X^BX^b$

問2 (1) 母親はaaだが，子に白斑を生じるもの〔A〕も生じないもの〔a〕も生まれているから，父親はAaとわかる。また，母親はX^bX^bであるが，子に茶毛〔B〕をもつものが生まれているから，父親はAaX^BYで，茶白斑と決定できる。

(2) この父親(AaX^BY)から雌の子には，必ずX^Bが渡される。子にX^bX^bのものが生まれることはない。

問3 (1) Y染色体をもたない，あるいはY染色体をもっていても*SRY*遺伝子がはたらかないと雌になる。

(2) 配偶子形成過程の性染色体の不分離について説明した上で，それがどのような配偶子と受精したのかにまで触れる。なお，X染色体を2本もつ卵は，減数分裂第一分裂と第二分裂のいずれの異常によっても生じる可能性があるが，X染色体とY染色体の両方をもつ精子は，減数分裂第一分裂の異常によって生じる。

16 発生の過程

39 ウニとカエルの発生

問1 ア－極体　イ－等黄卵　ウ－(弱)端黄卵　エ－桑実胚　オ－繊毛
カ－尾芽胚

問2 分裂の周期が短く，割球は分裂ごとに小さくなる。また，特に初期は全割球が同調的に分裂する。(44字)

問3 キ－先体突起　ク－先体反応　ケ－細胞膜　コ－表層粒(表層顆粒)
サ－卵黄膜(卵膜)　シ－表層反応　ス－受精膜

問4 ③　**問5** 右図

問6 (1) ア－⑥　イ－③　ウ－①　エ－②　オ－④　カ－⑤
(2) (i) ⑤　(ii) ⑥　(iii) ⑥　(iv) ④
(3) 筋組織－④，⑤　神経組織－①

解説 ウニの発生過程が扱われることもあるため，カエルだけでなくウニについてもある程度は知識を確認しておきたい。

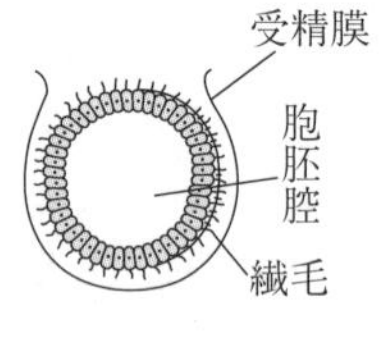

ウニの胞胚

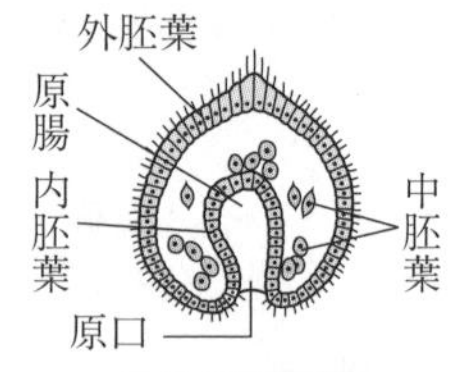

ウニの原腸胚

問4 ① 胞胚腔は，カエルでは動物極側にかたよるが，ウニでは中央に位置する。

② ふ化の時期は，ウニでは胞胚だが，カエルでは尾芽胚である。

③ カエルの胞胚腔は多層の細胞で囲まれる。

④ ウニもカエルも新口動物で，原口の側が肛門になる。

⑤ 三胚葉の分化は原腸胚期に起こる。

問6 脊椎動物の組織は分類を知っておきたい。上皮組織はすべての遊離面を覆い，結合組織は異なる組織の間を埋めて，多様なはたらきを示す。それぞれの胚葉由来については，次の **Point** を参照。

Point 両生類の原基分布図と，脊椎動物の組織と胚葉由来

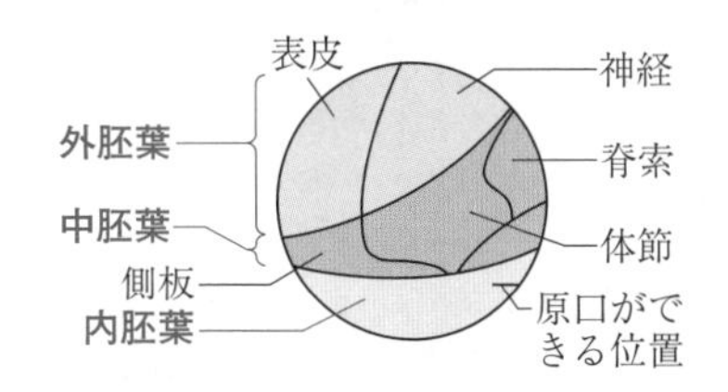

① 上皮組織 … 外胚葉(表皮など)，中胚葉(体腔上皮など)，内胚葉(消化管上皮など)のすべてに由来するものがある。
② 結合組織 … 基本的に中胚葉性。
③ 筋 組 織 … 基本的に中胚葉性。
④ 神経組織 … 基本的に外胚葉性。

17 発生のしくみ

40 **中胚葉誘導**

問1 胞胚の段階ではアニマルキャップの発生運命は未決定で，予定内胚葉域が形成体としてはたらき誘導を受けた場合は中胚葉性の組織に分化し，その誘導を受けなかった場合は外胚葉性の組織に分化する。(91字)

問2 ろ紙を通過でき，ビニールシートで遮られる分子が，予定内胚葉域から分泌され，アニマルキャップを中胚葉性の組織に誘導する。(55字)

問3 ③

問4 ①

解説 **問1** Bのように，予定外胚葉域であるアニマルキャップを予定内胚葉域と接触させて培養した場合には，中胚葉性組織が形成されることから，この発生段階ではアニマルキャップの発生の方向性は変更可能であることがわかる。

問2 CをB，Dと比較することで，予定内胚葉域からのアニマルキャップに作用する分子は，ビニールシートを通過できないことがわかる。

問3 実験2は，シュペーマンによって行われた実験である。移植したクシイモリの原口背唇(原口背唇部)は脊索や体節の一部などに分化しながら形成体としてはたらき，接するスジイモリの予定表皮域を神経管へと誘導する。したがって，二次胚の脊索と体節の一部はクシイモリ由来だが，それ以外は基本的に宿主であるスジイモリに由来する。

問4 ① シュペーマンの行った，予定表皮域と予定神経域の交換移植実験から，イモリでは，予定外胚葉域の発生運命は初期原腸胚では未決定だが，初期神経胚では決定済みであることがわかっている。

②，③ イモリの眼の形成過程における誘導の連鎖については，形成体とその誘導を受ける対象や形成される構造などを記憶しておかなくてはいけない。

④ 発生の進行に伴い，初期発生に必要な遺伝子の不活性化(シトシンのメチル化)などが起こるため，一般的に正しい。

41 神経誘導

問1　ア－灰色三日月(灰色三日月環)　イ－形成体(オーガナイザー)

問2　①－ア　②－イ　③－イ　④－ア　⑤－ア

問3　(1)　背側の外胚葉である予定神経域では，陥入した原口背唇に由来する予定脊索域の裏打ちを受け，ここから分泌されるノギンやコーディンが外胚葉細胞間にある BMP と結合し，BMP の受容体への作用が妨げられる。(97字)

(2)　腹側の外胚葉である予定表皮域は，陥入した予定脊索域からは遠いため，十分量のノギンやコーディンは拡散してこない。そのため，外胚葉細胞間にある BMP が受容体に作用する。(82字)

解説 植物極側に局在するタンパク質D(母性因子であるディシェベルドタンパク質)が表層回転に伴って灰色三日月(灰色三日月環)の領域に移動し，βカテニンタンパク質の分解を抑制する。βカテニンタンパク質は他のタンパク質と共にはたらき，タンパク質N(ノーダルタンパク質)の，背側から腹側に向かっての濃度勾配を形成する。このノーダルタンパク質の濃度勾配に依存して，背側から腹側にかけてのさまざまな中胚葉性組織の誘導が起こる。本問では，この後の神経誘導のしくみが中心的に問われている。

実験結果1：単独培養では表皮に分化する外胚葉域が細胞レベルにまで分離されることで，神経細胞への分化が起こっている。

実験結果2：実験結果1では，細胞間の BMP が取り除かれていたことがわかる。

実験結果3：BMP の存在が，外胚葉域の神経への分化を抑制し，表皮への分化を促進していたことを示している。

実験結果4：原口背唇(原口背唇部)から分泌されるノギンやコーディンは，外胚葉の細胞間に存在する BMP に結合し，外胚葉細胞がもつ BMP 受容体への作用を阻害するタンパク質である。ノギンとコーディンの背側での濃度が高いことから，これらのタンパク質は，背側構造である神経の分化を促進する作用をもつともいえる。

問3　予定神経域は背側構造であり，反対に予定表皮域は腹側構造である理解が必要である。後期原腸胚において，予定神経域と予定表皮域のそれぞれが，陥入した予定脊索域とどのような位置関係になり，それが作用するノギンとコーディンの濃度にどう影響するのかについて言及する。

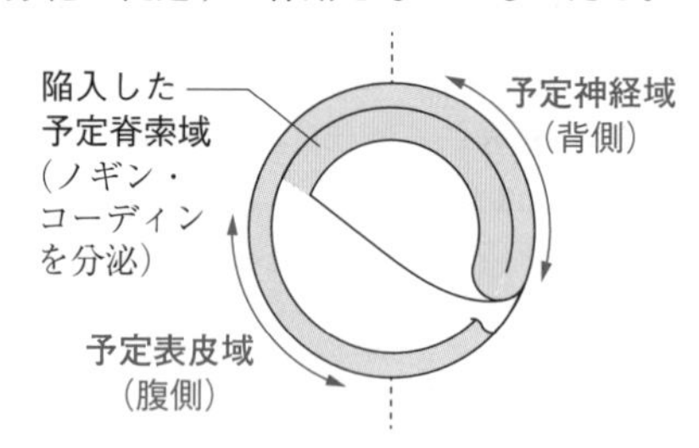

Point 両生類における，体軸決定といろいろな誘導作用の時系列

① **頭尾軸**：卵形成時に極体が放出された側(動物極側)が頭側，その反対側が尾側。
② **背腹軸**：精子進入時に形成される灰色三日月側が背側，その反対側が腹側。
③ **中胚葉誘導**：胞胚期のころ，予定内胚葉が，赤道付近の領域を中胚葉へと誘導。
④ **神経誘導**：原腸胚期のころ，陥入した中胚葉性の予定脊索域が，背側の外胚葉から神経組織を誘導。

18 発生と遺伝子発現

42 発生と遺伝子発現

問1　核内DNAを破壊する。(11字)

問2　(1)　(エ)

(2)　細胞間でゲノム内の遺伝情報に違いはなく，細胞分化に伴い異なった遺伝子が選択的に発現する。(44字)

(3)　受精卵の核と同じ状態に戻した。(15字)

〔別解〕初期発生に必要な遺伝子発現を促した。(18字)

問3　クローン

解説　問2　(1)　発生が進行するにつれ，初期発生に必要な遺伝子が不活性化されるなどして，成体にまで発生できるものの割合は低下する。

(2)　選択的な遺伝子発現の結果，発生段階に応じた，あるいは組織に特異的なタンパク質合成が進み，発生や細胞の分化が進行する。

(3)　未受精卵の細胞質中に含まれる物質が，初期発生に必要な遺伝子発現を進行させるうえで必須であるものと考えられる。

問3　同じ遺伝子構成をもつ生物集団をクローンとよぶ。しかし，ミトコンドリアDNAは，除核した未受精卵に由来し，核を提供した個体と同一ではない。

43 ショウジョウバエの前後軸形成

問1　ア－mRNA　イ－翻訳

問2　母性因子(母性効果因子)

問3　(1)　ギャップ遺伝子，ペアルール遺伝子，セグメントポラリティ遺伝子

(2)　ホメオティック遺伝子　　(3)　ホメオボックス

問4　ビコイドタンパク質の濃度勾配が，核に対して胚内での位置情報を与えることで，前後軸に沿った遺伝子発現を引き起こす。(56字)

問5　前極から採取した細胞質を，後極に移植した。(21字)

解説　問2　母性因子(母性効果因子)をコードする，母親がもつ遺伝子は母性効果遺伝子(母性遺伝子)とよばれる。

問3　(1)　これらの分節遺伝子は，まず胚の体節構造を大まかに，そして次第に細かに分けるようにはたらいていく。分節遺伝子は，基本的に調節遺伝子である。

(2),(3)　触角が肢に変化するアンテナペディア突然変異体，胸部を2つもつことで野生型の倍の数(2対)の翅をもつウルトラバイソラックス突然変異体が，よく知られるホメオティック突然変異体である。このような，からだの構造の一部が本来の構造と異なるものに置き換えられてしまう現象はホメオーシスとよばれ，これは，野生型個体では調節遺伝子として機能しているホメオティック遺伝子の突然変異によって生じている。ショウジョウバエは8種類のホメオティック遺伝子をもつが，これらの遺伝子産物(調節タンパク質)は共通したDNA結合領域(ホメオドメイン)

をもち，それをコードしている**DNA の塩基配列はホメオボックス**とよばれる。

問 4，5　卵ないし胚に対して，高濃度のビコイドタンパク質は前方，より低濃度になるに従って後方という位置情報を与えている。下図左が移植を受けていない胚，下図右が他の胚の前極から採取した細胞質を後極に移植した胚の，ビコイドタンパク質の分布のようすを模式的に示したものである。

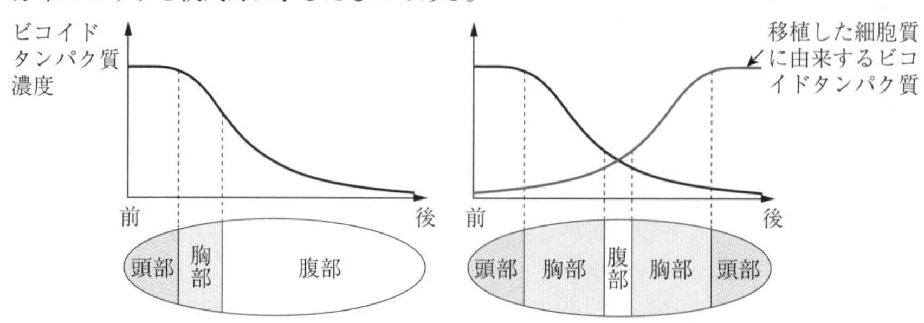

44 哺乳類の発生

問 1　ア－輸卵管(卵管)　イ－胚盤胞　ウ－胚盤胞腔　エ－胞胚腔

問 2　(1)　(胎児性)胎盤，しょう膜　から1つ

(2)　ES 細胞(胚性幹細胞)　(3)　iPS 細胞(人工多能性幹細胞)

問 3　着床

解説 **問 2**　胚盤胞のうち，内部細胞塊の一部から胎児が形成される。栄養外胚葉(栄養芽層，栄養膜)は，胚膜であるしょう膜を経て胎児性の胎盤を形成する。内部細胞塊は胎児になることができるので，胚盤胞から取り出して適当な条件で培養すれば，(胎児性)胎盤以外のほとんどの臓器・組織へと分化可能と考えられる。人為的に作製した臓器・組織を，その機能が失われたり低下したりした患者へ移植する，再生医療への応用を狙って**内部細胞塊から樹立されるものが胚性幹細胞(ES 細胞)**である。しかし，胚盤胞は，子宮に戻せば胎児に発生するものだから，これを破壊して研究・臨床に利用することは，倫理的に大きな問題をはらんでいるといえる。そこで，**体細胞に遺伝子導入するなどして，ES 細胞と同様の分化多能性(多分化能)を付与した細胞**が，山中伸弥氏によって作製された。これが，**人工多能性幹細胞(iPS 細胞)**である。体細胞から作製されるため，ES 細胞がもつ倫理的な問題点が軽減されている。また，臓器・組織の作製にあたり，患者に由来する，あるいは患者の免疫系にとって非自己と認識されにくい iPS 細胞を利用することで，従来の脳死の人などからの臓器移植に比較して，拒絶反応も起こりにくいと考えられている。

Point ES 細胞と iPS 細胞

① ES 細胞＝胚性幹細胞
　胚盤胞の内部細胞塊から樹立される。

② iPS 細胞＝人工多能性幹細胞
　体細胞にいくつかの遺伝子を導入するなどして作製される，ES 細胞と同様の分化多能性(多分化能)をもたせた細胞。

45 ノックアウトマウスの作製

問1　トランスジェニック生物(遺伝子改変生物)

問2　遺伝子 X の塩基配列が，挿入された遺伝子 Y によって分断され，もとと同じアミノ酸配列を指定できなくなる。(50字)

問3　②　**問4**　④　**問5**　③　**問6**　25%

解説 **問3**　遺伝子 X 中に遺伝子 Y が挿入された組換え遺伝子 rX をもつ細胞は，薬剤 y を無毒化できる。なお，操作2に示されているように，常染色体の一方の遺伝子 X だけが組換え遺伝子 rX に置換されており，この時点では遺伝子 rX のホモ接合の細胞は存在しない(②は正しく，④は誤り)。

問4　白毛の純系マウスの初期胚(胚盤胞)内への，黒毛の純系マウスの胚性幹細胞の注入は無作為であり，キメラマウスは個体ごとに2種類の細胞の混じり合い方や，いずれの細胞からどのような比率で胚が形成されるかはランダムである(内部細胞塊や注入された胚性幹細胞のすべてが，胚を経て胎児になるわけではない)。

問5　黒毛遺伝子を B，白毛遺伝子を b とする。キメラマウスは2種類の細胞からからだが構成されており($BBXrX$ ＋ $bbXX$)，それらは生殖巣内に半数ずつ含まれている。

キメラマウス($BBXrX$ ＋ $bbXX$)　×　白毛の純系マウス($bbXX$)

配偶子　$BX : BrX : bX = 1 : 1 : 2$　↓　bX

子　$BbXX : {}^{*}BbX\,rX : bb\,XX = 1 : 1 : 2$

〔B〕　〔B〕　〔b〕

この交配で得られる子は黒毛：白毛＝1：1となり，黒毛の半数が rX をもつ。＊の個体が以降の交配で利用する目的のものなので，キメラマウスの交配相手として白毛の純系マウスを用いることで，子の黒毛のなかから効率よく＊の個体を選抜できる。

問6　問5で選抜した rX についてヘテロ接合の個体どうしを交配する。

$X\,rX$　×　$X\,rX$

↓

$XX : X\,rX : rX\,rX = 1 : 2 : 1$

$\frac{1}{4}$ の確率で得られる $rX\,rX$ の個体が，遺伝子 X の機能を完全に喪失したノックアウトマウスである。

第6章 刺激の受容と反応

19 受容器

46 眼の構造とはたらき

問1　ア－水晶体　イ－毛様体　ウ－チン小帯　エ－厚く

問2　桿体細胞は，暗所でもはたらき明暗覚に関係する。錐体細胞は，明所で明暗覚のほか色覚にも関係する。(47字)

問3　(1)　瞳孔散大筋が収縮し，瞳孔が拡大する。(18字)

(2)　錐体細胞に続き，桿体細胞の光閾値が低下する。(22字)

問4　光閾値の低い桿体細胞は，黄斑の周囲に多く分布する。その部分に，観察する星が結像した。(42字)

解説 問1　眼の示す調節作用のなかでも，とくに遠近調節のしくみは重要。

Point 遠近調節

① **遠くを見るとき**
毛様体の毛様筋が緩む ⟶ チン小帯が緊張する
⟶ 水晶体が引かれて薄くなる ⟶ 水晶体の光の屈折の程度が小さくなる

② **近くを見るとき**
毛様体の毛様筋が収縮する ⟶ チン小帯が緩む
⟶ 解放された水晶体が厚くなる ⟶ 光の屈折の程度が大きくなる

問3　(1)は虹彩による調節を，(2)は視細胞による調節(暗順応)を説明する。

問4　視野の外周部の桿体細胞によって見えていた暗い星を，よく見ようとして注視すると，星が光閾値の高い(感度の低い)錐体細胞の分布する黄斑に結像することで見えなくなることがある。

Point 視細胞の分布とはたらき

① **桿体細胞** … 黄斑の周辺部(黄斑以外)に分布。
暗所でもはたらき，明暗覚に関係。

② **錐体細胞** … 黄斑に集中して分布。
主に明所ではたらき，明暗覚のほか色覚に関係。

47 耳の構造とはたらき

問1　ア－前庭階　イ－うずまき細管　ウ－鼓室階　エ－聴細胞　オ－おおい膜　カ－聴神経

問2　音の強弱を，活動電位の発生頻度の高低として中枢に伝える。(28字)

問3　振動数の高い音ほど耳小骨に近い基底膜を，振動数の低い音ほど耳小骨から離れた基底膜を，よく振動させる。その結果，振動する基底膜の位置によって異なる聴細胞が興奮し，中枢に異なる信号を伝える。(93字)

解説 **問2**　全か無かの法則を考える。感覚器に与えられた刺激の強さが閾値以上であれば，接続するニューロンに生じる興奮の大きさは変わらない。**刺激の強弱は，ニューロンでは興奮の発生頻度に変換されて中枢まで伝えられている。**すなわち，強い刺激に対しては高頻度，弱い刺激に対しては低頻度で興奮が発生する。

問3　ここでは図3を文章に変換するだけだが，最近はこれをデータなしで単なる知識問題として問うことも多い。基底膜は，耳小骨に近い側の幅が狭く，耳小骨から離れるにつれて幅が広くなる。幅の狭い部分(入口側)は振動数の高い音(高音)，幅の広い部分(うずまき管の頂部側)は振動数の低い音(低音)で，よく振動する。

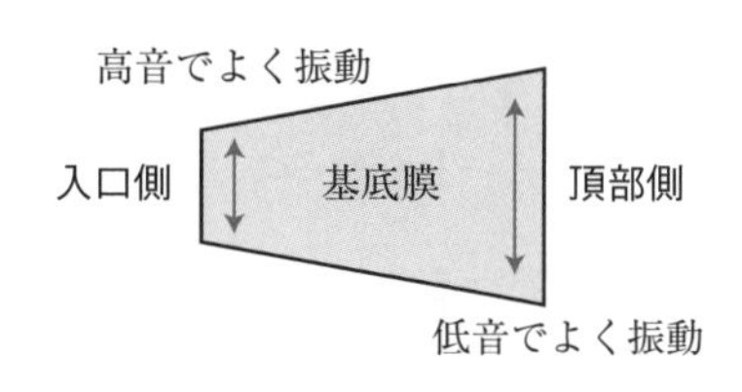

20 ニューロンの興奮

48 興奮の伝導と伝達

問1　ア－軸索　イ－樹状突起　ウ－神経鞘　エ－髄鞘　オ－有髄神経繊維
カ－無髄神経繊維　キ－受容体(レセプター)　ク－K^+　ケ－Na^+
コ－(電位依存性) Na^+ チャネル　サ－Na^+　シ－(電位依存性) K^+ チャネル
ス－K^+

問2　(1)　跳躍伝導　　(2)　電気的な絶縁体としてはたらく。(15字)

問3　100mV

問4　(1)　興奮直後は，Na^+ チャネルが開きにくくなる不応期となるため。(27字)
(2)　(a)

解説 **問1**　ア～カ．神経繊維の構造は，意外に理解が不十分なので注意したい。

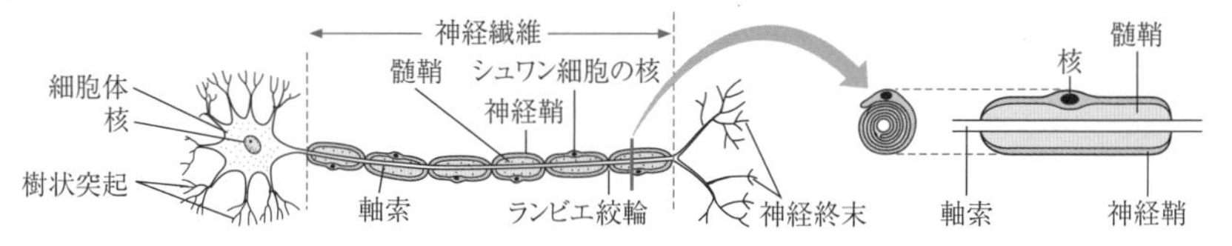

ク～ス．ポンプやチャネルを介したイオンの移動を膜電位形成につなげよう。

Point　ニューロンにおける膜電位形成のしくみ

① ナトリウムポンプのはたらきで，細胞内には K^+，細胞外には Na^+ が多い。
② 静止電位(分極している状態)の形成 … **濃度勾配に従った，K^+ リークチャネルからの細胞外への K^+ の流出** ⟶ 細胞内が－，細胞外が＋に帯電。
③ 脱分極 … **電位依存性 Na^+ チャネルが開放され，濃度勾配に従って細胞内へ Na^+ が流入** ⟶ 細胞内が＋，細胞外が－になって，細胞膜内外の電位が逆転。
④ 再分極 … **電位依存性 K^+ チャネルが開放され，濃度勾配に従って K^+ が細胞外に流出** ⟶ 細胞内が－，細胞外が＋になって，もとに戻る。

問2　髄鞘は電気的絶縁体としてはたらくため，有髄神経繊維では，興奮はランビエ絞輪の部分だけをとびとびに伝わる。

問3　なお，図1での静止電位は−60mVである。

問4　(1)　軸索の細胞膜には，興奮直後は興奮しにくい時期(不応期)がある。

(2)　図1は，細胞外を基準に細胞内の電位を測定したものであるのに対し，図3は2つの電極がいずれも細胞外に設置され，①の電極(▼)を基準に②の電極(▽)での電位変化(①の電極との電位差)を観察している。また，興奮は電極の右側に与えられている。したがって，膜電位の変化は下図のように変化し，(a)のグラフが適切である。

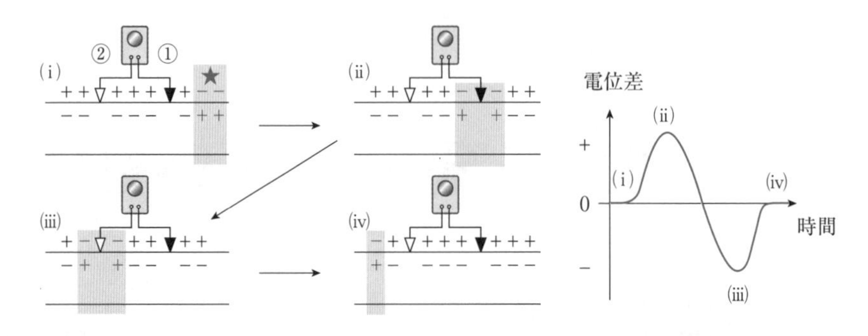

21　効果器

49　**筋収縮のしくみ(1)**

問1　ア－横紋筋　イ－平滑筋　ウ－骨格筋　エ－心筋　オ－筋繊維　カ－腱　キ－随意　ク，ケ－消化管，血管(順不同)　コ－紡錘　サ－潜伏　シ－単収縮(れん縮)　ス－強縮(完全強縮)　セ－短く

問2　右図

ミオシンフィラメント
明帯
暗帯
アクチンフィラメント
Z膜

問3　筋小胞体から放出されたCa^{2+}は，アクチンフィラメント上のトロポニンに結合する。その結果，アクチンのもつ，ミオシン頭部との結合部位を覆っていたトロポミオシンがずれて，ミオシン頭部がアクチンフィラメントと結合できるようになる。(109字)

問4　(1)　ATP透過性をもたない細胞膜が失われた。(20字)

(2)　クレアチンリン酸のリン酸基をADPに転移させ，ATPへ再生する。(32字)

解糖や呼吸のような異化作用の進行で，新たなATP生産を行う。(30字)

解説　**問3**　筋収縮が起こらないとき，アクチンフィラメント上のトロポミオシンは，アクチンのミオシン頭部との結合部位を覆っている。このため，アクチンフィラメントとミオシン頭部は結合できない。筋小胞体からのCa^{2+}がトロポニンに結合すると

トロポミオシンがずれ，アクチンフィラメントとミオシン頭部が結合できるようになり，アクチンフィラメントのミオシンフィラメントの間への滑り込みが起こる。

問4 (1) 新鮮な筋肉を構成する筋繊維の細胞膜は，ATP透過性をもたない。しかし，膜上に電位依存性Na^+チャネルがあるため，電気刺激によって収縮できる。グリセリン筋は，細胞膜をはじめとする生体膜構造を失っている。そのため，電気刺激によって収縮することはないが，ATPを添加するとATPがミオシンに直接作用できるため収縮する。グリセリン筋は生体膜からなる筋小胞体もないのだから，Ca^{2+}が与えられないのに筋原繊維が収縮することを疑問に思った人もいるかもしれない。グリセリン筋は，その作成時に壊れた筋小胞体から出たCa^{2+}を含むため，筋原繊維にCa^{2+}が存在しないわけではないのである。

(2) 骨格筋内に蓄えられているATP量は，筋収縮を1秒と持続できないほどのわずかの量といわれている。短期的な収縮を持続する上では，クレアチンリン酸を利用したATPへの再生のしくみが重要。

50 筋収縮のしくみ(2)

問1 A－アクチンフィラメント　B－ミオシンフィラメント　C－Z膜

問2 ア－Ca^{2+}　イ－ATP　**問3** 滑り説

問4 最小値：2.4〔μm〕　最大値：3.6〔μm〕

問5 区間②：Bの構成タンパク質の頭部のすべてがAと結合しており，Aどうしの衝突が起きていない。(41字)

区間③：Bの構成タンパク質の頭部の，Aに結合する程度が，サルコメアの長さが短縮するにつれて大きくなっている。(50字)

〔別解〕サルコメアの長さの増加に伴い，AとBの構成タンパク質の頭部が存在する領域の，重なり合いの程度が減少する。(52字)

解説 **問4** ミオシン頭部が，アクチンフィラメントと結合することで張力が生じるため，張力が生じる最大のサルコメア長(③の最大値)は，

$1.0 \times 2 + 1.6 = 3.6$〔μm〕

である(右図1の状態)。

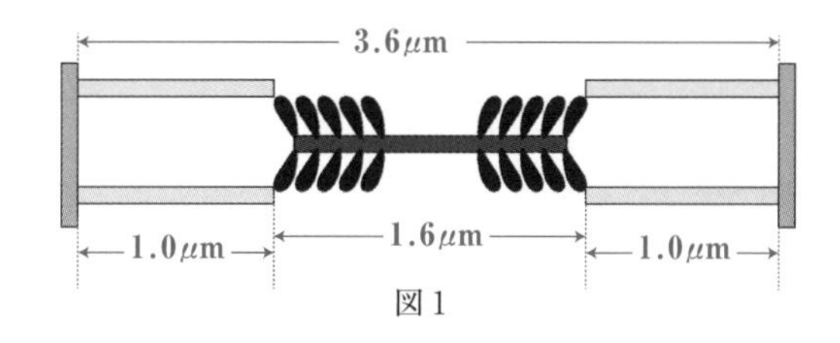

図1

また，アクチンフィラメントがミオシンフィラメントの間に深く滑り込んでいるほど，ミオシン頭部が存在する領域とアクチンフィラメントが重なり合う長さは長いが，ミオシンフィラメントのミオシン頭部が存在する領域のすべてがアクチンフィラメントと重なり合った状態で，張力は最大に達する(③の最小値)。このときのサルコメア長は，

$1.0 \times 2 + 0.4 = 2.4$〔μm〕

である(右図2の状態)。

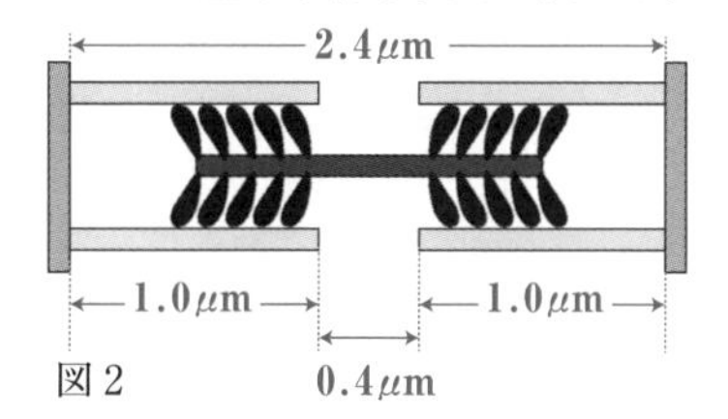

図2

第6章　刺激の受容と反応

Point **サルコメア長と筋に生じる張力の関係**

筋に生じる張力は，アクチンフィラメントと，ミオシンフィラメントのミオシン頭部が存在する領域との重なり合いの程度に比例的である。

22 中枢神経系と動物の行動

51 脳の構造とはたらき

問1 (1) ⑤　(2) ①　(3) ②　(4) あ－④　い－⑤

問2 名称：辺縁皮質(大脳辺縁系)

役割：本能的な行動，情動，欲求などの中枢としてはたらく。(25字)

問3 (i) D，G　(ii) C，H　(iii) A，J　(iv) F

解説 **問1** (1) 感覚神経も，基本的には延髄で交さする(温覚と痛覚の伝導路は異なり，脊髄に入った位置で交さして，反対側の脊髄を上行する)。

(2) 言語中枢が左半球に局在することが問題文中に示されている。このことに，運動神経が延髄で交さして左右を入れ替えることを加えて考える。

(3) 脊椎動物の中枢神経系では，神経繊維は神経鞘を失い髄鞘がむき出しになっている。そのため，神経繊維が多く通っている領域は髄鞘の色から白質になる。なお，大脳では髄質が白質，皮質が細胞体の多い灰白質だが，脊髄では内側が灰白質で外側が白質となっている。

問2 古い皮質とは，古皮質と原皮質のことである。

問3 BとIは聴覚中枢であると考えられる。視覚中枢が後頭葉，聴覚中枢が側頭葉，随意運動中枢が前頭葉(中心溝の前方)，皮膚感覚中枢が頭頂葉(中心溝の後方)に位置していることも確認しておこう。

52 反射と反射弓

問1 ア－脊髄　イ－反射(脊髄反射)　ウ－反射弓

問2 50〔m/秒〕　**問3** 60〔m/秒〕

問4 神経繊維の閾値は，感覚神経に比較して運動神経のほうが高い。(29字)

問5 運動神経は，閾値の異なる複数の神経繊維から構成されており，それぞれは全か無かの法則に従う。(45字)

解説 **問2** 問題文中に，シナプス(神経筋接合部)での伝達時間が0.5ミリ秒であることが示されている。また，運動神経繊維が電気刺激によって，筋が運動神経繊維からの興奮伝達によって，直ちに活動電位を生じることが示されているため，それらに要する時間は0とみなして計算する。

$$\text{運動神経繊維の伝導速度} = \frac{20〔\text{cm}〕}{4.5-0.5〔\text{ミリ秒}〕}$$

$$= 5〔\text{cm/ミリ秒}〕= 50〔\text{m/秒}〕$$

問3　まず，電気刺激からヒラメ筋にM波が出現するまでの時間(4.5ミリ秒)のほか，脊髄内にある細胞体から電気刺激部位までの運動神経繊維の75cm分を興奮が伝導するのに要する時間$\left(\dfrac{75〔cm〕}{5〔cm/ミリ秒〕}\right)$，脊髄内シナプスにおける興奮伝達に要する時間(0.5ミリ秒)を，電気刺激からH波が出現するまでの時間(32.5ミリ秒)から差し引き，電気刺激部位から脊髄内シナプスまでの感覚神経繊維の75cm分の，純粋に興奮伝導だけに要する時間を求める。

$$32.5〔ミリ秒〕-\left(4.5〔ミリ秒〕+\frac{75〔cm〕}{5〔cm/ミリ秒〕}+0.5〔ミリ秒〕\right)=12.5〔ミリ秒〕$$

これから，

$$感覚神経繊維の伝導速度=\frac{75〔cm〕}{12.5〔ミリ秒〕}=6〔cm/ミリ秒〕=60〔m/秒〕$$

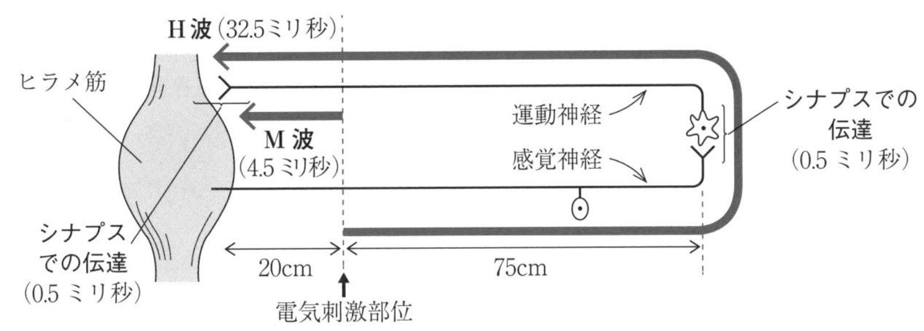

問4，5　M波は電気刺激によって運動神経繊維に生じた活動電位に，H波は電気刺激によって感覚神経繊維に生じた活動電位に，それぞれ由来する。弱い電気刺激ではH波だけが記録されるが，強い電気刺激ではH波に加えてM波が記録されるのだから，運動神経繊維に比較して感覚神経繊維の閾値が低いと判断できる。また，**神経はさまざまな閾値の神経繊維の束**であるから，すべての神経繊維が興奮すると神経全体に生じる興奮の大きさは一定となる。

53 アメフラシのシナプス可塑性

問1　ア－生得的　イ－軟体動物　ウ－慣れ

問2　定位

問3　(1)　無条件刺激　(2)　古典的条件づけ

問4　(1)　エ－電位依存性　オ－シナプス小胞　(2)　①，⑤

(3)　cAMPはK^+チャネルを不活性化し，活動電位の持続時間を長くする。その結果，Ca^{2+}チャネルを介したCa^{2+}の流入量が増える。Ca^{2+}はシナプス小胞のシナプス前膜との融合を促すため，伝達物質の放出量が増加する。(95字)

解説　**問3**　(1)　アメフラシがえらを引っ込める反応に対する水管刺激，イヌがだ液を分泌する反応に対する口に肉片が入る刺激などは，その反応を引き起こす本来の刺激(無条件刺激)である。

(2) ベルを聞かせるという刺激は，イヌにとって本来はだ液を分泌させることとは無関係な刺激である。無条件刺激によって引き起こされるある反応が，もともと無関係な刺激（条件刺激）と結びつくことは，古典的条件づけとよばれる。

問4 (1) 軸索末端の膜電位変化を受けて電位依存性 Ca^{2+} チャネルが開き，細胞内に流入した Ca^{2+} は，シナプス小胞のシナプス前膜との融合を引き起こす。なお，運動ニューロンの軸索末端から放出される興奮性伝達物質とは，アセチルコリンである。

(2) アメフラシのえら引っ込め反射における慣れや鋭敏化では，神経伝達物質の量が変化する。ここでは鋭敏化でシナプスの伝達効率が上昇するために，何が起こるべきかを考える。

(3) (1)の文章中に，Ca^{2+} の軸索内への流入がシナプス小胞のシナプス前膜との融合を引き起こすことが示されている。また，(2)で①（伝達物質放出量の増加）と⑤（活動電位持続時間の延長）を選ぶことができれば，指定語句から考えて，

cAMP の濃度上昇（問題文より） ⟶ K^+ チャネルを不活性化 ⟶ 活動電位の持続時間の延長（⑤） ⟶ 電位依存性 Ca^{2+} チャネルの開放が続き多くの Ca^{2+} が流入 ⟶ 多くの伝達物質を放出（①）

という流れがみえてくる。難しいかもしれないが，リード文や前の設問がヒントになっていることはよくあるので，そこから推論したい。

Point アメフラシのシナプス可塑性

(1) **慣れ** … 繰り返しの無害な刺激に反応しなくなる。さらに刺激を長期間与え続けると，慣れを生じた状態が消失しにくくなる。
① **短期の慣れ** … シナプス小胞の減少，Ca^{2+} チャネルの不活性化 ⟶ 放出される神経伝達物質の量が減少。
② **長期の慣れ** … シナプス小胞の開口する領域が減少 ⟶ シナプス小胞の量や Ca^{2+} チャネルの不活性化が回復しても，反応が生じにくい。

(2) **脱慣れと鋭敏化** … えら引っ込め反射において，慣れを生じた個体の尾部に刺激を与えると，水管刺激による反応が回復したり，ふつうは反応しない弱い刺激でも反応したりするようになる。
① **脱慣れ，短期の鋭敏化** … 介在ニューロンからの伝達物質の作用で，感覚ニューロンの再分極にはたらく K^+ チャネルが不活性化し，活動電位の持続時間が延長 ⟶ Ca^{2+} の流入量が増えて，放出される神経伝達物質の量が増加。
② **長期の鋭敏化** … 介在ニューロンからの影響が長く続くと，感覚ニューロンの軸索末端の分岐が増加 ⟶ K^+ チャネルの不活性化が消失しても，反応が生じやすい状態が継続。

第7章 体液と恒常性

23 体液と肝臓・腎臓のはたらき

54 体液と血液循環

問1　ア－組織液　イ－血小板　ウ－血しょう　エ－体(大)　オ－閉鎖
問2　栄養分や老廃物の運搬(10字)，ガスの運搬や交換(8字)，免疫応答の場となる(9字)，恒常性の維持(6字)，などから2つ
問3　①，②，⑥　　問4　一層の内皮細胞から構成される。(15字)
問5　A－①　B－③　C－②　D－④
問6　(1)　④　　(2)　肺静脈　　問7　d，e，g

解説 問1　エ．大動脈から，組織での毛細血管を経て，大静脈経由で心臓に戻るとされているから，体循環と判断できる。2心房2心室をもつ哺乳類と鳥類では，体循環と肺(小)循環が分離されている。

問3　開放血管系をもつ動物を選べばよい。

Point 血管系の分類

① **閉鎖血管系** … 動脈と静脈が毛細血管でつながれ，血液が基本的に血管外に出ない。〔例〕脊椎動物，環形動物

② **開放血管系** … 毛細血管をもたず，末梢組織では血液は血管外へ出て細胞間を流れる。〔例〕軟体動物(イカ，タコ以外：貝類など)，節足動物

問4　動脈は高い血圧を支える厚い筋肉の壁をもち，静脈は逆流を防ぐための弁をもつ。

問5　Aは，他の臓器とは独立した血液循環のなかにあり，肺と判断できる。

Cを流れた血液の全量がBに流れ込んでいる。Cは食物からの栄養の吸収にはたらく小腸などの消化器官，Bは吸収した栄養の貯蔵などにはたらく肝臓とわかる。小腸などと肝臓をつなぐ血管(f)は肝門脈で，食後には最も栄養分に富む血液を流す。

問7　心臓から出る血管が動脈，心臓に戻る血管が静脈である。体循環では，動脈の中に動脈血，静脈の中に静脈血が流れるが，肺循環では，肺動脈に静脈血，肺静脈に動脈血が流れることに注意。f中の，一度Cを経た血液は静脈血である。

55 心臓の構造とはたらき

問1　ア－自動性(自動能)　イ－右心房　ウ－洞房結節　エ－ペースメーカー
問2　4200〔mL〕　問3　②　問4　①，②，③

解説 細胞接着(細胞間結合)のうち，密着結合は体内外を隔てたり，細胞膜の特定領域に膜タンパク質を局在させたりすることにはたらく。ギャップ結合は，中空のタンパク質によって細胞間を連結し，低分子物質やイオンの移動を可能にしている。

問2　左心室容積の最大値は140mL，最小値は70mLだから，図に示される1周期では，140－70=70mLの血液が送り出される。1分間では60回の拍動が繰り返されること

第7章 体液と恒常性

が示されているから，

$70〔mL/回〕\times 60〔回/分〕=4200〔mL〕$

の血液が送り出される。

問3　左心房から左心室への血液流入によってのみ，左心室容積は増加し，左心室から大動脈への血液流出によってのみ，左心室容積は減少する。これを考えると，ステージ4がB → C，ステージ2がD → Aに相当することがわかり，ステージ1がC → D，ステージ3がA → Bと判断できる。図中の，A → B → C → D → A → …のように，反時計回りに内圧と容積が変化していくことは知っておいてもよい。

問4　大動脈弁とは，左心室から大動脈への血液流出に関して，逆流を防ぐための弁である。D → Aの間で開いていないと血液流出が起こらないが，それ以外のときは閉じている。

なお，問われてはいないが，房室弁(左心室から左心房への血液の逆流を防ぐための弁)は，B → Cの間では開いているが，それ以外のときは閉じていると考えられる。

56　ヘモグロビンの酸素解離曲線

問1　③　**問2**　Fe

問3　血しょう

問4　A　**問5**　96%　**問6**　20 mmHg

問7　$1.4\times 15\times \frac{96-20}{100}\fallingdotseq 15.9\cdots$　16 mL

問8　$\frac{96-20}{96}\times 100\fallingdotseq 79.1\cdots$　79%

問9　P_{O_2}が高い肺ではヘモグロビンはいったん結合した酸素を離しにくく，P_{O_2}が低い体組織では酸素分圧の変動に鋭敏に反応して速やかに酸素を放出できる。このことは，肺から体組織に多くの酸素を運搬することに役立つ。(100字)

解説 **問1**　①は白血球，②は血小板についての数値。

問3　二酸化炭素は炭酸水素イオン(HCO_3^-)の形で血しょう中に溶解し，血しょうを弱アルカリ性(pH7.4)に保つことに役立っている。

問4　肺のような二酸化炭素分圧が低い条件では，ヘモグロビンの酸素親和性が高い。

問5　動脈血の酸素分圧が100 mmHgで，二酸化炭素分圧は肺と同じく40 mmHgなので，曲線Aを利用し，横軸が100 mmHgのところの縦軸の数値を読み取る。

問6　血液100 mL中の全ヘモグロビンで，

$1.4〔mL/g〕\times 15〔g〕$

の酸素と結合でき，このうちx%のヘモグロビンが組織で酸素を解離することなく静脈へ出てきた結果，100 mLの静脈血に4.2 mLの酸素が含まれていると考えると，

$$1.4\times 15\times \frac{x}{100}=4.2 \qquad x=20〔\%〕$$

静脈血(二酸化炭素分圧70 mmHgの曲線B)で，酸素ヘモグロビンの割合が20%になっている酸素分圧を読み取ると，20 mmHgである。

問7　実際には，曲線Aより，酸素分圧が100mmHgの肺（動脈血）における酸素ヘモグロビンは96%である。したがって，**問6**の計算途中で算出した静脈血中の酸素ヘモグロビンの割合（20%）を利用すると，活動している筋を通る間に酸素を放出したヘモグロビンは，全ヘモグロビンのうち，

$96-20=76$〔%〕

である。全ヘモグロビン（100%）が酸素と結合すれば，血液100mLで1.4×15〔mL〕の酸素を含むことができるが，ここでは76%のヘモグロビンが酸素運搬にはたらいている。

問8　ここで問われているものは，**酸素ヘモグロビン（96%）に対する，活動している筋を通る間に酸素を放出したもの（76%）の割合である。**

問9　酸素分圧が高いとき（グラフの右上方）では，酸素分圧が多少変動しようともヘモグロビンは酸素と結合したままである。これは，肺において確実に酸素を取り込むことに役立つ。一方，酸素分圧が低いとき（グラフの中央付近）では，わずかな酸素分圧の低下でヘモグロビンは速やかに酸素を解離する。これは，体組織に効率よく酸素を与えることに役立つ。ヘモグロビンのもつこれらの性質は，体内での酸素運搬の効率を上昇させているといえる。

57 肝臓の構造とはたらき

問1　ア－グリコーゲン　イ－ヘモグロビン　ウ－アンモニア　エ－胆のう

問2　プロトロンビン，フィブリノーゲン

問3　食物中の脂肪を乳化し，リパーゼの作用を助ける。（23字）

〔別解〕含有する胆汁酸で脂肪を乳化し，脂肪分解を助ける。（24字）

解説　肝動脈と肝門脈は，肝臓に血液を送り込む。肝動脈に比較して肝門脈から流れ込む血液量は3倍以上といわれている。肝臓は肝小葉とよばれる直径1mm程度の構造が集まってできている。肝細胞間の類洞（太い毛細血管）を流れ，中心静脈に集められた血液は，肝静脈から運び出される。肝細胞でつくられた胆汁は，胆細管，胆管を経て運び出され，胆のうに蓄えられる。胆汁は消化液であるが，消化酵素は含まない。

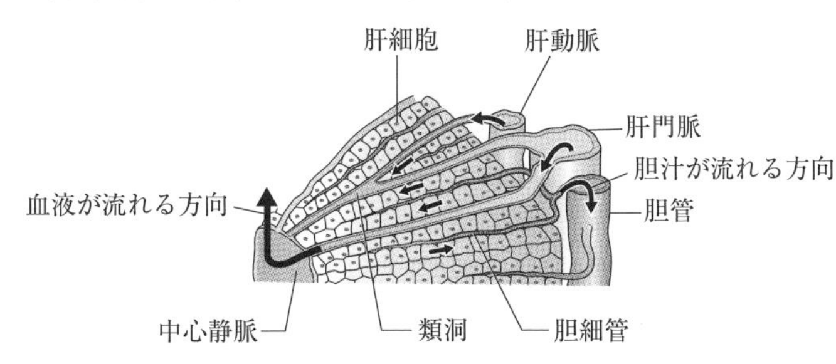

問2　血液が凝固するときには，Ca^{2+}，血小板因子，トロンボプラスチン，その他の血液凝固因子のはたらきで，プロトロンビンはトロンビンに変化する。トロンビンはフィブリノーゲンを切断する酵素としてはたらき，生成したフィブリンが血球をからめとることで血餅を生じて止血する。

問3　脂肪分解酵素であるリパーゼが，脂肪を脂肪酸とモノグリセリドに分解するには，脂肪の粒を細かくしたうえで，水に溶解させる必要がある。この際に，胆汁中の胆汁酸が界面活性剤としてはたらく。

58 **腎臓の構造と尿生成のしくみ**

問1　(1)　ア－糸球体　イ－ボーマンのう　ウ－細尿管(腎細管，尿細管)
(2)　アとイ：腎小体(マルピーギ小体)　　ア～エ：ネフロン(腎単位)

問2　(1)　A－②　C－⑤　D－④
(2)　A：アからイへ，一切ろ過されていない。(17字)
D：ウやエで，全量が再吸収されている。(17字)

問3　(1)　120倍　　(2)　180L　　(3)　22.5g　　(4)　99.2%

問4　(1)　バソプレシン　　(2)　脳下垂体後葉
(3)　受容体にホルモンが作用すると，アクアポリンが細胞質から管腔側の細胞膜へ移動し，集合管壁の水透過性が上昇する。その結果，水の再吸収が促進され，尿量が減少する。(78字)

解説 **問1**　以下の **Point** に示す内容はよく問われる。

Point **尿生成に関係する構造**
① 糸球体＋ボーマンのう＝腎小体(マルピーギ小体)
② 腎小体＋細尿管＝ネフロン(腎単位)

問2　Aは一切ろ過されていないことから，分子量が大きく，糸球体からボーマンのうへ移動できないタンパク質である。Cは，血しょうおよび原尿中の濃度と尿中の濃度がほぼ等しい。また，血しょう中濃度が $\frac{0.3\,\mathrm{g}}{100\,\mathrm{mL}}$ 程度であり，Na^+ である。Dは，ろ過された全量が再吸収され，血しょう中濃度が $\frac{0.1\,\mathrm{g}}{100\,\mathrm{mL}}$ 程度であることからグルコースとわかる。なお，Bは原尿から尿がつくられる過程でよく濃縮されており，再吸収を受けにくい老廃物(尿素)であると判断される。

問3　(1)　$\text{濃縮率} = \frac{\text{(当該物質の)尿中濃度}}{\text{(当該物質の)血しょう中濃度}}$

$$= \frac{12.0}{0.1} = 120〔倍〕$$

(2)　イヌリンのような，ろ過後に再吸収を受けないような物質では，その原尿中の量と尿中の量が一致する。したがって，求める原尿量を x(mL/日)として，

$$\underbrace{\frac{0.1}{100}〔\mathrm{g/mL}〕}_{\text{イヌリンの原尿中濃度}} \times \underbrace{x〔\mathrm{mL/日}〕}_{\text{原尿量}} = \underbrace{\frac{12.0}{100}〔\mathrm{g/mL}〕}_{\text{イヌリンの尿中濃度}} \times \underbrace{1.5\times1000〔\mathrm{mL/日}〕}_{\text{尿量}}$$

$$x〔\mathrm{mL/日}〕 = \underbrace{1.5\times1000〔\mathrm{mL/日}〕}_{\text{尿量}} \times \underbrace{\frac{12.0〔\mathrm{mg/100mL}〕}{0.1〔\mathrm{mg/100mL}〕}}_{\text{イヌリンの濃縮率}} = 180000〔\mathrm{mL/日}〕$$

本問では，イヌリンなどの濃度が〔g/100mL〕で，尿量が〔L/日〕で与えられているため，立式する上で基本的には注意が必要である。ただし，この場合は上手く単位を消去できることを理解したうえで，

$$1.5〔L/日〕\times\frac{12.0\cancel{〔mg/100mL〕}}{0.1\cancel{〔mg/100mL〕}}$$

と計算してもよい。

> **Point　原尿量の計算**
>
> イヌリンのような，ろ過後に再吸収を受けない物質の血しょう中濃度と尿中濃度を利用して，原尿量を計算することができる。
>
> $$原尿量 = 尿量\times\frac{イヌリンの尿中濃度}{イヌリンの血しょう中濃度}$$
>
> ↑——イヌリンの濃縮率（分数の部分）

(3)　物質Bの再吸収量 = 物質Bの原尿中量 − 物質Bの尿中量

$$= \underbrace{\frac{0.03}{100}〔g/mL〕}_{物質Bの原尿中濃度}\times\underbrace{180000〔mL/日〕}_{原尿量}-\underbrace{\frac{2.1}{100}〔g/mL〕}_{イヌリンの尿中濃度}\times\underbrace{1.5\times1000〔mL/日〕}_{尿量}$$

$= 22.5〔g/日〕$

(4)　水の濃度というものが与えられてはいないが，原尿，尿ともその多くが水であるため，そのすべてを水とみなして計算してよい。

$$水の再吸収率 = \frac{水の再吸収量}{水の原尿中量}\times100$$

$$= \frac{180〔L/日〕-1.5〔L/日〕}{180〔L/日〕}\times100 \fallingdotseq 99.16\cdots \quad\rightarrow\quad 99.2〔\%〕$$

問4　(2)　バソプレシンの分泌部位は脳下垂体後葉であるが，合成されている場所は，間脳の視床下部に存在する，神経分泌細胞の細胞体である。

24　自律神経系とホルモンのはたらき

59　自律神経系による調節

問1　ア－(間脳)視床下部　イ－拮抗(対抗)　ウ－ノルアドレナリン　エ－アセチルコリン

問2　⑤，⑥，⑦

問3　(1)　副交感神経(迷走神経)

(2)　神経の末端から放出されたアセチルコリンが生理的塩類溶液にのって心臓Bに達し，心臓Bの受容体に結合した。(51字)

解説　**問2**　①　体性神経系とは，感覚神経と運動神経の総称である。

②　交感神経は，脊髄(胸髄，腰髄)から出るが，副交感神経は脳(中脳，延髄)と脊髄(仙髄)から出る。

③～⑥　はたらきについては，交感神経は「興奮状態」，副交感神経は「休息状態」をつくり出す，また両者は拮抗的に作用する（互いに反対の作用を示す）と考えると，かなりの部分は導けるはず。

⑦　延髄から出る迷走神経は副交感神経を含み，心臓などの多くの内臓に接続している。

問３　生理的塩類溶液とは，単なる生理食塩水（体液と等張な食塩水）でなく，心筋繊維などの正常な生命活動が長時間にわたって持続するように，イオン組成なども体液に近づけた溶液である。

(1)　刺激することによって心臓の拍動が抑制されているのだから，この自律神経は副交感神経と判断できる。

(2)　この実験から，自律神経の電気的興奮が直接に心臓に伝えられるのでなく，神経伝達物質（アセチルコリン）によって化学的に伝えられることがわかる。仮に電気的に伝えられると考えると，この装置で心臓Aに遅れて心臓Bの拍動が抑制されることが説明できない。

60　ホルモンのはたらき

問１　ア－皮質　イ－鉱質コルチコイド

問２　腎臓でのナトリウムイオンの再吸収を促進する。（22字）

問３　細胞内にその受容体があり，ホルモンと受容体の複合体は転写調節因子（調節タンパク質）として遺伝子発現調節にはたらく。（48字（49字））

問４　ウ－チロキシン（サイロキシン）　エ－脳下垂体前葉　オ－（間脳）視床下部　カ－低下　キ－変態

問５　神経分泌細胞

問６　(1)　食物からのヨウ素の摂取が不足すると，ヨウ素を構成元素とするチロキシンを合成できない。（42字）

(2)　チロキシンの血中濃度の低下という情報が脳下垂体前葉などにフィードバックし，甲状腺刺激ホルモンの分泌が促される。この甲状腺刺激ホルモンが甲状腺を刺激する。（76字）

問７　十二指腸に作用する，胃液に含まれる塩酸を模した。（24字）
〔別解〕十二指腸の内分泌腺細胞を刺激する。（17字）

問８　セクレチン

解説　問１　イ．生理食塩水（0.9%NaCl溶液）を与えないと生存できないことから，体液中のNa^+の濃度を上昇させることにはたらくホルモンを考える。

問２　鉱質コルチコイドは，集合管や細尿管の管腔側細胞膜でのNa^+チャネル，毛細血管側細胞膜でのナトリウムポンプの量を増加させ，かつそれらの活性を高

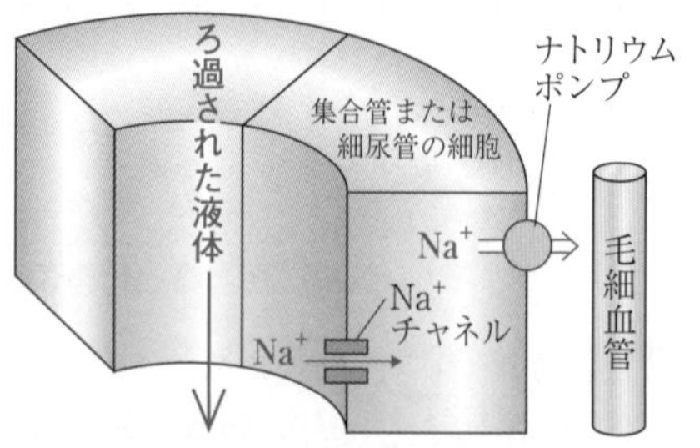

〔集合管や細尿管および毛細血管の模式図〕

めている。その結果，Na^+ の再吸収が促進される。

問3 ステロイド(脂溶性)ホルモンとは異なり，タンパク質(ペプチド，水溶性)ホルモンの場合，細胞膜の透過性がなく，その受容体は細胞膜上に存在する。ホルモンが受容体と結合すると，細胞内にセカンドメッセンジャーをつくらせ，酵素系の活性化などを引き起こす。このタンパク質ホルモンとの対比を考えると，記述するべき要旨がみえる。

問4 甲状腺から分泌されるチロキシン(thyroxine)は，広範な組織における異化作用を高めることで，体温維持にはたらくホルモンである。チロキシンは，脳下垂体前葉からの甲状腺刺激ホルモンの支配下，さらにこの刺激ホルモンは，視床下部からの甲状腺刺激ホルモン放出ホルモンの支配下にある。室温低下によって引き起こされたチロキシンの濃度上昇は，視床下部や脳下垂体前葉にフィードバックして，それらから分泌される放出ホルモンや刺激ホルモンの分泌を抑制するようにはたらく。

問5 甲状腺刺激ホルモン放出ホルモンに限らず，視床下部からの放出ホルモンは，神経分泌細胞が行う神経分泌による。

問6 (1) チロキシンは，ヨウ素(Ｉ)を含む，アミノ酸の一種である。

(2) チロキシンの濃度低下が，視床下部や脳下垂体前葉にフィードバックするため，刺激ホルモンの分泌量が増加して甲状腺が刺激され続けることになる。

問7，8 すい液の分泌を促すセクレチンは，胃液に含まれる塩酸による酸性刺激を受けた十二指腸から分泌される，ホルモンとして最初に見出された物質である。

61 血糖量の調節

問1 ア－恒常性(ホメオスタシス)　イ－標的　ウ－細胞膜

問2 排出管をもたない。(9字)

問3 (1) 血糖量の増加を受け，すい臓ランゲルハンス島Ｂ細胞からインスリンが分泌される。インスリンは筋肉や肝臓でのグルコースの取り込みやグリコーゲンへの合成を促進するなどして，血糖量を減少させる。(92字)

(2) 血糖量が減少すると，すい臓ランゲルハンス島Ａ細胞からグルカゴンの分泌，交感神経経由で副腎の髄質からアドレナリンの分泌が促される。これらは肝臓中のグリコーゲン分解を促進し，血糖量を増加させる。(95字)

問4 (1) A　(2) B　(3) C

解説 **問2** 機能的には，内分泌腺が体液中にホルモンを分泌するのに対し，外分泌腺は体外や消化管内に汗や乳，消化液などを分泌する。

問3 インスリン分泌の促進は，すい臓に接続する副交感神経の興奮のほか，血糖量の増加そのものをランゲルハンス島Ｂ細胞が感知することが重要。同様に，グルカゴン分泌の促進は，交感神経の興奮とＡ細胞自身が血糖量の減少を自己感知することによる。また，血糖量を増加させるホルモンとしては，副腎皮質から分泌され，タンパク質をグルコースへと変換する糖質コルチコイドも重要である。しかし，糖質コルチコイドの分泌には日周性(24時間の周期性)が認められ，一時的な空腹時に分泌が促されるものではない(そのため，問題中の指定語に含まれていない)。したがって，空腹時に血糖量を一定に保つことにはたらくホルモンとしては，グルカゴンとアドレナリンを中心に説明するのがよい。筋肉中のグリコーゲンは，血糖量を増加させることには直接的にははたらかないことにも気をつけたい。

問4　Ⅰ型糖尿病とⅡ型糖尿病が発症する機序の違いを確認しよう。

Point　糖尿病

① **Ⅰ型糖尿病**

一種の自己免疫疾患で，ランゲルハンス島B細胞が破壊され，**インスリン量が不足する**。

② **Ⅱ型糖尿病**

遺伝的要因もあるが，基本的には生活習慣病で，インスリン受容体の数が減少したり，インスリン標的細胞のインスリン受容後のシグナル伝達経路に異常(インスリンが受容体に結合しても，筋肉・脂肪組織の細胞膜のグルコース透過性が上昇しないなど)があったりすることによる。つまり，**インスリン感受性が不足している**のだが，インスリン量が不足している場合もある。

Aが空腹時に100mg/100mL程度の血糖量を維持している健常人，B，Cは血糖量が健常人に比較して多く糖尿病と判断されるが，Bはインスリンがかなり分泌されていることからⅡ型，Cはインスリン濃度が常に低いことからⅠ型である。

25 生体防御

62 自然免疫と獲得免疫

問1　ア－骨髄　イ－T細胞　ウ－B細胞　エ－マクロファージ　オ－樹状細胞　カ－ヘルパーT細胞　キ－記憶細胞　ク－キラーT細胞

問2　②，③，④　**問3**　③，④　**問4**　①，②

解説 **問2**　①　自然免疫ではTLR(トル様受容体)のような，ウイルスや細菌などに特有な成分のみを認識する分子も関係はしているが，獲得免疫(適応免疫)に比較して特異性は低い。

問3　①，②　BCR(B細胞受容体)は，そのB細胞が産生する抗体とほぼ同じ構造をもつ分子が細胞膜上に現れたものである。BCRによって特定の抗原を認識したB細胞は，その抗原を取り込み，その断片をMHCタンパク質(主要組織適合抗原)上に提示する。このMHCタンパク質と抗原断片が結合したものを，T細胞はTCR(T細胞受容体)を利用して認識する。1個の細胞が発現するBCRやTCRは，必ず1種類であり，特定の抗原侵入に対しては，特定のB細胞やT細胞が特異的に活性化されているといえる(クローン選択)。

問4　③，④　抗体遺伝子の多様性は，未分化細胞がB細胞に分化する際に，抗体の可変部のアミノ酸配列をコードする遺伝子が再編成されることでつくり出される(RNAのスプライシングによるものではない)。体内には，さまざまな抗体をつくる多様なB細胞(1個のB細胞が産生する抗体は必ず1種類)が予め備わった状態になっており，抗原侵入に応じて特定のB細胞が選択的に活性化され，抗体産生細胞として抗体を多量に産生するようになる。

63 拒絶反応

問1 (1) ④　(2) ④

問2 細胞性免疫が発動され，キラーT細胞などが非自己と認識された移植片を直接攻撃する。(40字)

問3 (iii)，(iv)，(v)

問4 胸腺がないと，拒絶反応に関係するT細胞が成熟しない。(26字)

問5 略称：MHC　［ア］タンパク質の正式名称：主要組織適合抗原(主要組織適合性複合体抗原，主要組織適合遺伝子複合体分子)

問6 25

解説 **問1** (1) 実験2でB系マウスに対する免疫記憶が成立しており，B系マウスの移植片に対する二次応答が起こる。

(2) 実験2でB系マウスが獲得した，A系マウスに対する記憶細胞が，注射によって無処置のB系マウスに移行する。

問2 皮膚などの移植片に対する拒絶反応は，細胞性免疫による。

問3 用いたマウスはいずれも純系であるので，遺伝子型はホモ接合になっている。A系(遺伝子型 AA)とB系(遺伝子型 BB)のマウスを交配して得られた F_1 は，遺伝子型が AB である(遺伝子 A と B は対立遺伝子(アレル)で，優劣関係はない)。

(i) A系マウスは，遺伝子 B がコードする物質を非自己と認識する。

(ii) B系マウスにとって，遺伝子 A がコードする物質は非自己である。

(iii)，(iv) F_1 は遺伝子 A と B がコードするいずれの物質も生得的にもち，これらに対する免疫寛容(免疫トレランス)が成立している。

(v) 純系どうしの交配で得られた F_1 であり，F_1 の遺伝子型はすべて同じ。

問4 胸腺は，T細胞の成熟の場である。

問5 ヒトでは，はじめは白血球を用いて研究されたことから，HLA(ヒト白血球抗原)と名付けられた分子は，後にほとんどの細胞に発現していることがわかり，移植臓器の拒絶反応の際に自己非自己の識別などに利用されているMHCタンパク質(主要組織適合抗原)と同一分子であることが確認された。

問6 問題文にあるように，ヒトのHLA遺伝子を構成する6つの遺伝子は，第6染色体上で近接して存在しており，それらの間で組換えはほとんど起こらない完全連鎖の関係にある。**完全連鎖の関係にある遺伝子は実質1個の遺伝子のようにふるまうので，**遺伝的に全く異なる両親から生まれる子の遺伝子型の分離比は，次のように考えることができる。

父親 PQ × RS 母親

↓

子(兄弟姉妹) $PR : PS : QR : QS = 1:1:1:1$

第7章 体液と恒常性

したがって，兄弟姉妹間でHLA遺伝子の型が一致する確率は，

$\frac{1}{4}=0.25 \rightarrow 25\%$

64 ウイルス

問1　逆転写

理由：PCR法はDNAの増幅法であるため，反応に先立ちRNAに相補的なDNA(cDNA)をつくる必要がある。(44字)

問2　みなすことができる特徴：遺伝物質をもつ，核酸とタンパク質を含む，(宿主の代謝系によって)自己複製する　など

みなせない特徴：単独では代謝や増殖ができない，細胞構造をもたない　など

問3　mRNAが減少しにくく，エンドサイトーシスにより細胞内に入りやすくなり，高効率に翻訳を受けられる。(49字)

問4　リン脂質膜からなるエンベロープを破壊し，Sタンパク質などがはたらかないようにする。(41字)

解説 問1　コロナウイルスのほか，インフルエンザウイルスやHIVも，RNAを遺伝物質とするRNAウイルスである。逆転写に必要な逆転写酵素は，レトロウイルスがもつ。

問2　ウイルスは，生物と非生物の中間的な存在といえよう。

問3　この設問，特に化学的に修飾されたウリジンを利用する工夫の目的は，教科書的な内容ではなく，問題文中にもヒントを見つけにくいため，かなり難しい。しかし，今後に類題の出題も予想されるために知っておくとよい。修飾されたウリジンを利用することで，免疫応答による炎症が抑えられてmRNAが減少しにくくなり，目的のSタンパク質を多く合成できるようになると考えられている。人工合成mRNAは，人体にとって非自己であることから考えたい。解答は，mRNAが一般的に不安定なものであることも考慮した，やや表現をぼかしたもの。2023年のノーベル生理学・医学賞はmRNAワクチンの開発に貢献した，カタリン・カリコとドリュー・ワイスマンに授与された。

問4　エンベロープをもつタイプのウイルスは，アルコールや洗剤のような界面活性剤で不活性化しやすい。食中毒の原因になるノロウイルスなどはエンベロープをもたないタイプのウイルスで，その破壊には次亜塩素酸ナトリウムが有効である。

第8章 植物の環境応答

26 環境応答と植物ホルモン

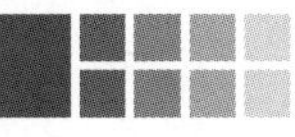

65 被子植物の配偶子形成と胚発生

問1 ア－やく　イ－花粉四分子　ウ－雄原細胞　エ－子房　オ－1　カ－3　キ－核分裂　ク－3　ケ－2

問2 胚のう母細胞－$2n$　胚のう細胞－n　卵細胞－n　花粉母細胞－$2n$　精細胞－n　胚乳の細胞－$3n$

問3 ①，③，④

問4 (1) Aaa

(2) $AAA:AAa:Aaa:aaa=1:1:1:1$

問5 花粉管の誘引は，実験2のように卵細胞が破壊されても起こるが，実験3や4のように助細胞が破壊されると起こらない。したがって，助細胞が花粉管の誘引に必要である。(78字)

解説 **問2** イネは被子植物であり，**重複受精**が行われる。そのため，中央細胞中の2個の極核$(n+n)$と精細胞の核(n)が合体してできる胚乳核$(3n)$に由来する**胚乳の核相は$3n$**である。

問3 ① マメ科植物の種子は無胚乳種子である。胚乳の発達がわるく，発芽後の初期成長に必要な栄養分が子葉に貯蔵される。

② ダイコン(アブラナ科)やアサガオもマメ科植物同様に無胚乳種子を形成するが，**被子植物である以上，重複受精は必ず行う。**

③ 形成途上の種子内にみられる胚柄は，完成した種子では失われている。

④ 受精卵から形成され，将来個体に発達する部分は胚とよばれる。

問4 交配のようすは次のようになる。胚乳は初期成長に用いられた後に失われるので，F_2を得るためにはF_1の胚(Aa)を用いる。また，F_1が配偶子を形成する過程で減数分裂が起こり，ここでAかaの選択が起こる。この後に体細胞分裂(と同等な核分裂)を経て花粉管や胚のうが形成されるため，**1個の花粉管中の3個の核，1個の胚のうに含まれる8個の核は，それぞれすべて同じ遺伝子型になる。**

♂ AA × ♀ aa

精細胞 A　　卵細胞 a，中央細胞 $a+a$

↓

F_1種子の胚 Aa，胚乳Aaa(→成長後に消失)

F_1のつくる { 精細胞 $A:a=1:1$ / 中央細胞 $A+A:a+a=1:1$ }

↓

F_2種子の胚乳 $AAA:AAa:Aaa:aaa=1:1:1:1$

Point 重複受精

被子植物に特有にみられる。

① 卵細胞(n) ＋ 精細胞(n) ⟶ 受精卵($2n$)
⟹ 胚へ発達

② 中央細胞中の２個の極核($n+n$)＋精細胞(n) ⟶ 胚乳核(*$3n$)
⟹ 胚乳へ発達

＊裸子植物では，胚乳は減数分裂後，受精を経ることなく形成されるため，その核相は n である。

問５ 花粉管は，助細胞から分泌されるルアータンパク質に濃度依存的に誘引される。

66 ABCモデル

問１ ㋐－B　㋑－A　㋒－C

問２ (1)

領域1	領域2	領域3	領域4
	Bクラス遺伝子	Bクラス遺伝子	
Cクラス遺伝子	Cクラス遺伝子	Cクラス遺伝子	Cクラス遺伝子

(2)

領域1	領域2	領域3	領域4
Aクラス遺伝子	Aクラス遺伝子	Cクラス遺伝子	Cクラス遺伝子

(3)

領域1	領域2	領域3	領域4
	Bクラス遺伝子	Bクラス遺伝子	
Aクラス遺伝子	Aクラス遺伝子	Aクラス遺伝子	Aクラス遺伝子

問３ 同じ領域で同時にはたらくことはなく，互いに発現を抑制し合う。(30字)

解説 **問１** 表１を利用して，いずれの遺伝子が発現することで，どのような花器官が形成されるかを調べる。Aクラス遺伝子の欠損変異体ではがく片と花弁が形成されていないことから，がく片と花弁の形成にはAクラス遺伝子が必要であることがわかる。以降も同様に考え，Bクラス遺伝子は花弁とおしべ，Cクラス遺伝子はおしべとめしべ，それぞれの形成に必要な遺伝子であると判断できる。これらの結果をまとめると，**Aクラス遺伝子だけが発現する(〔A〕)とがく，Aクラス遺伝子とBクラス遺伝子が発現する(〔AB〕)と花弁，Bクラス遺伝子とCクラス遺伝子が発現する(〔BC〕)とおしべ，Cクラス遺伝子だけが発現する(〔C〕)とめしべが形成されると判断できる。**

問２ 表１の，各クラス遺伝子の欠損変異体の領域１～４で形成されている花器官を，発現している遺伝子の組合せに置き換える。

問３ **問２**の解答より，Aクラス遺伝子の欠損変異体では領域１と２でCクラス遺伝子が，Cクラス遺伝子の欠損変異体では領域３と４でAクラス遺伝子が，それぞれ野生型とは異なり発現している。この現象は，Aクラス遺伝子とCクラス遺伝子は同じ領域で同時にはたらくことはなく，互いに発現を抑制し合うと考えると説明がつく。

67 オーキシンによる成長の調節

問1　アー膨圧　イー分裂　ウー光受容体(光受容タンパク質)
エーフォトトロピン　オー光屈性
カーセルロース

問2　物質：クリプトクロム　成長過程：②

問3　(1)　右図

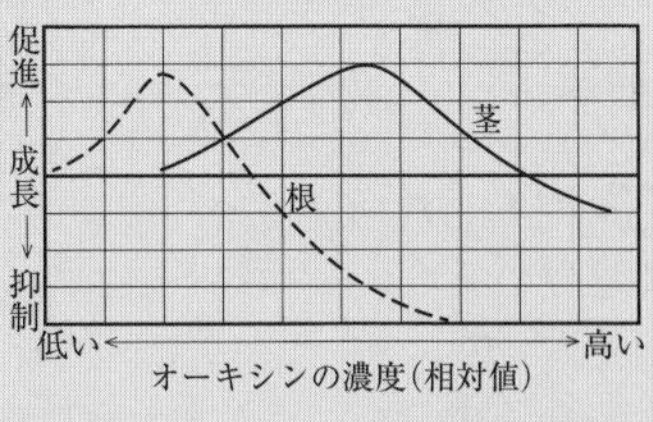

(2)　光を受けると，オーキシンは陰になった側に移動し，その領域のオーキシン濃度が高まる。この濃度は茎にとっては伸長成長を促進する濃度で，光を受けた側より陰になった側がよく伸び，正の光屈性を示す。一方，根は茎よりもオーキシン感受性が高く，陰になった側の伸長成長が光を受けた側よりも抑制され，負の光屈性を示す。(150字)

問4　右図

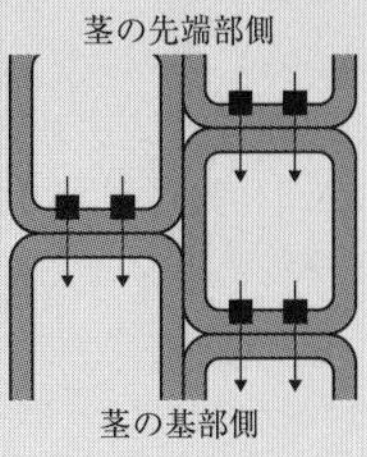

解説 **問1，2**　光受容体の，受容する光の種類(波長に基づく色調)と関与する応答について，知識を確認しておこう。

Point いろいろな光受容体

① **赤色光** … フィトクロム
光発芽種子の発芽，光周性に基づく花芽形成，日陰での茎の伸長成長の促進などに関係する。

② **青色光** … (i) フォトトロピン，(ii) クリプトクロム
(i)は気孔の開口，茎の示す正の光屈性，葉緑体の定位運動など，(ii)は茎(胚軸)の伸長成長の抑制，芽生えの葉の形態形成促進などに関係する。

問3　(1)　根はより低いオーキシン濃度で成長が促進されたり抑制されたりするのだから，茎に比較してオーキシンに対する感受性が高い。

(2)　地面に垂直に吊るされた幼植物体が左側から光照射を受けたとしたら，茎と根では，右図のようなオーキシン分布になっていると考えられる。これと(1)で作成した図から説明する。

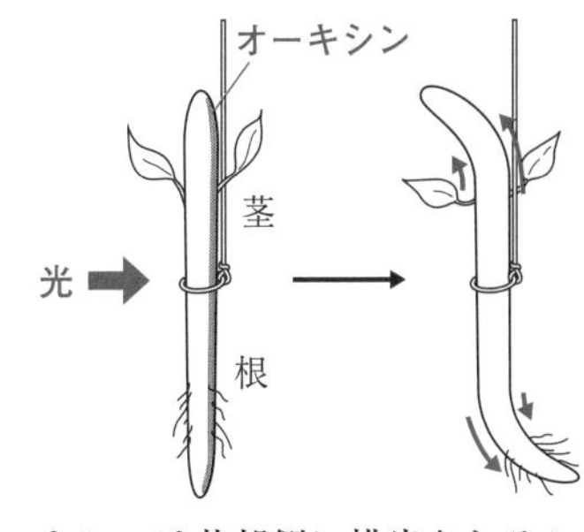

問4　茎におけるオーキシンの極性移動には，いずれも細胞膜に存在する，オーキシン取り込み輸送体(AUX)とオーキシン排出輸送体(PIN)が関係している。これらのうち，**PIN が基部側の細胞膜に局在すること**が重要で，細胞に取り込まれたオーキシンは基部側に排出されることを繰り返し，極性移動が起こる。

68 いろいろな植物ホルモンのはたらき

問1　ア－直行(垂直)　イ－縦　ウ－子房(子房壁)　エ－離層　オ－低下　カ－上昇　キ－ペクチン　ク－K^+　ケ－低下　コ－アブシシン酸
問2　②　**問3**　②，③　**問4**　④　**問5**　⑥

解説 **問1**　ア，イ．ジベレリン，エチレンは，細胞壁のセルロース繊維の並ぶ方向に異なる影響を与える。オーキシンは，セルロース繊維間の結合を緩めることで，細胞の膨圧を低下させ，吸水力を高めるようにはたらく。

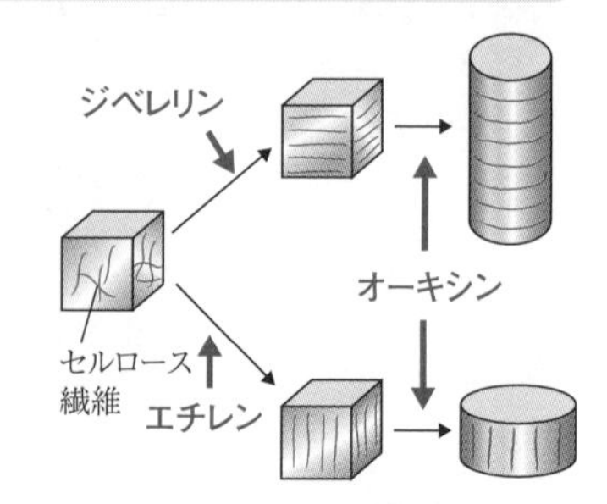

問2　物質Kはサイトカイニンとよばれる植物ホルモン(教科書での扱いはない)の一種のカイネチンである。また，物質Iは生体内で最も多量に存在する，オーキシン作用を示すインドール酢酸である。一般に，培地に与えたオーキシンの割合が高いとカルスからは根が，サイトカイニンの割合が高いと茎・葉が分化するのだが，ここではそのような知識を求めているのではなく，表1を矛盾なく説明できる選択肢を問うている。①，③，④，⑤は表1の結果と合致しない。

問3　図1をみると，Xに比較して，変異体Yでは培養開始1週間以降の培地5での傾きだけが緩やかになっていることがわかる。培地5では，カルスから茎と葉が分化しているため，これらの重量が大きくなりにくくなっているのである。変異体Yでは原因遺伝子が発現しなくなったことで，茎と葉の細胞分裂の回数が減少した可能性(②は適切)や光合成速度が低下している可能性(③は適切)が考えられる。カルスだけが形成される培地3や根だけが分化する培地4での変異体Yのグラフの形状は，Xと同じであることから，①，④，⑤の可能性は棄却される。

問4　ここで単離したい変異体は，カルスから茎や葉を分化させる遺伝子が発現しなくなったものである。培地4では，Xの場合カルスから根だけが分化しているため，目的の変異体でもX同様の分化状態になると考えられる。培地6では，Xではカルスから茎と葉が分化しているため，目的の変異体ではカルスは形成されるものの，そこから茎と葉が分化しないと考えられる。したがって，目的の変異体は，培地4でB，培地6でDの分化状態を示す組合せの選択肢が最も妥当である。

問5　**問4**で，カルスから茎や葉を分化させる遺伝子が発現しなくなった変異体では，培地6に置かれてもXとは異なり，カルスから茎や葉が分化せず分化状態はDを示すと判断したことをもとに考える。表1中で分化状態Dのものは，物質K濃度が0 (mg/mL)の培地3であることから，この変異体は培地に与えた物質Kを受容できず，結果として物質Kを一切与えなかったときと同様の分化状態を示したのである(⑥が適切)。つまり，物質Kの作用がないときは，物質Iの濃度1.0～3.0mg/mLの範囲で分化状態Dになるものと考えられる。

なお，この変異体のカルスの重量については記載がなく，①と②は判断ができない。また，培地には物質Iや物質Kが添加され，少なくとも物質Iの受容には問題がないからカルスが形成されているのであり，⑤については変異の原因ではなく，③と④についても判断ができない。

27 環境応答とそのしくみ

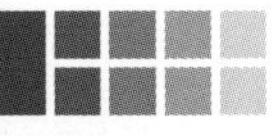

69 種子発芽

問1　ア－休眠　イ－アブシシン酸　ウ－ジベレリン　エ－糊粉層　オ－アミラーゼ　カ－デンプン　キ－吸水力(浸透圧)

問2　光発芽種子の発芽を促進し，光合成に利用しやすい赤色光が，緑葉に吸収されることなく，相対的に多く地表に到達する。(55字)

問3　(1)　光源Y　　(2)　Yを最後に照射にした光処理で,発芽率が顕著に高い。(25字)

問4　④　　**問5**　④

解説 **問2**　植物は，青紫色光(400～450nm 程度)と赤色光(650～700nm 程度だが，赤色光吸収型フィトクロムの吸光ピークは660nm)をよく吸収し，光合成にも利用できる。反対に，遠赤色光(730nm)は，ほとんど吸収することはなく光合成にも利用できない。そのため，よく茂った緑葉の陰には遠赤色光が，他の植物に覆われることのない開けた地表では赤色光が，相対的に多く到達する。光発芽種子にとって，受容する遠赤色光が多いことは発芽後に十分な光合成ができない，受容する赤色光が多いことは光合成に好適な光環境であるというシグナルなのである。

問3　特別の光照射を施していない光処理Aに比較して，光処理Bでは光源Xが発する光を照射することで発芽が抑制され，光処理Cでは光源Yが発する光を照射することで発芽が促進されていることがわかりやすい。光処理DやEでも，最後に照射した光として用いた光源に着眼すれば，同様である。

問4　フィトクロムは，赤色光と遠赤色光の照射で，２つの型の間を可逆的に相互転換する光受容体である。

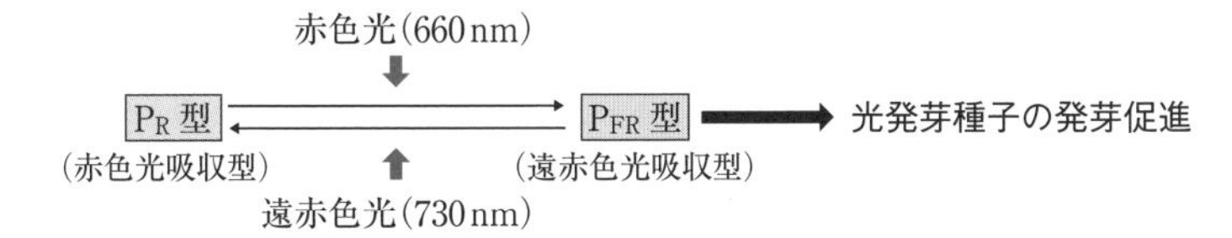

赤色光照射で生じる遠赤色光吸収型のフィトクロムが，光発芽種子の発芽促進に作用することに注意する。

問5　通常，植物は太陽光を受けて生育していることを考えると，太陽光は光合成に十分足る程度の赤色光を含んでいると考えられる。暗所に置いている光処理Aでも65%程度の発芽率であるから，この場合，それよりは高い発芽率を示すはずである。

70 花芽形成の調節

問1　ア－光周性　イ－最長　ウ－最短　エ－中性

第8章　植物の環境応答

問2　長日植物：①，⑩　　短日植物：②，③，⑤，⑧，⑨

問3　(1)　光周刺激は，茎ではなく葉で受容され，花芽形成の情報は植物体全体に伝えられる。(38字)

(2)　葉からの花芽形成を促進する物質は，形成層より外側の領域(師部中の師管)を移動し，分裂組織に作用する。(50字)

問4　(1)　フロリゲン　　(2)　FT タンパク質

問5　ホウレンソウ：①－○　②－×　③－×　④－○　⑤－○

オナモミ：①－×　②－○　③－○　④－×　⑤－○

問6　春化(バーナリゼーション)

解説 問1　イ．限界暗期以下の，短い暗期を与えたときに花芽形成するのが長日植物である。

ウ．限界暗期以上の，長い連続する暗期を与えたときに花芽形成するのが短日植物である。

問3　光周刺激はフィトクロムを利用して葉で受容され，葉で合成されたフロリゲンは師部(師管)を通って分裂組織に作用して，花芽分化を引き起こす。なお，問題で与えられたデータからは，花芽形成を引き起こす情報伝達物質は，形成層より外側の領域を移動するとまでしか判断できないが，フロリゲンが師管中を移動する植物ホルモンであることは，知っておくべきである。

問4　フロリゲンの実体は長い間不明であったが，近年になって，シロイヌナズナではFT タンパク質，イネでは Hd3a タンパク質であることがわかった。

問5　植物の光周性による花芽形成調節では，与えられる連続暗期の長さが，植物それぞれが固有にもつ限界暗期の長さを超えるか超えないかが重要で，明期の長さそのものは重要ではない。

連続暗期の長さが，条件①と④では 8 時間，条件②では14時間，条件③では12時間，条件⑤では10時間である。**ホウレンソウは限界暗期が11時間の長日植物であるから，11時間以下の短い暗期で花芽形成する。また，オナモミは限界暗期が 9 時間の短日植物であるから， 9 時間以上の長い連続する暗期で花芽形成する。**

問6　秋播きコムギでは，秋に播種され生育した幼植物が，冬の寒さを経験した後の春の長日条件で花芽形成が誘導される。そのため，春に播種し年内に花芽形成をさせるためには，人為的に低温処理する必要があり，これを春化処理という。

71 植物体内の水移動

問1　ア－根毛(根毛細胞)　イ－基本組織

ウ－維管束　エ－道管　オ－根圧

カ－凝集　キ－孔辺　ク－蒸散

問2　右図実線

問3　表皮組織の表面は，水を透過させにくいクチクラ層に覆われる。(29字)

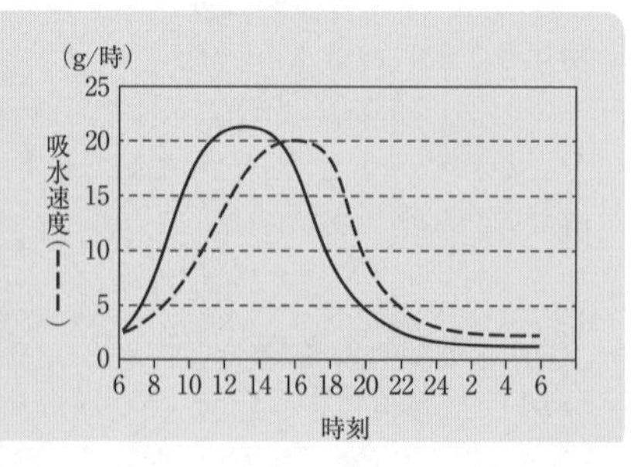

問4　気孔に面した側の細胞壁は，外側に比べて厚い。(22字)
問5　気温，湿度，光の強さ，風速　などから3つ

解説 **問1**　以下に整理したことは，現在の教科書にはあまり記載されていないが，入試で取り扱われることがある。

Point 植物の組織系

① **表皮系** … からだの外表面を覆う。
② **維管束系** … 木部(道管を含む)＋師部(師管を含む)。
③ **基本組織系** … 表皮系と維管束系以外。

Point 植物体内の水移動の原動力

① **葉** … **蒸散**によって，気孔を頂点として**細胞間に吸水力の勾配**が生じる。これが，道管を介して根まで伝わり，地下部から地上部へ水を引き上げる最も重要な力としてはたらく。
② **茎など** … 道管内の水分子どうしは，水素結合によって引き合っている(**水分子間の凝集力**)。
③ **根** … 根の表皮細胞の吸水力は，土壌中の水溶液の浸透圧よりも高い。また，根は中心部に位置する細胞ほど吸水力が高くなるように調節されている。最終的に根の道管内に収められた水は，地上部へ向けて押し上げられる(**根圧**)。

問2　**蒸散が吸水の原動力なのだから，水分放出速度は吸水速度に先立って変動する。**
問4　光照射を受けると，孔辺細胞へK^+が取り込まれ，細胞の浸透圧(吸水力)が高まる。その結果，吸水した細胞の体積が大きくなり，膨圧が上昇する。孔辺細胞の細胞壁は気孔に面していない側の細胞壁が薄いためよく伸展し，これによって気孔に面した側の厚い細胞壁は，気孔を開く方向に反り返る(下図左から右への変化)。このときの青色光の受容にはたらいている光受容タンパク質が，フォトトロピンである。

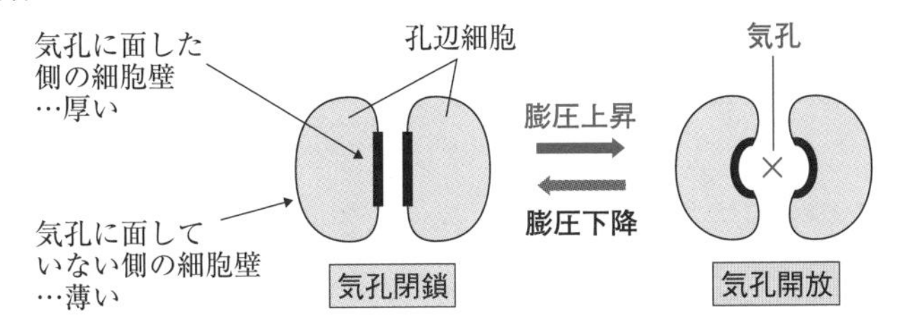

問5　植物が乾燥条件に置かれれば，気孔は閉じる。どのような日に洗濯物が乾きやすいかを考えればイメージしやすいだろう。

第9章 生物の集団と生態系

28 個体群と相互作用

72 個体群密度

問1 ア－区画法　イ－成長曲線　ウ－競争(種内競争)　エ－密度効果
オ－環境収容力　カ－相変異　キ－群生相　ク－孤独相　ケ－最終収量一定

問2 個体の行動や生存に影響を与えない。(17字)

問3 ②　**問4** $X=\frac{nL}{M}$

問5 食物の不足(5字)，生活空間の不足(7字)，老廃物の蓄積(6字)などから1つ

問6 C

問7 翅が長くなり移動力が高くなる。大型の卵を少数産むようになる。(30字)

解説 **問2** 個体群には，個体の出入りがない，大規模な死亡・出生がないなどの条件が求められる。

問3 標識再捕法は，行動範囲が広く，見つけにくい動物に向いている(③，④，⑥には不適当)。また，①と⑤については，個体群中の複数の個体に標識を取り付け，標識個体を含む十分多数の個体を再捕獲することが困難であると考えられる。なお，区画法は，植物のような移動力に乏しい生物に向いている。

問4 求めたい推定個体数(X)全体の中の，標識をつけた全個体数(n)の比が，再び捕獲した個体数(L)の中の，標識個体数(M)の比に写し取られていると考えるとよい。すなわち，$X:n=L:M$　から導くことができる。

問5 密度効果を引き起こす，環境抵抗の具体例が求められている。

問6 生物は一般に自身より多くの子を産むため，環境抵抗がなく，密度効果が生じないという仮想的な条件では，指数関数的な増殖を示す。

問7 他の昆虫でも，個体群密度が高まると移動力が高い個体が出現することが多い。このような孤独相から群生相への相変異には，もとの生息地域の環境抵抗を軽減させ，新たな地域に分布を拡大する意義があると考えられる。

73 個体群の構成

問1 ア－年齢ピラミッド　イ－生命表　ウ－生存曲線　エ－資源
オ－縄張り　カ－順位制

問2 Ⅰ：安定した人口を保つ。(10字)　Ⅱ：人口は増大する。(8字)
Ⅲ：人口は減少する。(8字)

問3 A－③，⑨　B－④　C－⑤，⑥　**問4** 一様分布

解説 **問2** Ⅰは安定型，Ⅱは幼若(若齢)型，Ⅲは老齢(老化)型とよばれる。年齢階級が若い層の割合から，一定時間経過後に，生殖を行う年齢階級(生殖層，生殖期)がどのように変化するのかを考え，その個体群の繁栄や衰退を予想できる。

問3　Aは，幼齢期の死亡率が高く，多く産む卵や子への親の保護はない。水中でプランクトン生活する時期がある動物などにみられる。Cは，幼齢期の死亡率が低く，少数の卵や子への親の手厚い保護がある，大型の哺乳類など。Bは，産む卵や子の数や親の子への保護の程度がAとCの中間で，天敵による被食を各年齢で同程度に受け，常に一定の死亡率(死亡数ではない。死亡数は幼齢期に多い。したがって②はBの特徴ではない)となる。シジュウカラのような小鳥やトカゲ，ヒドラなどが代表的。

問4　個体群内の各個体の関係によって，色々な個体分布がみられる。個体に集合する性質があったり，環境中の資源の分布が一様でなかったりする場合は集中分布を示す。個体の存在が他個体に対して影響を与えないときは，ランダム分布を示す。

74 縄張りや群れの大きさ

問1　近交弱勢

問2　(1)　右図太線

(2)　個体群密度が上昇し，縄張りに侵入する個体が増え，縄張りを維持する労力が増える。その結果，利益から労力を差し引いたエネルギーが最大となる縄張り面積は小さくなる。(79字)

問3　(1)　モリバトの個体数が多くなると，オオタカの攻撃成功率が低くなる。(31字)

(2)　モリバトの数が多いほど，警戒行動をとる個体数が増えるなどして，オオタカの接近に早く気がつく。(46字)

問4　食物をめぐる争いなどが増える。(15字)

解説 **問1**　生存上の不利益を個体に与えるような潜性(劣性)遺伝子を想定する。集団内でこの遺伝子の遺伝子頻度が低ければ，これをホモ接合でもつ個体が出現する確率はかなり低い。しかし，近縁の個体と交配することで，ホモ接合体が出現してしまうことがある。

問2　(1)　人工アユの放流を開始すると，この河川のアユの個体群密度が上昇する。その結果，縄張りを侵すアユが増え，縄張りアユが縄張りを維持するための労力(コスト)は増大する。

(2)　「利益－労力」が最大となるような縄張り面積が最適と考えられている。(1)で作成したグラフをもとに考えるとよい。

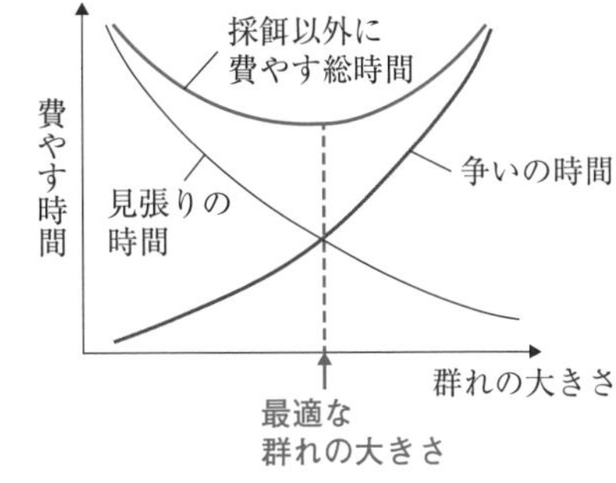

問3，4　グラフの示すものを文章にするだけである。国公立大を中心に，このような問題は意外に少なくない。

第9章 生物の集団と生態系

群れが大きいほど，モリバト1羽あたりがオオタカの襲来を見張る時間は少なくて済む。しかし，群れを構成する他個体との争いの時間は増える。見張りと争いに費やされる時間が最少になるとき，採餌に専念できる時間が最も長くなる。このときの群れの大きさが最適と考えられている。

29 バイオームと植生の遷移

75 いろいろなバイオーム

問1　ア－サバンナ　イ－草原　ウ－照葉樹林　エ－82　オ－57
カ－針葉樹林　キ－ツンドラ(寒地荒原)

問2　(1)　垂直分布　　(2)　水平分布

問3　a－針葉樹林　b－照葉樹林　c－ハイマツ　d－ミズナラ

問4　森林限界

問5　山地帯(低山帯)

問6　暖かさの指数：69　　バイオーム：夏緑樹林

問7　いずれも落葉広葉樹を中心に構成されるが，夏緑樹林では冬，雨緑樹林では乾季にまとまった落葉がみられる。(50字)

解説 問1　ウ～オ．問題の指示通りに暖かさの指数を計算する。

海老名市は，(5.3＋8.6＋13.8＋18.2＋21.5＋25.1＋26.5＋23.0＋17.4＋11.9＋7.0)
－5×11＝123.3 → 123

これを図1中の数字と照らし合わせると，照葉樹林が成立すると判断できる。

青森市は，(8.3＋13.3＋17.2＋21.1＋23.3＋19.3＋13.1＋6.8)－5×8＝82.4 → 82

野辺山は，(5.6＋10.6＋14.5＋18.4＋19.2＋15.2＋8.8)－5×7＝57.3 → 57

問2，3　図2は本州中部における，標高変化による温度変化に基づく垂直分布を示したものだが，バイオームの出現順序は，日本列島における，緯度変化による温度変化に基づく水平分布と同じになる。なお，ここにあげられている植物種名は，いずれもかなり一般的なものばかりである。よく確認しておこう。

問4　森林限界と高木限界で迷うかもしれない。森林限界とは，高木が密に生育できなくなる限界の標高であり，それより少し高標高のところに一切高木が生育しなくなる高木限界が位置する。

問6　問題文中に，標高が100m上昇すると気温が約0.6℃低下することが示されている。1000m標高が高ければ，約6.0℃気温が低くなることが期待されるので，海老名市の月平均気温から6.0℃を差し引いた上で月平均気温が5℃を上回る月は，4～11月である。したがって，

(13.8＋18.2＋21.5＋25.1＋26.5＋23.0＋17.4＋11.9)－{(6.0×8)＋(5×8)}
＝69.4 → 69

となり，夏緑樹林と推定される。神奈川県海老名市(標高18m)はそれほど高標高に位置しているわけではない。ここで図2を適用して考えると，海老名市よりも標高が1000m高い地点のバイオームが夏緑樹林であるという推定は妥当。

問7　落葉性の広葉樹を主体とした森林(落葉広葉樹林)であるということが共通点である。寒冷や乾燥といった生育不良期を，木本植物(樹木)は一般に落葉して乗り越える。冷温帯に分布する夏緑樹林は冬に，熱帯・亜熱帯に分布する雨緑樹林は乾季に，いずれもまとまって落葉する。

76 日本のバイオーム

問1　ア－優占種　イ－相観　ウ－高木　エ－林冠　オ－亜高木　カ－低木　キ－草本　ク－地表(コケ)　ケ－陽樹　コ－陰樹　サ－極相　シ－母岩(母材)　ス－風化　セ－腐植

問2　Ⅰ：針葉樹林，③　　Ⅱ：夏緑樹林，②

問3　(年平均)気温

問4　階層構造

問5　(1)　一次遷移　　(2)　二次遷移

問6　樹木が繁茂し林冠が閉じると，林床に到達する光量が著しく減少し，光補償点の高い陽樹の芽生えは生育できない。一方，光補償点の低い陰樹の幼木は生育できる。(74字)

問7　土壌中には★多くの種子や植物の地下部などが含まれる。そのため，土壌がある状態からの植生遷移では，☆土壌形成に加え，植物の侵入に要する時間が短縮され，とくに初期の進行が速く，短い時間で極相に達する。(96字)

解説　**問2**　以下の Point 参照。

Point 日本のバイオーム

南北に長く，山がちな日本列島では，南から北への水平分布と低標高から高標高に掛けての垂直分布で，成立するバイオームが同じような順序で移り変わる。

バイオーム	水平分布と気候帯(海岸線沿い)	垂直分布(本州中部)	代表的な樹種
亜熱帯多雨林	沖縄など 亜熱帯		アコウ，ガジュマル，ソテツ，マングローブ林(ヒルギ)
照葉樹林	九州～関東 暖湿帯	丘陵帯 (標高 700m 程度以下)	スダジイ，アラカシ，タブノキ
夏緑樹林	東北～北海道南部 冷湿帯	山地帯(低山帯) (標高 700～1700m 程度)	ブナ，ミズナラ
針葉樹林	北海道東北部 亜寒帯	亜高山帯 (標高 1700～2500m 程度)	*エゾマツ，*トドマツ，**シラビソ，**コメツガ，**トウヒ

＊は北海道東北部に，＊＊は本州中部の亜高山帯に生育する。

第9章　生物の集団と生態系

問6　右図のような，陽樹(陽生植物)と陰樹(陰生植物)の光合成曲線から考える。

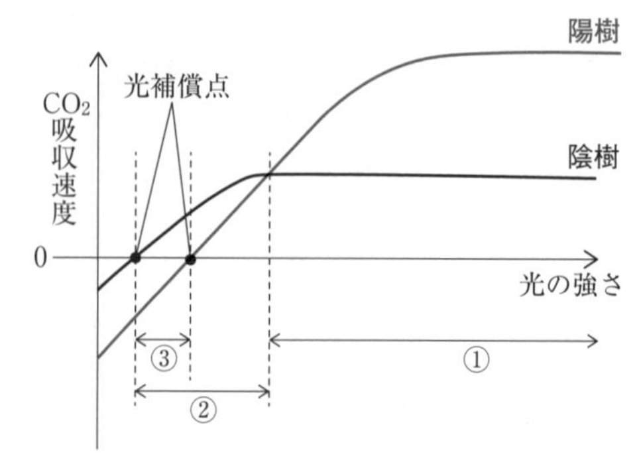

遷移の初期段階では，地表近くまで強い光が入射する(図中①の範囲)。この光環境では，見かけの光合成速度がより大きくなる陽樹が優勢に生育する。その後，高木となった陽樹が高木層を占めるようになり林冠が閉じると，林床に到達する光量がかなり減少する(図中②の範囲)。この光環境で，陽樹に比べて陰樹の方が見かけの光合成速度が大きく，場合によっては**陽樹の芽生えは光補償点未満と**なって生育できない(図中③の範囲)。このときでも，**光補償点の低い陰樹の芽生えは**ゆっくりと生育できるため，**陽樹林から陰樹林へと次第に遷移していく**。なお，ここでは昼夜を問わず光の強さが一定であると考えた説明をしている。自然の光環境では昼夜があるため，昼間の光の強さが夜間の呼吸速度の分を補う程度に光補償点を超えるものでないと，植物は実際には生育できない。

30　生態系の構造

77　生態系の物質収支

問1　ア－生産者　イ－消費者　ウ－純生産量　エ－成長量　オ－枯死量
カ－分解者呼吸量

問2　(1)　1200　　(2)　Y－生産量　Z－同化量

問3　森林生態系の主な生産者は，非同化器官の割合が高い木本植物で，総生産量に占める呼吸量の割合が高く，純生産量の割合は低い。海洋生態系の主な生産者である植物プランクトンは，幹や根のような非同化部をほとんどもたず呼吸量は比較的小さいため，総生産量に占める純生産量の割合が高い。(134字)

問4　(1)　増加する　　(2)　減少する　　(3)　増加する

解説　**問2**　(1)　**純生産量＝総生産量－呼吸量**の関係から，2650－1450=1200と計算できる。また，純生産量＝成長量＋被食量＋枯死量から，500＋700＝1200でもよい。森林生態系では，一般に被食量が小さいため，図1では被食量と枯死量が1つにまとめられている。

(2)　Y．生産量＝同化量－呼吸量＝成長量＋被食量＋死滅量であるが，これは生産者の純生産量に相当する。

Z．同化量＝摂食量(捕食量)－不消化排出量で，生産者では総生産量に相当する。なお，一次消費者の摂食量は，生産者にとっては被食量である。

問3　生態系における生産者(単位面積あたり)としてとらえるか，光合成を行う生物(葉面積あたり)としてとらえるかの違いであり，**総生産量は光合成量，純生産量は見か**

けの光合成量に相当するものである。**森林生態系の主な生産者である樹木は，光合成に直接はたらかないが呼吸は行う，幹や根のような非同化器官を多量にもつ**。そのため，光合成量から呼吸量を差し引いた見かけの光合成量がそれほど大きくならない。**外洋における海洋生態系の主な生産者は，生体量の小さな植物プランクトン**であるため，単位面積あたりの光合成量は森林に比較して決して多くはないが，**非同化部をほとんどもたないため，呼吸量の占める割合がかなり小さい**。そのため，森林に比較して海洋では，光合成量に占める見かけの光合成量の割合，すなわち総生産量に対する純生産量の割合はかなり大きい。また，生産者の生体量あたりの純生産量も，森林生態系よりも海洋生態系の方がかなり大きくなる。

問4　(1)　現地に放置された枝や葉などが，分解者の呼吸基質として分解される。

(2)　もとの老齢林に比較して，遷移後に成立した相対的な若齢林は非同化器官の割合が低い。

(3)　**老齢林の成長量はほぼ0**である。これに対し，新たに成立した森林は(2)で考えたように生産者呼吸量が小さいため，極相に達する直前において，その成長量はもとの老齢林より大きなものとなる。したがって，新たに成立した森林の純生産量は，もとの老齢林に比べて増加すると判断できる。

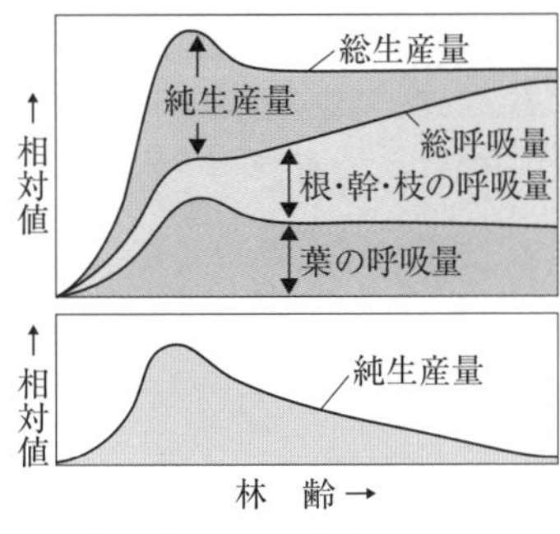

林齢と森林の物質生産の関係が右図のようになることを知っておきたい。

Point　生態系の物質生産における重要な関係式

① **生産者について**

純生産量＝総生産量(同化量)－呼吸量
　　　　＝成長量＋被食量＋枯死量

② **消費者について**

同化量＝摂食量－不消化排出量
生産量＝同化量－呼吸量
　　　＝成長量＋被食量＋死滅量

補足　総生産量は生産者，同化量は消費者で好まれる表現だが，同じものを指す。同様に，純生産量と生産量の指すものも同じ。

78　植生の生産構造

問1　アー層別刈取法　イー生産構造(図)　ウーイネ科型　エー広葉型
オー陰生植物　カー小さ　キー光補償点　クー光飽和点　ケー葉　コー茎

問2　相対照度が低下すると，呼吸速度は影響を受けにくいが，光合成速度が低下し総生産量が小さくなる。(46字)

問3　(1)　ウ：細い葉が斜めに着生し，下層にまで比較的高い照度で光が入射するため，葉は茎の広い範囲につく。(45字)

エ：広葉が茎の上部に集中して地面に水平に着生し，ここで光がよく吸

収され，下層の相対照度はかなり低い。(48字)

(2) ウ：①，④　エ：②，③

問4　見かけの光合成速度が負となる下層の葉は，つけない方が植生全体の有機物蓄積量が多くなる。(43字)

問5　名称：陽生植物　代表的な植物：①，④

解説 問1　カ～ク．光飽和点よりも，光補償点の方が呼吸速度との関係性が高い。呼吸速度が小さいから光補償点が低いのである(76 の問6の解説図を参照)。

問2　葉の重なりによって，下層の葉に到達する光量は減少して光合成速度は小さくなる。その一方，呼吸速度は光の強さの影響を受けにくい。

問3，4　以下の Point を参照。

Point 植生の生産構造

	特　徴	利　点	不利点
イネ科型	細い葉を斜めにつけ，下層まで光が入射。	茎が少なくてすみ，下層の葉でも光合成収支が正となり，植生全体の物質生産効率が高い。	植生内に他の植物の侵入を許しやすい。
広葉型	広葉を上層に水平につけ，上層で光が急減。	植生内に他の植物の侵入を許しにくい。	上層の葉を支えるための茎が多く，下層に葉をほとんどつけないため，物質生産効率は低い。

問5　トマトのような畑などでの栽培植物の多くは陽生植物である。また，ブナのような植生遷移の極相段階で出現する植物は，基本的に陰生植物(陰樹)である。

79 生物の多様性

問1　ア－特定外来生物　イ－種間競争

問2　(1) レッドリスト　(2) レッドデータブック

問3　遺伝子，種，生態系

問4　ラッコが食物としていた生物が増殖して海藻を多量に食べ，海藻を食物としていた生物が減少した。(45字)

問5　(1) オオクチバスが小型のコイを選択的に捕食した。(22字)

(2) 動物プランクトンを食物とする小型のコイが減少した。(25字)

問6　間接効果

解説 問3　生物が多様であることを生物多様性といい，遺伝子の(遺伝的)多様性，種(の)多様性，生態系(の)多様性の3つの捉え方が重要である。

問4　ラッコはウニを好んで捕食していたが，乱獲によってラッコが減少すると，そのウニが異常に増え，海藻を食べ尽くしてしまった。キーストーンとは，建築用語で構造物を支える要石のことである。ペインによって研究された北米の岩礁域の生態系で，ヒトデがキーストーン種として種の多様性をつくり出していた事例も重要である。

問5　オオクチバス(ブラックバス)の人為的導入で，コイが大型にかたより，動物プランクトンの現存量が増加したというのだから，小型のコイがオオクチバスに捕食され個体数を減少させたことと，もとは小型のコイによる動物プランクトンの捕食があったことを，**問4**をヒントに推論する。

問6　2種の生物間での，直接的ではなく，他の生物を介した影響のこと。

80 物質とエネルギーの移動

問1　ア－生物群集　イ－非生物的環境(無機的環境)

問2　①－光合成　②－呼吸　**問3**　③－亜硝酸菌　④－硝酸菌　⑤－脱窒素細菌

問4　有機物の合成に必要な化学エネルギー(17字)

問5　番号：⑧　　根拠：緑色植物は，根粒菌のような窒素固定細菌の行う窒素固定に由来する NO_3^- や NH_4^+ を，自身の利用する有機窒素化合物に同化できるが，N_2 を単独で窒素固定することはできない。(79字)

問6　物質は循環するが，エネルギーは循環することはない。(25字)

解説 **問2**　①は植物に矢印が向かっているため，光合成と化学合成の総称である炭酸同化ではなく，光合成が適当。②は各栄養段階から解放されているものが CO_2 であるため，異化作用などではなく呼吸と答える。生物学用語を解答する問題では，リード文や図表をよく見て，可能な限り限定した用語を答えるのが原則である(問い方によっては，そうでない場合もあり得る)。

問3　③は NH_4^+ を NO_2^- に酸化する亜硝酸菌，④は NO_2^- を NO_3^- に酸化する硝酸菌である。生態系の窒素循環に欠くことのできない硝化作用($NH_4^+ \rightarrow NO_2^- \rightarrow NO_3^-$)を担っていることから，**亜硝酸菌と硝酸菌をまとめて硝化菌(硝化細菌)とよぶ**。

⑤は，NO_3^- を N_2 として解放する脱窒(脱窒素作用)である。これは，脱窒素細菌が，呼吸基質としての有機物の酸化過程で得た還元型補酵素を，酸化型補酵素に戻す際に NO_3^- 中のO原子を用いるもので，脱窒素細菌にとっては異化作用の一部である。ミトコンドリアにおける電子伝達系では O_2 を利用しているが，脱窒素細菌では，この代わりに NO_3^- を利用していると考えることができる。

問4　亜硝酸菌や硝酸菌は，$NH_4^+ \rightarrow NO_2^- \rightarrow NO_3^-$ の酸化反応過程で化学エネルギーを獲得し，これを利用して有機物合成(炭酸同化)を行う，化学合成細菌の一種である。

問5　⑥と⑦は，緑色植物が行う，無機窒素化合物から有機窒素化合物への窒素同化並びにそれに先立つ無機窒素化合物の吸収を示していると考えられる(一般的には，NO_3^- が利用される)。しかし，大気中などの N_2(窒素ガス)を，植物は窒素同化に直接には利用することができない。**N_2 を多くの生物が利用可能な NH_4^+ などに還元する作用は窒素固定とよばれ**，マメ科植物と相利共生する根粒菌のような**原核生物の一部が窒素固定を行える**。また，単独で窒素固定が行える窒素固定細菌には，好気性のアゾトバクター，嫌気性のクロストリジウム，アナベナやネンジュモのようなシアノバクテリアなどがある。

問6　問題中の図にあるように，炭素や窒素のような物質は生態系内で循環する。一方，生物が利用するエネルギーのほとんどは，太陽の光エネルギーに由来する。各栄養段階の間を有機物中の化学エネルギーとして移動しながら，呼吸などに伴い熱エネルギーとして解放されていくため，エネルギーは生態系内を循環しない。

81 自然浄化

問1　(A)　③　　(B)　⑤

問2　NH_4^+ が亜硝酸菌によって酸化され NO_2^- に，NO_2^- が硝酸菌によって酸化され NO_3^- となる硝化作用。(48字)

問3　(C)　②　　(D)　③　　(E)　①　　(F)　④

問4　上流では，汚水流入によって水中へ入射する光量が減りEは減少する。下流では，Cの有機物分解に由来する NH_4^+ が，硝化細菌の作用で NO_3^- となり，これを窒素同化に利用するとともに，水の透明度も回復するため光合成を活発に行いEは増加する。(114字)

問5　指標生物

問6　(1)　生物濃縮

(2)　DDT，PCB，BHC，有機水銀，カドミウム などから1つ

(3)　・生体から排出されにくい。(12字)(脂溶性である。(7字))

・環境中で安定である。(10字)(生体内で代謝されにくい。(12字))

解説 問1　(A)　流入した有機物には，有機窒素化合物も含まれている。Aにやや遅れて NO_3^- が同様の変化を示しているから，硝化作用の流れ($NH_4^+ \rightarrow NO_2^- \rightarrow NO_3^-$)を考えて，Aは NH_4^+ である。

(B)　**BODは，好気性細菌などによる有機物分解に伴う酸素消費量なので，水中の有機物量を示す。上流から下流にかけて，BODすなわち有機物量が減っているのだから，これを引き起こす好気性細菌の呼吸などによって，水中の酸素量も減少する。下流域では，藻類が光合成を行うことによって，水中の酸素量は回復する。**

問3　(C)　細菌類は，呼吸基質である汚水中の有機物を分解しながら増殖し，有機物の減少に伴い個体数を減らす。

(D)　イトミミズは，非常に汚れている水の指標生物である。

(E)　藻類は，硝化によって生じた NO_3^- を利用して増殖し，NO_3^- の減少に伴いその数を減らす。酸素量の回復が藻類の光合成によることからも判断できる。

問4　藻類の減少と増加の，両方の理由を説明する。

問6　DDT(ジクロロジフェニルトリクロロエタン)：有機塩素系の殺虫剤で，かつてはシラミやカの駆除剤として広く利用された。

PCB(ポリ塩化ビフェニル)：電気機器用の絶縁油などに広く利用されていた。

BHC(ベンゼンヘキサクロリド)：DDTの後，有機塩素系の殺虫剤として使用された。

有機水銀は水俣病や阿賀野川水銀中毒，カドミウムはイタイイタイ病の原因物質として重要である。